养肉牛
家庭农场致富指南

肖冠华　肖冠军　李玉巍　编著

化学工业出版社
·北京·

图书在版编目（CIP）数据

养肉牛家庭农场致富指南 / 肖冠华，肖冠军，李玉巍编著. —北京：化学工业出版社，2022.10
ISBN 978-7-122-41924-8

Ⅰ.①养… Ⅱ.①肖…②肖…③李… Ⅲ.①肉牛 - 饲养管理 - 指南②家庭农场 - 经营管理 - 中国 - 指南 Ⅳ.① S823.9-62 ② F324.1-62

中国版本图书馆 CIP 数据核字（2022）第 137872 号

责任编辑：邵桂林　　　　　　　　装帧设计：韩　飞
责任校对：宋　夏

出版发行：化学工业出版社
　　　　　（北京市东城区青年湖南街 13 号　邮政编码 100011）
印　　装：北京宝隆世纪印刷有限公司
850mm×1168mm　1/32　印张 11¾　字数 296 千字
2023 年 1 月北京第 1 版第 1 次印刷

购书咨询：010-64518888
售后服务：010-64518899
网　　址：http://www.cip.com.cn
凡购买本书，如有缺损质量问题，本社销售中心负责调换。

定　　价：75.00 元　　　　　　　　版权所有　违者必究

前言
PREFACE

近年来，我国牛肉消费市场需求持续旺盛，在"粮改饲""草牧业"、供给侧改革、产业扶贫等一系列宏观政策的推动下，在国家对进口牛肉特别是走私牛肉的管控下，全国性商品牛源连年持续紧张，架子牛与犊牛市场价格始终保持高位坚挺，牛肉价格及肉牛养殖的利润也是近年来最高的，引来了社会各方资本进入肉牛养殖业。

同时，我国的肉牛业发展模式逐步受到重视，探索低成本、高竞争力的发展模式逐渐成为新的趋势。草畜结合模式、家庭牧场模式将有效降低养殖成本，肉牛行业全面植入互联网将推动肉牛产业的转型和升级。

家庭农场是全球最为主要的农业经营方式，在现代农业发展中发挥了至关重要的作用，各国普遍对家庭农场发展特别重视。作为农业的微观组织形式，家庭农场在欧美等发达国家已有几百年的发展历史，坚持以家庭经营为基础是世界农业发展的普遍做法。

在中国，家庭农场于2008年首次写入中央文件，也就是党的十七届三中全会所作的决定当中提出"有条件的地方可以发展专业大户、家庭农场、农民专业合作社等规模经营主体"。

2013年，中央1号文件进一步把家庭农场明确为新型农业经营主体的重要形式，并要求通过新增农业补贴倾斜、鼓励和支持土地流入、加大奖励和培训力度等措施，扶持家庭农场发展。

2019年中农发〔2019〕16号《关于实施家庭农场培育计划的指导意见》中明确，加快培育出一大批规模适度、生产集约、管理先进、效益明显的家庭农场。

2020年，中央1号文件中明确提出"发展富民乡村产业""重点培育家庭农场、农民合作社等新型农业经营主体"。

2020年3月，农业农村部印发了《新型农业经营主体和服务主体高质量发展规划（2020—2022年）》，对包括家庭农场在内的新型农业经营主体和服务主体的高质量发展作出了具体规划。

家庭农场作为新型农业经营主体，有利于推广科技，提升农业生产效率，实现专业化生产，促进农业增产和农民增收。家庭农场相较于规模化养殖场也具有很多优势。家庭农场的劳动者主要是农场主本人及其家庭成员，这种以血缘关系为纽带构成的经济组织，其成员之间具有天然的亲和性。家庭成员的利益一致，内部动力高度一致，可以不计工时，无需付出额外的外部监督成本，可以有效克服"投机取巧、偷懒耍滑"等机会主义行为。同时，家庭成员在性别、年龄、体制和技能上的差别，有利于取长补短，实现科学分工，因此这一模式特别适用于农业生产和提高生产效率。特别对从事养殖业的家庭农场更有利，有利于发挥家庭成员的积极性、主动性，家庭成员在饲养管理上更有责任心、更加细心和更有耐心，在经营上成本更低等。

国际经验与国内现实都表明，家庭农场是发展现代农业最重要的经营主体，将是未来最主流的农业经营方式。

由于家庭农场经营的专业性和实战性都非常强，涉及的种养方面知识和技能非常多。这就要求家庭农场主及其成员需要具备较强的专业技术，可以说专业程度决定其成败，投资越大，专业要求越高。同时，随着农业供给侧结构性改革，农业结构的不断调整以及农村劳动力的转移，新型职业农民成为从事农业生产的主力军。而新型职业农民的素质直接关乎农业的现代化和产业结构性调整的成效。加强对新型职业农民的职业培育，对全面扩展新型农民的知识范围和专业技术水平、推进农业供给侧结构性改革、转变农业发展方式、助力乡村全面振兴具有重要意义。

为顺应养肉牛产业的不断升级和家庭农场健康发展的需要，本书针对养肉牛家庭农场经营者应该掌握的经营管理重点知识和养肉牛的基本技能，对养肉牛家庭农场投资兴办、养殖场区选址和规划、肉牛养殖环境控制、肉牛优良品种的确定与繁育、饲料的加工与供应、肉牛日常饲养管理、疾病防治和家庭农场经营管理等家庭农场经营过程中涉及的一系列知识，详细地进行了介绍。

这些实用的技能，既符合家庭农场经营管理的需要，也符合新型职业农民培训的需要。为家庭农场更好地实现适度规模经营，取得良好的经济效益和社会效益助力。

本书在编写过程中，参考借鉴了国内外一些养殖专家和养殖实践者实用的观点和做法，在此对他们表示诚挚的感谢！由于笔者水平有限，书中很多做法和体会难免有不妥之处，敬请批评指正。

编著者
2022 年 10 月

CONTENTS 目录

视频目录

第一章

家庭农场概述

一、家庭农场的概念

家庭农场，一个起源于欧美的舶来名词；在中国，它类似于种养大户的升级版。通常定义为：以家庭成员为主要劳动力，以家庭为基本经营单元，从事农业规模化、标准化、集约化生产经营，是现代农业的主要经营方式。

家庭农场具有家庭经营、适度规模、市场化经营、企业化管理等四个显著特征，农场主是所有者、劳动者和经营者的统一体。家庭农场是实行自主经营、自我积累、自我发展、自负盈亏和科学管理的企业化经济实体。家庭农场区别于自给自足的小农经济的根本特征，就是以市场交换为目的，进行专业化的商品生产，而非满足自身需求。家庭农场与合作社的区别在于家庭农场可以成为合作社的成员，合作社是农业家庭经营者（可以是家庭农场主、专业大户，也可以是兼业农户）的联合。

从世界范围看，家庭农场是当今世界农业生产中最有效率、最可靠的生产经营方式，目前已经实现农业现代化的西方发达国家，普遍采取的都是家庭农场生产经营方式，并且在 21 世纪的今天，其重要性正在被重新发现和认识。

从我国国内情况看，20 世纪 80 年代初期我国农村经济体制改革实行的家庭联产承包责任制，使我国农业生产重新采取了农户家庭生产经营这一最传统也是最有生命力的组织形式，极大地解放和发展了农业生产力。然而，家庭联产承包责任制这种"均田到户"的农地产权配置方式，形成了严重超小型、高度分散的土地经营格局，已越来越成为我国农业经济发展的障碍。在坚持和完善农村家庭承包经营制度的框架下，创新农业生产经营组织体制，推进农地适度规模经营，是加快推进农业现代化的客观需要，符合农业生产关系要调整适应农业生产力发展的客观规律要求。而家庭农场生产经营方式因其技术、制度及组织路径的便利性，成为土地集体所有制下推进农地适度规模经营的一种有效的实现形式，是家庭承包经营制的"升级版"。与西方发达国家以土地私有制为基础的家庭农场生产经营方式不同，我国的家庭农场生产经营方式是在土地集体所有制下从农村家庭承包经营方式的基础上发展而来的，因而有其自身的特点。我国的家庭农场是有中国特色的家庭农场，是土地集体所有制下推进农地适度规模经营的重要实现形式，是推进中国特色农业现代化的重要载体，也是破解"三农"问题的重要抓手。

家庭农场的概念自提出以来，一直受到党中央的高度重视，为家庭农场的快速发展提供了强有力的政策支持和制度保障，具有广阔的发展前途和良好的未来。截至 2018 年底，全国家庭农场达到近 60 万家，其中县级以上示范家庭农场达 8.3 万家。全国家庭农场经营土地面积 1.62 亿亩，家庭农场的经营范围逐步走向多元化，从粮经结合，到种养结合，再到种养加一体化，一二三产业融合发展，经济实力不断增强。

二、养肉牛家庭农场的经营类型

（一）单一生产型家庭农场

单一生产型家庭农场是指单纯以养肉牛为主的生产型家庭农场，以饲养母牛、繁殖犊牛、育肥犊牛和架子牛育肥为核心，以出售种牛、断奶犊牛、架子牛、育肥牛为主要经济来源的经营模式。

适合产销衔接稳定、饲草料供应稳定、养牛设施和养殖技术良好、周转资金充足的规模化养牛的家庭农场。

（二）产加销一体型家庭农场

产加销一体型家庭农场是指家庭农场将本场养殖的牛自己加工成食品对外进行销售的经营模式。即生产产品，加工产品和销售产品都由自己来做，省掉了很多中间环节，使利润更加集中在自己手中（图1-1）。

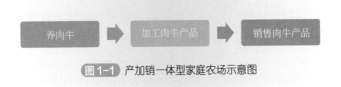

图1-1 产加销一体型家庭农场示意图

家庭农场通过开设网店、建立专卖店或在大型商超设专柜等直销方式进行销售。产加销一体型家庭农场，以市场为导向，充分尊重市场发展的客观规律。依靠农业科技、机械化、规模化、集约化、产业化等方式，延伸经营链，提高和增加家庭农场经营过程中产品的附加价值。

此模式产业链较长，对养殖场地、品种和技术，及食品加工都有较高要求。适合既有养殖能力，同时又有加工能力的经营能力较强的家庭农场采用。

（三）种养结合型家庭农场

种养结合型家庭农场是指将种植业和养殖业有机结合的一种生态农业模式。即将畜禽养殖产生的粪便、有机物作为有机肥的基础，为养殖业提供有机肥来源；同时，种植业生产的作物又能够给畜禽养殖提供食源。该模式能够充分将物质和能量在动植物之间进行转换及良好的循环（图1-2）。既解决了畜禽养殖的环保问题，又为生产安全放心食品提供了饲料保障，做到了农业生产的良性循环。

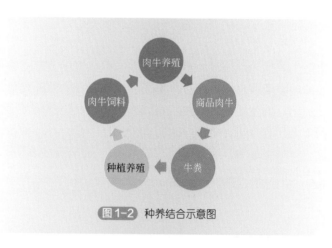

图1-2 种养结合示意图

种养结合型家庭农场作物的种植，既可以是利用养殖畜禽的粪便种植粮食作物，也可以是利用畜禽粪便种植非粮食作物，如种植蔬菜、果树、茶树、葡萄等。主要是围绕畜禽粪便的资源化利用，应用畜禽粪便沼气工程技术、畜禽粪便高温好氧堆肥技术、有机肥加工技术、配套设施农业生产技术、畜禽标准化生态养殖技术、特色林果种植技术，构建"畜禽粪便—沼气工程—燃料—沼渣、沼液—果（菜）""畜禽粪便—有机肥—果（菜）"产业链。

种养结合型家庭农场模式属于循环农业的范畴，可以实现农业资源的最合理和最大化利用，实现经济效益、社会效益和生态效益的统一，降低种养业的经营风险。适合既有种植技术，又有养殖技术的家庭农场采用。同时对农场主的素质和经营管理能力，以及农场的经济实力都有较高的要求。

如贵州凤冈县按照"生态产业化，产业生态化"发展理念，创新推出了"种—养—加"三位一体的生态循环发展模式，实现了肉牛产业的生态循环发展。在生态循环体中，大中型沼气池起着纽带桥梁的作用，通过沼气池把种植业、养殖业及加工业有机结合起来。种植业的废弃物作为肉牛养殖饲料，肉牛养殖中产生粪便等垃圾流入沼气池储存发酵，集中发酵后留下的沼液通过喷灌或自留形式直接作为种植有机肥，沼渣则作为有机肥加工厂的主要原料来源或直接作为种植底肥施用，沼气则作为能源用作企业生产加工和生活之用。这种"种—养—加"三位一体的生态循环发展模式，既解决了养殖污染问题，又提高了产业的综合效益。

（四）公司主导型家庭农场

公司主导型家庭农场是指家庭农场在自主经营、自负盈亏的基础上，与当地肉牛龙头企业合作，龙头企业统一制定生产规划和生产标准，以优惠价格向家庭农场提供繁殖母牛、犊牛、架子牛、饲料及配种和防病技术服务，家庭农场按照肉牛龙头企业的生产要求进行肉牛生产，产出的犊牛、架子牛、育肥牛等直接由龙头企业按合同规定的品种、时间、数量、质量和以高于或不低于市场的价格收购（图1-3）。

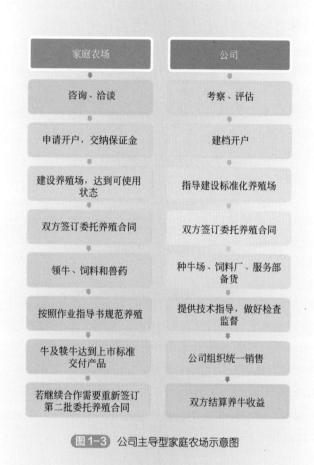

图1-3 公司主导型家庭农场示意图

一般家庭农场负责提供饲养场地、牛舍、人工、周转资金等。龙头企业一般实行统一提供畜禽品种、统一生产标准、统一饲养标准、统一技术培训、统一饲料配方、统一市场销售的"六统一"。有的还实行统一供应良种、统一供应饲料、统一防病治病等。

　　家庭农场利用场地和人工等优势，龙头企业利用资金、技术、信息、品牌、销售等优势。一方面减少了家庭农场的经营风险和销售成本，另一方面，龙头企业解决了大量用工、大量需要养殖场地问题，减少了大生产的直接投入。在合理分工的前提下，相互之间配合，获得各自领域的效益。

　　"公司＋农户"的养殖模式，公司作为产业链资源的组织者、优质种源的培育者和推广者、资金技术的提供者、防病治病的服务者、产品的销售者、饲料营养的设计者。通过订单、代养、赊销、包销、托管等形式连成互利互惠的产业纽带。实现降低生产成本、降低经营风险、优化资源配置、提高经济效益的目的。有效推进肉牛产业化进程与集约化经营，实现规模养殖、健康养殖。

　　此模式减少了家庭农场的经营风险和销售成本，家庭农场专心养好肉牛就行，适合本地区有信誉良好的龙头企业的家庭农场采用。

（五）合作社（协会）主导型家庭农场

　　合作社（协会）主导型家庭农场是指家庭农场自愿加入当地肉牛养殖专业合作社或养殖协会，在养殖专业合作社或养殖协会的组织、引导和带领下，进行肉牛专业化生产和产业化经营，产出的肉牛产品由养殖专业合作社或养殖协会负责统一对外销售。

　　一般家庭农场负责提供饲养场地、牛舍、人工和周转资金等。通过加入合作社获得国家的政策支持。同时，又可享受来自合作社的利益分成。养殖专业合作社或养殖协会主要承担协调和服务的功能，在组织家庭农场生产过程中实行统一提供优良品种、统一技术指导、统一饲料供应、统一饲养标准、统一产品销售等五统一。同时注册自己的商标和创立肉牛产品品牌，有的还建立养殖风险补偿资金，对因不可抗拒因素造成的损失进行补偿。有的养殖专业合作社或养殖协会还引入公司或龙头企业，实行"合作社＋公司（龙头企业）＋家庭农场"发展模式。

在美国，一个家庭农场平均要同时加入4～5家合作社；欧洲一些国家将家庭农场纳入了以合作社为核心的产业链系统，例如，荷兰的以适度规模家庭农场为基础的"合作社一体化产业链组织模式"。在该种产业链组织模式中，家庭农场是该组织模式的基础，是农业生产的基本单位；合作社是该组织模式的核心和主导，其存在价值是全力保障社员家庭农场的经济利益；公司的作用是收购、加工和销售家庭农场所生产的农产品，以提高农产品附加值。家庭农场、合作社和公司三者组成了以股权为纽带的产业链一体化利益共同体，形成了相互支撑、相互制约、内部自律的"铁三角"关系。国外家庭农场发展的经验表明，与合作社合作是家庭农场成功运营、健康快速发展的重要原因，也是确保家庭农场利益的重要保障。养殖专业合作社或养殖协会将家庭农场经营过程中涉及的畜禽养殖、屠宰加工、销售渠道、技术服务、融资保险、信息资源等方面有机地衔接，实现资源的优势整合、优化配置和利益互补，化解家庭农场小生产与大市场的矛盾，解决家庭农场标准化生产、食品安全和适度规模化问题，家庭农场能获得更强大的市场力量、更多的市场权利、降低家庭农场养殖生产的成本，增加养殖效益。

此模式适合本地区有实力较强的专业合作社和养殖协会的家庭农场采用。

（六）观光型家庭农场

观光型家庭农场是指家庭农场利用周围生态农业和乡村景观，在做好适度规模种养生产经营的条件下，开展各类观光旅游业务，借此销售农场的畜禽产品。

观光型家庭农场将自己养殖的具有特殊风味的地方品种牛肉和种植的瓜果、蔬菜，通过参与种养殖体验、采摘、餐饮、旅游纪念品等形式销售给游客。如贵州凤冈县将肉牛产业园区（家庭牧场）与乡村生态休闲旅游有机结合起来，在园区（牧场）的花园、果园中修建人行观光旅游便道，种植水果花卉风景绿化树，在标准化的牛场养"贵族牛""观赏牛"，打造"牛风景"，在园区（牧场）内开设农家乐、变卖牛产品，为旅客提供新鲜、有机、味美的肉牛佳肴，从而延伸产业链、提升综合效益，把空气变财气、青山变金山、绿水变富水、林地变宝地、肉牛变钱牛，既让凤冈绿起来，又让凤冈富起来。

这种"牛旅一体化发展模式"集规模养肉牛、休闲农业和乡村旅游于一体的经营方式，既满足了消费者的新鲜、安全、绿色、健康饮食心理，又提高了畜禽产品的商品价值，增加了农场收益。

适合城郊或城市周边、交通便利、环境优美、种养殖设施完善、特色养肉牛和餐饮住宿条件良好的家庭农场采用。此模式对自然资源、农场规划、养殖技术、经营和营销能力、经济实力等都有较高的要求。

三、当前我国家庭农场的发展现状

（一）家庭农场主体地位不明确

家庭农场是我国新型农业经营主体之一，家庭农场立法的缺失制约了家庭农场的培育和发展。现有的民事主体制度不能适应家庭农场培育和发展的需求，由于家庭农场在法律层面的定义不清晰，导致家庭农场登记注册制度、税收优惠、农业保险等政策及配套措施缺乏，融资及涉农贷款无法解决。家庭农场抵御自然灾害的能力差，这些都对家庭农场的发展造成很大制约。

应当明确家庭农场为新型非法人组织的民事主体地位，这是家庭农场从事规模化、集约化、商品化农业生产，参与市场活动的前提条件。家庭农场的市场主体地位的明确也为其与其他市场主体进行交易等市场活动，并与其他市场主体进行竞争打下良好的基础。

（二）农村土地流转程度低

目前我国的农村土地制度尚不完善，导致很多地区农地产权不清晰，而且农村存在过剩的劳动力，他们无法彻底转移土地经营权，进一步限制土地的流转速度和规模。体现在四个方面：其一是土地的产权体系不够明确，土地具体归属于哪一级也没有具体明确的规定，制度的缺陷导致土地所有权的混乱。由于土地不能明确归属于所有者，这样造成了在土地流转过程中无法界定交易双方权益，双方应享受的权利和义务也无法合理协调，这使得土地在流转过程中出现了诸多的权益纷争，加大了土地流转难度，也对土地资源合理优化配置产生不利影响。其二是土地承包经营权权能残缺，即使我国已出台《物权法》，对土地承包经营权进行相应的制度规范，但是从目前农村土地承包经营的大环境来看，其没有体现出法律法规在现实中的作用，土地的承包经营权不能用于抵押，使得土地的物权性质表现出残缺的一面。其三农民惜地意识较强，土地流转租期普遍较短，稳定性不足，家庭农场规模难以稳定，同时土地流转不规范合理，难以获得相对稳定的集中连片土地，影响了农业投资及家庭农场的推广。其四是农民缺乏相关的法律意识，充分利用使用权并获取经济效益的愿望还不强烈，土地流转没有正式协议或合同，容易发生纠纷，权益得不到有效保障。

（三）资金缺乏问题突出

家庭农场前期需要大量资金的投入，土地租赁、畜禽舍建设、养殖设备、种畜禽引进、农机购置等亦需大量资金。且家庭农场的运营和规模扩张亦需相当数量的资金，这对于农民来说是无形中的障碍。

目前，家庭农场资金的投入来源于家庭农场开办者人生财富的积累、亲友的借款和民间借贷。而农业经营效益低、收益慢，家庭农场又没有可供抵押的资产，使其很难从银行得到生产经营所需的贷款，即使能从银行得到贷款，也存在额度小、利息高、缺乏抵押物、授信担保难、手续繁杂等问题，这对于家庭农场前期的发展较为不利。

（四）经营方式落后

家庭农场是对现有单一、分散农业经营模式的突破和推进，农民必须从原有的家长式的传统小农经营意识中解脱出来，建立现代化经营理念。要运用价格、成本、利润等经济杠杆进行投入、产出及效益等经济核算。

家庭农场的经营方式落后表现在缺乏长远规划，不懂得适度规模经营和不掌握市场运行规律，不能实时掌握市场信息，对市场不敏感，接受新技术和新的经营理念慢，没有自己的特色和优势产品等。如多数家庭农场都是看见别人养殖或种植什么挣钱了，也跟着种植或养殖，盲目的跟风就会打破市场供求均衡，进而导致家庭农场的亏损。

家庭农场作为一个组织，其管理者除了需要农产品生产技能，更加需要有一定的管理技能，需要有进行产品生产决策的能力和市场开拓的技能。逐步由传统式的组织方式向现代企业式家庭农场转化。

（五）经营者缺乏科学种养技术

家庭农场劳动者是典型的职业农民。作为家庭农场的组织管理者，除了需要掌握农产品生产技能，更需要有一定的管理技能，需要有进行产品生产决策的能力，需要与其他市场主体进行谈判的技能，需要市场开拓的技能。即使现行"家庭农场＋龙头企业"或"家庭农场＋合作社"模式对家庭农场的组织能力要求较低，但是也需要掌握科学的种养技术和一定的销售能力。同时，由于采用这种模式家庭农场生产环节的利润相对较低，家庭农场要取得更大的经济效益就不是单纯的"养（种）得好"的问题。家庭农场未来依赖于附加值发展壮大，而附加值的增加需要技术的改良和技术的应用，更需专业的种养技术。

而目前许多年轻人，特别是文化程度较高的人不愿意从业农业生产。多数家庭农场经营者学历以高中以下为多，最新的科技成果也无法在农村得到及时推广，这些现实情况影响和制约了家庭农场决策能力和市场拓展能力的发展，成为我国家庭农场发展的严峻挑战。

第二章

家庭农场的兴办

一、兴办养肉牛家庭农场的基础条件

做任何事情都要具备一定的条件，只有具备了充分且必要的条件以后再行动，这样成功的概率就大一些。否则，如果准备不充分，甚至连最基础的条件都不具备就盲目上马，极容易导致失败。家庭农场的兴办也是一样，家庭农场要事先对兴办所需的条件和自身实力进行充分的考察、咨询、分析和论证，找出自身的优势和劣势，对兴办家庭农场都需要具备哪些条件？已经具备的条件？不具备的条件有哪些？有一个准确、客观、全面的评估和判断，最终确定是否适合兴办，以及兴办哪一类家庭农场。下面所列的八个方面，是兴办家庭农场前就要确定的基础条件。

（一）确定经营类型

兴办家庭农场首先要确定经营的类型，目前我国家庭农场的经营类型有单一生产型家庭农场、产加销一体型家庭农场、种养结合型家庭农场、公司主导型家庭农场、合作社（协会）主导型家庭农场和观光型家庭农场等六种类型。

如果家庭农场所处地区有适合养肉牛用的场地，有适合放牧的牧场，能够做好粪污无害化处理，同时，饲料保障和销售渠道稳定，交通又相对便利，可以兴办单一生产型家庭农场；如果家庭农场既有养殖能力，同时又有将牛肉加工成特色食品的技术能力和条件的，如加工成风干牛肉干、烟熏制品、酱卤制品、烧烤半成品等，并有销售能力的，可以考虑兴办产加销一体型家庭农场，通过直接加工成食品后销售，延伸了产业链，提高家庭农场经营过程中的附加价值。

种养结合型家庭农场是非常有前途的一种模式，将种植业和养殖业有机结合，走循环农业、生态农业的良性发展之路。可以实现农业资源的最合理和最大化利用，实现经济效益、社会效益和生态效益的统一，降低种养业的经营风险。如果家庭农场所在地既有适合养殖用的场地，又有种植用场地，畜禽污染处理环保压力大的地区，可以重点考虑这种模式。特别是以生产无公害食品、绿色食品和有机食品为主要方式的家庭农场，由于种植环节可以按照生产无公害食品、绿色食品和有机食品所需饲料原料的要求组织生产和加工，在肉牛养殖环节也可以按照无公害食品、绿色食品和有机食品饲养要求去做，做到整个养殖环节安全可控，是比较理想的生产方式。

对于有养殖所需的场地，能自行建设规模化肉牛场，又具有养殖技术，具备规模化肉牛养殖条件的，如果自有周转资金有限，而所在地区又有大型龙头企业的，可以兴办公司主导型家庭农场。与大型公司合作养肉牛，既减少了家庭农场的经营风险和销售成本，又解决了龙头企业大量用工、大量养殖场地问题，也减少了大生产的直接投入。

如果所在地没有大型龙头企业，而当地的养肉牛专业合作社或养肉牛协会又办得比较好，可以兴办合作社（协会）主导型家庭农场。如果农场主具有一定的工作能力，也可以带头成立养肉牛专业合作社或养肉牛协会，带领其他养殖场（户）共同养肉牛致富。

如果要兴办家庭农场的地方是城郊或在城市的周边，交通便利，同时有山有水，环境优美，有适合生态放养的山林和生态养肉牛设施条件，以及绿色食品种植场地的，兴办者又有资金实力、养殖技术和营销能力的，可以兴办以围绕生态养肉牛和绿色蔬菜瓜果种植为核心的，融采摘、餐饮、旅游观光为一体的观光型家庭农场。

需要注意的是，以上介绍的只是目前常见的养肉牛家庭农场经营的几种类型。在家庭农场实际经营过程中还有很多好的做法值得我们学习和借鉴，而且以后还会有许多创新和发展。

小贴士：

没有哪一种经营模式是最好的，适合自己的就是最好的。

以上六种类型各有其适应的条件，家庭农场在兴办前要根据所处地区的自然资源、种植和养殖能力、加工销售能力和经济实力等综合确定，选择那种能充分发挥自身优势和利用地域资源优势的经营模式，少走弯路。

（二）确定生产规模

一是与自身资金实力相适应，肉牛养殖所需的投资很大，尤其是短期育肥时购买架子牛需要的流动资金更大。而牛进场以后，陆续要投入饲料、雇人工、防病治病、水电等一些开支，这些开支很大，一直要等出售牛的时候才能形成良性循环，前期一直是投入。如果资金不足，就会出现难以为继。所以投资者必须根据自身的资金情况来确定饲养规模的大小。资金雄厚者，规模可大些。资金薄弱者，宜小规模起步，适合滚动发展的策略。

二是与所在地区发展形势相结合，根据《全国肉牛优势区域布局规划（2008—2015年）》，全国规划了中原肉牛区、东北肉牛区、西北肉牛区和西南肉牛区等四个优势区域，优势区域涉及17个省（自治区、直辖市）的207个县市。明确了各肉牛优势区域的发展方向，如果处在这四个肉牛养殖优势区，投资者可以根据所在区域的规划目标定位与主攻方向确定养殖的品种和规模。比如中原肉牛区目标定位为建成为"京津冀""长三角"和"环渤海"经济圈提供优质牛肉的最大生产基地；东北肉牛区目标定位为满足北方地区居民牛肉消费需求，提供部分供港活牛，并开拓日本、韩国和俄罗斯等周边国家市场；西北肉牛区目标定位为满足西北地区牛肉需求，以清真牛肉生产为主；兼顾向中亚和中东地区出口优质肉牛产品，为育肥区提供架子牛。西南肉牛区目标定位为立足南方市场，建成西南地区优质牛肉生产供应基地。

三是与当地的饲料资源相适应，要全面掌握养殖当地的饲料资源，要保证就近解决饲料问题。靠长途运输、高价购草来饲养肉牛将得不偿失。在条件允许的情况下，若能拿出适当的耕地进行粮草间作、轮作解决青饲料供应问题。一般每头成年基础母牛至少匹配1公顷的饲草、饲料种植地，粗饲料自给自足、数量和质量均有保障，饲养成本较低，真正做到农牧业生产良性生态循环，实现牛养殖业的规模化、标准化及健康持续的发展。饲草问题解决之后，还应考虑季节因素。饲养育肥架子牛的，一般应选在夏、秋季饲草生长旺盛的季节饲养，不宜在冬、春枯草季节饲养。

四是与自身经营管理水平相适应。应考虑投资者自身的经营管理水平，如果不掌握肉牛的生长发育规律和生理特点，不使用科学的饲养技术，就难以获得高效益。因此，要搞规模肉牛养殖，建场前必须对养牛的基础知识要全面了解，并在以后的饲养实践中不断总结和学习，系统地运用新的技术，降低成本，提高效益。所以，投资者应在自身管理水平允许的范围内确定规模大小。对于没有经验的，可由小规模起步，总结出成熟的管理经验后，再扩大肉牛饲养规模。

五是与架子牛的来源相适应。购买架子牛育肥是肉牛养殖的主要方式，如果养殖场处在架子牛养殖比较集中的区域，架子牛的购买即很方便，可供挑选的优质架子牛多，购买的成本也低。相反，如果养殖者处在架子牛养殖较少的地区，如果要养殖就要到距离很远的地方购买，属于长途贩运，运输成本和运输风险都很高。

据统计，我国育肥牛相对集中在东北、西北、中原、西南四个区域。母牛养殖主要集中在东北的黑龙江、吉林，内蒙古的蒙东区域，西北的甘肃、宁夏、新疆，中原的河南、河北、山西，西南的贵州、云南区域。育肥牛和母牛重点存栏主要都位于北方，所产出的犊牛及架子牛通过交易市场交易至全国各地。

结合实践经验，饲养母牛的适度规模应该是：家庭农场、小规模养牛户应以饲养30～60头的成年母牛为宜；养殖合作社以100～300头成年母牛为宜，大中型牛场以养殖400～1500头成牛母牛的为宜。

饲养育肥架子牛的，可以比饲养成年母牛数量多一些，具体数量还要考虑架子牛的来源、饲养场地、饲草、牛粪处理、劳动力、防疫等条件决定。

小贴士：

经济学理论告诉我们：规模才能产生效益，规模越大效益越大，但规模达到一个临界点后其效益随着规模呈反方向下降。这就要求找到规模的具体临界点，而这个临界点就是适度规模。适度规模经营是指在一定的适合的环境和适合的社会经济条件下，各生产要素（土地、劳动力、资金、设备、经营管理、信息等）的最优组合和有效运行，取得最佳的经济效益。在不同的生产力发展水平下，养殖规模经营的适应值不同，一定的规模经营产生一定的规模效益。

（三）确定饲养工艺

家庭农场养肉牛首先要确定饲养工艺流程，因为饲养工艺流程决定牛场的规划布局以及设施建设等问题。也就是说，饲养工艺流程决定牛场要怎样建设，以及建设哪些设施、设施怎样布局等。确定了饲养工艺流程，就确定了要建设哪类牛舍、建设哪些附属设施、牛舍和附属设施多大面积、牛舍和附属设施如何布局等具体建设事宜（视频 2-1）。

视频 2-1　现代流水线养牛

牛场生产工艺设计主要包括牛场的性质与规模、生产工艺流程与生产工艺参数、环境参数、生产工艺模式、牛群组织与周转、饲养管理技术等内容。

1. 牛场的性质与规模

肉牛场分为原种场、繁殖场和商品场。原种场进行父本与母本品种的选育提高，繁殖场的主要任务是繁殖供杂交使用的纯种母牛，商品场主要繁育和饲养杂交牛，经育肥后向市场提供牛肉。

通常肉牛的短期快速育肥以个体较大的架子牛开始，育肥期一般为 3 个月，正常情况下可以实现年出栏 4 批。肉牛育肥场的规模可以按照年出栏数除以 4 计算。对于中长期育肥的肉牛场，饲养期一般为 6 个月或 12 个月，其规模可依据年出栏数和饲养期来计算。

2. 肉牛的饲养阶段划分与生产工艺流程

养牛生产工艺流程中，将牛的一生划分（图 2-1）为犊牛期（0 ~ 6 月龄）、青年牛期（7 ~ 15 月龄）、后备牛期（16 月龄至第一胎产犊前）及成年牛期（第一胎至淘汰）。成年牛期又根据繁殖阶段进一步划分为妊娠期、泌乳期、干奶期。其牛群结构包括犊牛、生长牛、后备母牛、成年母牛。

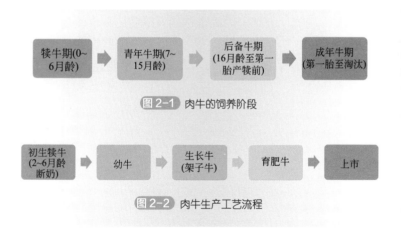

图 2-1　肉牛的饲养阶段

图 2-2　肉牛生产工艺流程

肉牛生产工艺一般按初生犊牛（2 ~ 6 月龄断奶）→幼牛→生长牛（架子牛）→育肥牛→上市划分（图 2-2）。8 ~ 10

月龄时，须对牛去势。

3.肉牛生产工艺模式

目前我国肉牛生产有放牧、半舍饲和全舍饲三种生产工艺模式（图2-3）。放牧饲养适用于靠山地和草原，以牧区为主，犊牛断奶后放牧，适当进行补饲，可设置简易牛棚、饮水槽和食槽；半舍饲适用于半农半牧区，归牧后补饲干草、青饲料和精饲料；舍饲饲养，以农区为主，饲喂繁殖母牛，培育犊牛和架子牛，利用小公牛、成年牛、淘汰牛的母牛育肥生产肉牛。

图2-3 肉牛生产工艺模式图

饲料利用有四种方式：①以秸秆（青秸秆青贮）为主；②以割草为主，适当补充精料；③以酒糟、甜菜渣等副产品为主，精料为辅；④以精料为主。

育肥牛有散栏和拴系两种饲养方式。肉牛舍饲采用散栏饲养方式，任牛随意活动、自由采食和饮水；拴系法的饲喂方式，通常称为槽牛或站牛。就是将牛只定床定槽，适用于育肥牛。

在牛场建设时，应视牛的品种、投资能力、技术生产水平、防疫卫生、饲养习惯及当地的气候条件等，经全面权衡、认真研究论证，特别是多到附近养殖（场）户考察，听取实践中有哪些需要注意的事项和好的做法，在综合了各方面情况后再确定本场的生产工艺模式。

4. 牛场主要环境参数

进行牛场生产工艺设计时，应提供相应的温度、湿度、通风量、风速、光照时间、光照度、空气质量等舍内环境参数和标准，见表 2-1、表 2-2。

表 2-1　畜禽场空气环境质量

序号	项目	单位	缓冲区	场区	牛舍
1	氨气	毫克 / 米³	2	5	20
2	硫化氢	毫克 / 米³	1	2	8
3	二氧化碳	毫克 / 米³	380	750	1500
4	PM10	毫克 / 米³	0.5	1	2
5	TSP	毫克 / 米³	1	2	4
6	恶臭	稀释倍数	40	50	70

注：表中数据皆为日均值。
摘自 NY/T 388—1999《畜禽场环境质量标准》。

表 2-2　舍区生态环境质量

序号	项目	单位	牛
1	温度	℃	10 ～ 15
2	湿度（相对）	%	80
3	风速	米 / 秒	1.0
4	照度	勒克斯	50
5	细菌	个 / 米³	20000
6	噪声	分贝	75
7	粪便含水率	%	65 ～ 75
8	粪便清理	—	日清粪

注：摘自 NY/T 388—1999《畜禽场环境质量标准》。

👤 **小贴士：**

家庭农场应结合自身规模、资金实力和技术实力选择适合自己的饲养工艺流程，然后根据饲养工艺流程确定应该建设的牛舍类型、附属配套设施，以及各舍、区之间规划布局。

（四）资金筹措

家庭农场养肉牛需要的资金很多，这一点投资兴办者在兴办前一定要有心理准备。养肉牛场地的购买或租赁、肉牛舍建筑及配套设施建设、购置养肉牛设备、购买种牛及架子牛、购买饲草料、防疫费用、人员工资、水费、电费等费用，都需要大量的资金作保障。

从家庭农场的兴办进度上看，在肉牛场前期建设至正式投产运行，直到能对外出售母牛、犊牛、架子牛、育肥牛等这段时间，都是资金的净投入阶段。据有关资料介绍，建设1个存栏500头牛的育肥场，其建筑设施、土地租金与购买设备等投资需260万元（包括设备安装费用），用于买架子牛、饲料、人员工资、水电暖费用及办公经费等流动资金约290万元，合计需要资金共约550万元。这还是在家庭农场一切运行都正常情况下的支出，也可以说是在家庭农场实现盈利前这一段时间需要准备的资金。家庭农场在投资前一定要注意这方面的问题，投资前资金一定要准备充足，不能出现有建场的钱没买牛的钱。或者盲目建设，浪费了资金，使本来就紧张的资金更加紧张。

中国有句谚语，"家财万贯，带毛的不算"。说的是即使你饲养的家禽家畜再多，一夜之间也可能全死光。这其中折射出人们对养殖业风险控制的担忧。如果家庭农场经营过程中出现不可预料的、无法控制的风险，应对的最有效办法就是继续投入大量的资金。如家庭农场内部出现管理混乱或者暴发大规模疫情，家庭农场的支出会增加得更多。或者外部市场出现大幅波动，牛肉价格大跌，养肉牛行业整体处于亏损状态时，还要有充足的资金保证能够度过价格低谷期。这些资金都要提前准备好，现用现筹集不一定来得及。此时如果没有足够的资金支持，家庭农场将难以经营下去。

家庭农场资金的筹措方式主要有：

（1）自有资金　在投资建场前自己就有充足的资金，这是首选。俗话说：谁有也不如自己有。自有资金用来养肉牛也是最稳妥的方式，这就要求投资者做好家庭农场的整体建设规划和资金预算，然后按照总预算额加上一定比例的风险资金，足额准备好兴办资金，并做到专款专用。如资金不充足，哪怕不建设，也不能因缺资金导致半途而废。对于以前没有养肉牛经验或者刚刚进入养肉牛行业的投资者来说，最好采用滚雪球的方式适度规模发展。切不可贪大求全，规模比能力大，驾驭不了家庭农场的经营。

（2）亲戚朋友借款　需要在建场前落实具体数额，并签订借款协议，约定还款时间和还款方式。因为是亲戚朋友，感情的因素起决定性作用，是一种帮助性质的借款，但要以保证借款的本金安全为主，借款利息要低于银行贷款的利息为宜，可以约定如果肉牛场盈利了，适当提高利息数额，并尽量多付一些。如果经营不善，以还本为主，还款时间也要适当延长，这样是比较合理的借款方式。这里要提醒家庭农场主注意的是，根据笔者掌握的情况，家庭农场要远离高利贷，因为这种借贷方式对于养殖业不适合，风险太大。特别是经营能力差的家庭农场无论何时都不宜通过借高利贷经营家庭农场。

（3）银行贷款　尽管银行贷款的利息较低，但对家庭农场来说却是最难的借款方式，因为家庭农场养肉牛具有许多先天的限制条件。从家庭农场资产的形成来看，虽然养牛本身投资很大，但见不到可以抵押的东西，比如牛场用地多属于承包租赁、牛舍建筑无法取得房屋产权证，不像我们在市区买套商品房，能够做抵押。于是出现在农村投资百万建个养肉牛场，却不能用来抵押的现象。而且许多中小养牛场本身的财务制度也不规范，还停留在以前小作坊的经营方式上，资金结算多是通过现金直接进行的。而银行要借钱给家庭农场，要掌握家庭农场的现金流、物流和信息流，同时银行还要了解家庭农场主的还款能力，才会借钱给你。而家庭农场这种经营方式很难满足银行的要求，信息不对称，在银行就借不到钱。所以，家庭农场的经营管理必须规范有序，诚信经营，适度规模养殖。还要使资金流、物流、信息流对称。可见，良好的管理既是家庭农场经营管理的需要，也是家庭农场良性发展的基础条件。

（4）网络借贷　网络贷款是指个体和个体之间通过互联网平台实现的直接借贷。它是互联网金融（ITFIN）行业中的子类。网贷平台数量近两年在国内迅速增长。

2017年中央一号文件继续聚焦农业领域，支持农村互联网金融的发展，提出了鼓励金融机构利用互联网技术，为农业经营主体提供小额存贷款、支付结算和保险等金融服务。同时，由于农业强烈的刚需属性又保证了其必要性，农产品价格虽有浮动但波动不大，农产品一定的周期性又赋予了其稳定长线投资的特点，生态农业、农村金融已经成为中国农业发展的新蓝海。

（5）产权式养肉牛　产权式养肉牛是指投资人享有肉牛的所有权、养殖企业受委托负责饲养管理的一种商业交易新模式。具体交易规则是：饲养企业（投资人）将其正在饲养的犊牛、架子牛或母牛在收取一定的担保金或由担保人信用担保后提供给养殖人，养殖人承担继续饲养犊牛、架子牛或母牛的义务，并承诺在约定的犊牛或架子牛出栏日达到预定的体重，或者承诺母牛正常繁殖。投资人则承担肉牛出栏日的市场价格波动风险；在约定的出栏日，投资人可以选择提取其购买的肉牛，也可以选择按照出栏日的市场价格与养殖人结算。对母牛则采取按照合同价格回收犊牛的方式，保证养殖人的收益。

（6）公司＋农户　公司＋农户是指规模养牛场（户）与实力雄厚的公司合作，由大公司提供母牛、犊牛、架子牛、饲草料、兽药及服务保障，规模养牛场（户）提供场地和人工，为公司代养母牛、犊牛、架子牛，等肉牛育肥出栏后或母牛所产的犊牛交由合作的公司，规模养牛场（户）每头牛收取一定的饲养费用。

"公司＋农户"的合作方式实现了双赢。对养殖场（户）来说，不需操心养殖技术，饲养"零成本"、销售"零风险"；对公司来说，"分户养殖，统一销售"的合作模式，既解决了场地、人手、资金问题，保证了相对充裕的市场供应，又保证了同一地区市场价格的相对稳定，避免了恶性竞争。

（7）众筹养肉牛　众筹养肉牛是近几年兴起的一种养肉牛经营模式，发起人为养牛场、互联网理财平台或其他提供众筹服务的企业或组织等，跟投人为消费者或投资者，以自然人和团体为主，平台为互联网、微信、手机 APP 等平台，如比较知名的网易考拉海购众筹、京东众筹和小米众筹，还有一些由发起人自建的微信、手机 APP 等众筹平台。

众筹养肉牛的一般流程为：养肉牛家庭农场自己发起或者由发起人选定肉牛场，确定众筹的条件。如肉牛的品种、认筹价格、数量、生产期限、饲养方式、销售供应方式或回报等。然后由众筹平台发布、消费者认领、履约等阶段完成整个众筹过程。

众筹养肉牛项目，可以帮助消费者找到可靠的采买订购对象，品尝到最新鲜最安全的食材，也为养殖农户解决农产品难销难卖和创业资金不足的问题，从而实现了合作双赢。

无论采用何种筹集资金的方式，养牛场的前期建设资金还是要投资者自己准备好，俗话说：没有梧桐树引不来金凤凰。连牛舍或养牛基本的条件都没有，谁会相信你能养牛，只和别人谈理想也是远远不够的，空手套白狼更不可取。在决定采用借外力实现养肉牛赚钱的时候，要事先有预案，选择最经济的借款方式，还要保证这些方式能够实现，要留有伸缩空间，绝不能落空。这就需要牛场投资者具备广泛的社会关系和超强的牛场经营管理能力，能够熟练应用各种营销手段。

（五）场地与土地

养肉牛需要建设牛舍、饲料储存和加工用房、人员办公和生活用房、厂区道路、消毒间、水房、锅炉房等生产和生活用房，以及装肉牛台和废弃物无害化处理场所等。如果实行生态化放养的家庭农场，还需要有与之相配套的放养山地。实行种养结合的家庭农场，还需要种植本场所需饲料的农田等，这些都需要占用一定的土地作为保障。家庭农场养肉牛用地也是投资兴办肉牛场必备的条件之一。

原国土资源部制定的《全国土地分类》和《关于养殖占地如何处理的请示》规定：养殖用地属于农业用地，其上建造养殖用房不属于改变土地用途的行为，占用基本农田以外的耕地从事养殖业不再按照建设用地或者临时用地进行审批。应当充分尊重土地承包人的生产经营自主权，只要不破坏耕地的耕作层，不破坏耕种条件，土地承包人可以自主决定将耕地用于养殖业。图 2-4 和图 2-5 分别为农村土地承包经营权证和林权证。

图2-4 土地承包经营权证　　图2-5 林权证

图2-6 动物防疫条件合格证

　　原国土资源部、原农业部联合下发的国土资发〔2007〕220号《关于促进规模化畜禽养殖有关用地政策的通知》，要求各地在土地整理和新农村建设中，可以充分考虑规模化畜禽养殖的需要，预留用地空间，提供用地条件。任何地方不得以新农村建设或整治环境为由禁止或限制规模化畜禽养殖："本农村集体经济组织、农民和畜牧业合作经济组织按照乡（镇）土地利用总体规划，兴办规模化畜禽养殖所需用地按农用地管理，作为农业生产结构调整用地，不需办理农用地转用审批手续。"其他企业和个人兴办或与农村集体经济组织、农民和畜牧业合作经济组织联合兴办规模化畜禽养殖所需用地，实行分类管理。畜禽舍等生产设施及绿化隔离带用地，按照农用地管理，不需办理农用地转用审批手续；管理和生活用房、疫病防控设施、饲料储藏用房、硬化道路等附属设施，属于永久性建（构）筑物，其用地比照农村集体建设用地管理，需依法办理农用地转用审批手续。

尽管国家有关部门的政策非常明确地支持养殖用地需要。但是，根据国家有关规定，规模化养肉牛场必须先经过用地申请，符合乡镇土地利用总规划，办理租用或征用手续，还要取得环境评价报告书和动物防疫合格证（图2-6）等。如今畜禽养殖的环保压力巨大，全国各地都划定了禁养区和限养区，选一块合适的养肉牛场地并不容易。

因此。在家庭农场用地上要做到以下三点：

1. 面积与养肉牛规模配套

规模化养肉牛需要占用的养殖场地较大，在建场规划时要本着既要满足当前养殖用地的需要，同时还要为以后的发展留有可拓展的空间。根据肉牛标准化规模养殖场验收条件的要求，肉牛标准化规模养殖场要年出栏育肥牛500头，场区与外环境隔离，场区内生活区、生产区、办公区、粪污处理区分开。有净道、污道，且净道、污道严格分开。牛舍内饲养密度每头牛大于或等于3.5平方米，场门口建有消毒池，场内有消毒室，有运动场、青贮设备、干草棚，有带棚的贮粪场及粪便处理设备，有资料档案室、兽医室、有装牛台和地磅，有更衣室，有固定的牛粪储存、堆放场所，对牛场废弃物有处理设备，如有机肥发酵设备或沼气设备等，这些设施设备都需要占用一定的场地，加上合理布局需要的场地面积更大。为了以后发展的需要，还要再加上一定的可预留或可扩展的用地。

如果家庭农场实行生态养肉牛或者种养结合模式养肉牛的，除了以上所需占地面积以外，还需要山地、林地等放养场地或者饲料、饲草种植用地。生态养肉牛所需山地、林地的面积要结合山地或林地的自然资源状况如物产、水力、森林植被、实际可利用面积等确定，在资金条件允许的情况下，要尽可能多地占用一些面积。饲草饲料用地面积要根据饲养肉牛的数量和饲草、饲料地的亩产量综合确定。

2. 自然资源合理

为了减少养殖成本，家庭农场要采取以利用当地自然资源为主的策略。自然资源主要是指当地产饲料的主要原料如牧草、玉米秸秆、玉米等要丰富，尽量避免主要原料经过长途运输，增加饲料成本，从而增加了养肉牛成本。尤其是实行生态放养的家庭农场，对当地自然资源的依赖程度更高，可以说，家庭农场所在地如果没有可利用的自然资源，就不能投资兴办生态放养类型的家庭农场。

3. 可长期使用

在投资兴办前要做好养家庭农场用地的规划、考察和确权工作。为了减少土地纠纷，肉牛场要与土地的所有者、承包者当面确认所属地块边界，查看土地承包合同，林权证书等相关手续，与所在地村民委员会、乡镇土地管理所、林业站等有关土地、林地主管部门和组织确认手续的合法性，在权属明晰、合法有效的前提下，提前办理好土地和林地租赁、土地流转等一切手续，还要在所有用地手续齐全后方可动工兴建，以保证家庭农场建设的顺利进行，以及牛场长期稳定的运行，切不可轻率上马。否则，肉牛场的发展将面临诸多麻烦事。

（六）饲养技术保障

养肉牛是一门技术，是一门学问，科学技术是第一生产力。想要养得好，靠养肉牛发家致富，不掌握养殖技术，没有丰富的养殖经验是断然不行的。可以说养殖技术是养肉牛成功的保障。

1. 需要掌握哪些技术？

现代规模养肉牛生产的发展，将是以应用现代养肉牛生产技术、设施设备、管理为基础，以专业化、职员化员工参与的规模化、标准化、高水平、高效率的养肉牛生产方式。规模养肉牛需要掌握的技术很多，从建场规划选址、牛舍及附属设施设计建设、品种选择、饲料配制、牛群饲养管理、繁殖、环境控制、防病治病、废弃物无害化处理、营销等养肉牛的各个方面，都离不开技术的支撑，并根据办场的进度逐步运用。

2. 技术从哪里来？

一是聘用懂技术、会管理的专业人员。很多家庭农场的投资人都是养牛的外行，对如何养肉牛的饲养管理技术一知半解，如果单纯依靠自己的能力很难胜任规模养牛的管理工作，需要借助外力来实现牛场的高效管理。因此，雇用懂技术、会管理的专业人才是首选，雇用的人员要求最好是畜牧兽医专业毕业，有丰富的规模肉牛场实际管理经验，吃苦耐劳，以场为家，具有奉献精神。

二是聘请有关科技人员做顾问。如果不能聘用到合适的专业技术人员，同时本场的饲养员有一定的饲养经验和执行力，可以聘请农业院校、农科院、各级兽医防疫部门权威的专家做顾问，请他们定期进场查找问题、指导生产、解决生产难题等。

三是使用免费资源。如今各大饲料公司和兽药生产企业都有负责售后技术服务的人员，这些人员中有很多人的养殖技术比较全面，特别是疾病的治疗技术较好，遇到弄不懂或不明白的问题可以及时向这些人请教。可以同他们建立联系，遇到问题及时通过电话、电子邮件、微信、登门等方式向他们求教。必要的时候可以请他们来场现场指导，请他们做示范，同时给全场的养殖人员上课，传授饲养管理方面的知识。

四是技术培训。技术培训的方式很多，如建立学习制度，购买养肉牛方面的书籍。养肉牛方面的书籍很多，可以根据本场员工的技术水平，选择相应的养肉牛技术书籍来学习。采用互联网学习和交流也是技术培训的好方法。互联网的普及极大地方便了人们获取信息和知识，人们可以通过网络方便地进行学习和交流，及时掌握养肉牛的动态。互联网上涉及养肉牛内容的网站很多，养肉牛方面的新闻发布得也比较及时。但涉及养殖知识的原创内容不是很多，多数都是摘录或转载报纸和刊物的内容，重复率很高，学习时可以选择中国畜牧兽医学会等权威机构或学会的网站。还可以让技术人员多参加有关的知识讲座和有关会议、扩大视野、交流养殖心得、掌握前沿的养殖方法和经营管理理念。

小贴士：

工欲善其事，必先利其器。干什么事情都需要掌握一定的方法和技术，掌握技术可以提高工作效率，使我们少走弯路或者不走弯路，养肉牛也是如此。同样是养牛，为什么有的赚钱？而有的人总是赔钱？实践证明，不懂养殖技术是最主要的原因。如无论是引进品种还是地方良种，公牛必须是良种登记过的种畜。进行二元杂交时，配种的良种母牛一般选用本地母牛。进行三元杂交或终端杂交时，则选用杂交一代或二代的母牛，产后的母牛必须在 50～90 天后进行配种；选作配种用的本地母牛应当满 18 月龄，体重应当达到 300 千克，杂交母牛体重应当达到 350 千克。这些都是保证优质高产的必要条件，如果不懂或者不按照这些要求去做，家庭农场的生产成绩肯定不好，效益也差。可见，养肉牛技术对家庭农场正常运营的重要性，掌握养殖技术的必要性不言而喻。

（七）人员分工

家庭农场是以家庭成员为主要劳动力，这就决定了家庭农场的所有养肉牛工作都要以家庭成员为主来完成。通常家庭成员有 3 人，即父母和一名子女，家庭农场养肉牛要根据家庭成员的个人特点进行科学合理的分工。

一般父母的文化水平较子女低，接受新技术能力也相对较低，但他们平时在家里会饲养一些鸡、鸭、鹅、肉牛等，已经习惯了畜禽养殖和农活，只要不是特别反感的话，一般对畜禽饲养都积累了一些经验，有责任心，对肉牛有爱心和耐心，可承担养肉牛场的体力工作及饲养工作。子女一般都受过初中以上的教育，有的还受过中等以上职业教育，文化水平较高，接受能力强，对外界了解较多，可承担肉牛场的技术工作。但子女可能有年轻浮躁、耐力不足，特别对脏、苦、累的养殖工作不感兴趣的问题，需要家长加以引导。

肉牛场的工作分工为：父亲负责饲料保障，包括饲料的采购运输和饲料加工、粪污处理、对外联络等；母亲负责产房工作为主，包括母牛分娩接产、犊牛护理，还可以承担牛舍环境控制等；子女以负责技术工作为主，包括配种、消毒、防疫、电脑操作和网络销售等。

对规模较大的家庭农场、养肉牛场，仅依靠家庭成员已经完成不了所有工作，本着在哪一方面工作任务重就雇用哪一方面的人的原则，来协助家庭成员完成养肉牛工作，如雇用一名饲养员或者技术员。也可以将饲料保障、防疫、配种、粪污处理等工作交由专业公司去做，让家庭成员把主要精力放在饲养管理和家庭农场经营上。

（八）满足环保要求

养肉牛家庭农场涉及的环保问题，主要是牛场粪污是否对牛场周围环境造成影响。随着养殖总量不断上升，环境承载压力增大，畜禽养殖污染问题日益凸显。规模养牛场在环境保护方面，要按照畜禽养殖有关环保方面的规定，进行选址、规划、建设和生产运行，做到牛场的生产不对周围环境造成污染，同时也不受到周围环境污染的侵害和威胁。只有做到这样，牛场才能够得以建设和长期发展，而不符合环保要求的牛场是没有生存空间的。

1. 选址要符合环保要求

规模化养肉牛，环保问题是建场规划时首先要解决好的问题。肉牛场选址要符合所在地区畜牧业发展规划、畜禽养殖污染治理规划，满足动物防疫条件，并进行环境影响评价。《畜禽规模养殖污染防治条例》第十一条规定：禁止在饮用水水源保护区，风景名胜区；自然保护区的核心区和缓冲区；城镇居民区、文化教育科学研究区等人口集中区域；法律、法规规定的其他禁止养殖区域等区域内建设畜禽养殖场，养殖小区。对环境可能造成重大影响的大型畜禽养殖场、养殖小区，应当编制环境影响报告书；其他畜禽养殖场、养殖小区应当填报环境影响登记表。大型畜禽养殖场、养殖小区的管理目录，由国务院环境保护主管部门商国务院农牧主管部门确定。除了以上的规定，考虑到以后肉牛场的发展，还要尽可能地避开限养区。

2. 完善配套的环保设施

选址完成后，肉牛场还要设计好生产工艺流程，确定适合本肉牛场的粪污处理模式。目前，规模化肉牛场粪污处理的模式主要有"三分离一净化"、生产有机肥料、微生物发酵床、沼气工程和"种养结合、农牧循环"等五种模式。

"三分离一净化"模式。"三分离"即"雨污分离、干湿分离、固液分离""一净化"即"污水生物净化、达标排放"。一是在畜禽舍与贮粪池之间设置排污管道排放污液，畜禽舍四周设置明沟排放雨水，实行"雨污分离"；二是肉牛场干清粪清理至圈外干粪贮粪池，实行"干湿分离"，然后再集中收集到防渗、防漏、防溢、防雨的贮粪场，或堆积发酵后直接用于农田施肥，或出售给有机肥厂；三是使用固液分离机和格栅、筛网等机械、物理的方法，实行"固液分离"，减轻污水处理压力；四是污水通过沉淀、过滤，将有形物质再次分离，然后通过污水处理设备，进行高效生化处理，尾水再进入生态塘净化后，达标排放。这种模式是控制粪污总量，实现粪污"减量化"最有效、最经济的方法，适用于中小规模养殖户。

生产有机肥料模式。好氧堆肥发酵是目前利用畜禽粪便生产有机肥的主要模式。畜禽粪便进入加工车间后，根据其含水率适当加入谷糠、碎农作物秸秆、干粪等有机物调节水分和碳氮比，增加通气性，接入专用微生物菌种和酶制剂，以促进发酵过程正常进行。并配备专用设备，进行匀质、发酵、翻抛、干燥。对大型养殖场可自建有机肥厂，对养殖户数多、规模小、密度大、消纳地紧张的畜禽高密度养殖区，可建专门有机肥厂，将粪污统一收集、集中处理。

沼气工程模式。将污水排入沼气池中，通过厌氧菌发酵，降解粪污中颗粒状的无机、有机物，产生的沼气可作为能源用于发电、照明和燃料。沼渣和干粪可直接出售或用于生产有机复合肥；出水既可进入自然处理系统（氧化塘或土地处理系统等），也可直接作肥料用于农田施肥。

"种养结合、农牧循环"模式。将畜禽粪便作为有机肥施于农田，生长的农作物产品及副产品作为畜禽饲料，这种"种养结合、农牧循环"模式，有利于种植业与养殖业有机结合，是实行畜禽粪便"资源化、生态化"利用的最佳模式。养殖场根据粪污产生情况，在周边设计配套农田，实现畜禽养殖与农田种植直接对接。一是粪污直接还田。将畜禽粪污收集于贮粪池中堆沤发酵，于施肥季节作有机肥施于农田。二是"畜—沼—种"种养循环。通过沼气工程对粪污进行厌氧发酵，沼气作能源用于照明、发电，沼渣用于生产有机肥，沼液用于农田施肥。

规模肉牛场根据本场实际情况选择适合于本场的粪污处理模式后，再根据所选择模式的要求，设计和建设与生产能力相配套、相适应的粪污无害化处理设施。

当然，如果肉牛场所在地有专门从事畜禽粪便处置的处理中心，也可将本场的畜禽粪便和（或）粪水交由处理中心实行专业化收集和运输，进行集中处理和综合利用。

专家认为，基于我国畜禽养殖小规模、大群体与工厂化养殖并存的特点，坚持能源化利用和肥料化利用相结合，以肥料化利用为基础、能源化利用为补充，同步推进畜禽养殖废弃物资源化利用，是解决畜禽养殖污染问题的根本途径。

总之，肉牛场要按照《畜禽规模养殖污染防治条例》《环保法》、"水十条"等法规的要求，在肉牛场建设时严格执行环保"三同时"制度（防治环境污染和生态破坏的设施，必须与主体工程同时设计、同时施工、同时投产使用的制度，简称

"三同时"制度）。

3.保障环保设施良好运行的机制

肉牛场在生产中保障粪污处理的设施要保证良好运行，除了制定严格的生产制度和落实责任制外，还要在兽药和饲料及饲料添加剂的使用上做好工作。如在生产过程中不滥用兽药和添加剂，有效控制微量元素添加剂的使用量，严格禁止使用对人体有害的兽药和添加剂，提倡使用益生素、酶制剂、天然中草药等。严格执行兽药和添加剂停药期的规定。使用高效、低毒、广谱的消毒药物，尽可能少用或不用对环境易造成污染的消毒药物，如强酸、强碱等。在配制饲料时要综合考虑肉牛的生产性能、环境污染和资源利用情况，采用"理想蛋白质模式"平衡饲料中的各种营养成分，有效地提高饲料转化率，减少粪便中氮的排出量。以实现养殖过程清洁化、粪污处理资源化、产品利用生态化的总要求。

> **👤 小贴士：**
>
> 专家认为，基于我国畜禽养殖小规模、大群体与工厂化养殖并存的特点，坚持能源化利用和肥料化利用相结合，以肥料化利用为基础、能源化利用为补充，同步推进畜禽养殖废弃物资源化利用，是解决畜禽养殖污染问题的根本途径。

二、家庭农场的认定与登记

目前，我国家庭农场的认定与登记尚没有统一的标准，均是按照原农业部《关于促进家庭农场发展的指导意见》（农经发〔2014〕1号）的要求，由各省、自治区、直辖市及所属地区自行出台相应的登记管理办法。因此，兴办家庭农场前，要充分了解所在省及地区的家庭农场认定条件。

（一）认定的条件

申请家庭农场认定，各省、地区对具备条件的要求大体相同，如必须是农民户籍、以家庭成员为主要劳动力、依法获得的土地、适度规模、生产经营活动有完整的财务收支核算等条件。但是，因各省地域条件及经济发展状况的差异，认定的条件也略有不同，需要根据本地要求的条件办理。家庭农场资格认定证书见图2-7。

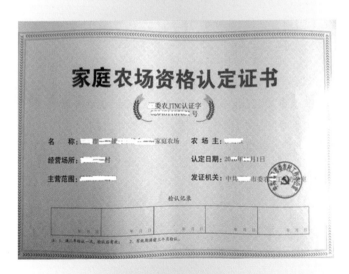

图2-7　家庭农场资格认定证书

（二）认定程序

各省对家庭农场认定的一般程序基本一致，经过申报、初审、审核、评审、公示、颁证和备案等七个步骤。

1. 申报

农户向所在乡镇人民政府（街道办事处）提出家庭农场认定申请，并提供以下材料原件和复印件。

（1）认定申请书（见示例）

示例：家庭农场认定申请书（仅供参考）

申　请

县农业农村局：

我叫×××，家住××镇××村×组，家有×口人，有劳动能力×人，全家人一直以肉牛养殖为主，取得了很可观的经济收入。同时也掌握了科学养牛的技术和积累了丰富的牛场经营管理经验。

我本人现有牛舍×栋，面积×××平方米，年出栏商品肉牛×××头。牛场用地×××亩（其中自有承包村集体土地××亩，流转期限在10年的土地××亩），具有正规合法的《农村土地承包经营权证》和《农村土地承包经营权流转合同》等经营土地证明。用于种植的土地相对集中连片，土壤肥沃，适宜于种植有机饲料原料，生产的有机饲料原料可满足本场肉牛的生产需要。因此我决定申办养肉牛家庭农场，扩大生产规模，并对周边其他养牛户起示范带动作用。

此致

敬礼

申请人：×××

20××年××月××日

（2）申请人身份证

（3）农户基本情况（从业人员情况、生产类别、规模、技术装备、经营情况等）

附：家庭农场认定申请表（仅供参考）

家庭农场认定申请表

填报日期：　　年　　月　　日

申请人姓名		详细地址			
性别		身份证号码		年龄	
籍贯		学历技能特长			
家庭从业人数		联系电话			
生产规模		其中连片面积			
年产值		纯收入			
产业类型		主要产品			
基本经营情况					
村（居）民委员会意见		乡镇（街道）审核意见			
县级农业行政主管部门评审意见					
备案情况					

（4）土地承包、土地流转合同或承包经营权证书等证明材料

附：土地流转合同范本

土地流转合同范本

甲方（流出方）：＿＿＿＿＿＿＿

乙方（流入方）：＿＿＿＿＿＿＿

双方同意对甲方享有承包经营权、使用权的土地在有效期限内进行流转，根据《中华人民共和国合同法》《中华人民共和国农村土地承包法》《中华人民共和国农村土地承包经营权流转管理办法》及其它有关法律法规的规定，本着公正、平等、自愿、互利、有偿的原则，经充分协商，订立本合同。

一、流转标的

甲方同意将其承包经营的位于＿＿＿＿＿＿县（市）＿＿＿＿＿＿乡（镇）＿＿＿＿＿村＿＿＿＿组＿＿＿＿亩土地的承包经营权流转给乙方从

事 ＿＿＿＿＿＿＿＿＿ 生产经营。

二、流转土地方式、用途

甲方采用以下第转包、出租的方式将其承包经营的土地流转给乙方经营。

乙方不得改变流转土地用途，用于非农生产，合同双方约定＿＿＿＿＿＿＿＿。

三、土地承包经营权流转的期限和起止日期

双方约定土地承包经营权流转期限为 ＿＿ 年，从 ＿＿＿ 年 ＿＿＿ 月 ＿＿＿ 日起，至 ＿＿＿＿ 年 ＿＿＿ 月 ＿＿＿ 日止，期限不得超过承包土地的期限。

四、流转土地的种类、面积、等级、位置

甲方将承包的耕地 ＿＿＿＿ 亩、流转给乙方，该土地位于 ＿＿＿＿＿＿＿＿＿＿＿＿＿＿＿＿＿。

五、流转价款、补偿费用及支付方式、时间

合同双方约定，土地流转费用以现金（实物）支付。乙方同意每年 ＿＿＿ 月 ＿＿＿ 日前分 ＿＿＿ 次，按 ＿＿＿ 元/亩或实物 ＿＿＿ 公斤/亩，合计 ＿＿＿＿ 元流转价款支付给甲方。

六、土地交付、收回的时间与方式

甲方应于 ＿＿＿＿ 年 ＿＿＿ 月 ＿＿＿ 日前将流转土地交付乙方。乙方应于 ＿＿＿＿ 年 ＿＿＿ 月 ＿＿＿ 日前将流转土地交回甲方。

交付、交回方式为 ＿＿＿＿＿＿。并由双方指定的第三人 ＿＿＿＿＿ 予以监证。

七、甲方的权利和义务

（一）按照合同规定收取土地流转费和补偿费用，按照合同约定的期限交付、收回流转的土地。

（二）协助和督促乙方按合同行使土地经营权，合理、环保正常使用土地，协助解决该土地在使用中产生的用水、用电、道路、边界及其他方面的纠纷，不得干预乙方正常的生产经营活动。

（三）不得将该土地在合同规定的期限内再流转。

八、乙方的权利和义务

（一）按合同约定流转的土地具有在国家法律、法规和政策允许范围内，从事生产经营活动的自主生产经营权，经营决策权，产品收益、处置权。

（二）按照合同规定按时足额交纳土地流转费用及补偿费用，不得擅自改变流转土地用途，不得使其荒芜，不得对土地、水源进行毁灭性、破坏性、伤害性的操作和生产。履约期间不能依法保护，造成损失的，乙方自行承担责任。

（三）未经甲方同意或终止合同，土地不得擅自流转。

九、合同的变更和解除

有下列情况之一者，本合同可以变更或解除。

（一）经当事人双方协商一致，又不损害国家、集体和个人利益的；

（二）订立合同所依据的国家政策发生重大调整和变化的；

（三）一方违约，使合同无法履行的；

（四）乙方丧失经营能力使合同不能履行的；

（五）因不可抗力使合同无法履行的。

十、违约责任

（一）甲方不按合同规定时间向乙方交付流转土地，或不完全交付流转土地，应向乙方支付违约金 _____ 元。

（二）甲方违约干预乙方生产经营，擅自变更或解除合同，给乙方造成损失的，由甲方承担赔偿责任，应支付乙方赔偿金 _____ 元。

（三）乙方不按合同规定时间向甲方交回流转土地、或不完全交回流转土地，应向甲支付违约金 _____ 元。

（四）乙方违背合同规定，给甲方造成损失的，由乙方承担赔偿责任，向甲方偿付赔偿金 _____ 元。

（五）乙方有下列情况之一者，甲方有权收回土地经营权。

1. 不按合同规定用途使用土地的；

2. 对土地、水源进行毁灭性、破坏性、伤害性的操作和生产，荒芜土地的，破坏地上附着物的；

3. 不按时交纳土地流转费的。

十一、特别约定

（一）本合同在土地流转过程中，如遇国家征用或农业基础设施使用该土地时，双方应无条件服从，并约定以下第 _____ 种方式获取国家征用土地补偿费和地上种苗、构筑物补偿费。

1. 甲方收取；

2. 乙方收取；

3. 双方各自收取 _____ %；

4. 甲方收取土地补偿费，乙方收取地上种苗、构筑物补偿费。

（二）本合同履约期间，不因集体经济组织的分立、合并，负责人变更，双方法定代表人变更而变更或解除。

（三）本合同终止，原土地上新建附着构筑物，双方同意按以下第 _____ 种方式处理。

1. 归甲方所有，甲方不作补偿；

2. 归甲方所有，甲方合理补偿乙方 _____ 元；

3. 由乙方按时拆除，恢复原貌，甲方不作补偿。

（四）国家征用土地、乡（镇）土地流转管理部门、村集体经济组织、村委会收回原土地重新分配使用，本合同终止。土地收回重新分配给甲方或新承包经营人使用后，乙方应重新签订土地流转合同。

十二、争议的解决方式

在履行本合同过程中发生的争议，由双方协商解决，也可由辖区的工商行政管理部门调解；协商或调解不成的，按下列第 _____ 种方式解决。

（一）提交仲裁委员会仲裁；

（二）依法向 _____ 人民法院起诉。

十三、其它约定

本合同一式四份，甲方、乙方各一份，乡（镇）土地流转管理部门、村集体经济组织或村委会（原发包人）各一份，自双方签字或盖章之日起生效。

如果是转让土地合同，应以原发包人同意之日起生效。

本合同未尽事宜，由双方共同协商，达成一致意见，形成书面补充协议。补充协议与本合同具有同等法律效力。

双方约定的其他事项 _____。

甲方：

乙方：

年　月　日

（5）从事养殖业的须提供《动物防疫条件合格证》

（6）其他有关证明材料。

2. 初审

乡镇人民政府（街道办事处）负责初审有关凭证材料原件与复印件的真实性，签署意见，报送县级农业行政主管部门。

3. 审核

县级农业行政主管部门负责对申报材料的真实性进行审核，并组织人员进行实地考察，形成审核意见。

4. 评审

县级农业行政主管部门组织评审，按照认定条件，进行审查，综合评价，提出认定意见。

5. 公示

经认定的家庭农场，在县级农业信息网等公开媒体上进行公示，公示期不少于7天。

6. 颁证

公示期满后，如无异议，由县级农业行政主管部门发文公布名单，并颁发证书。

7. 备案

县级农业行政主管部门对认定的家庭农场申请、考察、审核等资料存档备查。由农民专业合作社审核申报的家庭农场要到乡镇人民政府（街道办事处）备案。

（三）注册

申办家庭农场应当依法注册登记，领取营业执照，取得市场主体资格。工商部门是家庭农场的登记机关，按照登记权限分工，负责本辖区内家庭农场的注册登记。

（1）家庭农场可以根据生产规模和经营需要，申请设立为个体工商户、个人独资企业、普通合伙企业或者公司。

（2）家庭农场申请工商登记的，其企业名称中可以使用"家庭农场"字样。以公司形式设立的家庭农场的名称依次由行政区划＋商号＋"家庭农场"和"有限公司（或股份有限公司)"字样四个部分组成。以其他形式设立的家庭农场的名称依次由行政区划＋商号＋"家庭农场"字样三个部分组成。其中，普通合伙企业应当在名称后标注"普通合伙"字样。

（3）家庭农场的经营范围应当根据其申请核定为"××（农作物名称）的种植、销售；××（家畜、禽或水产品）的养殖、销售；种植、养殖技术服务"。

（4）法律、行政法规或者国务院决定规定属于企业登记前置审批项目的，应当向登记机关提交有关许可证件。

（5）家庭农场申请工商登记的，应当根据其申请的主体类型向工商部门提交规定的申请材料。

（6）家庭农场无法提交住所或者经营场所使用证明的，可以持乡镇、村委会出具的同意在该场所从事经营活动的相关证明办理注册登记。

第三章

肉牛场建设与环境控制

为了给肉牛创造适宜的生活环境，保障肉牛的健康和生产的正常运行。规划建设时要符合生产工艺要求，肉牛场场址的选择要有周密考虑、统筹安排和长远规划。牛舍建筑要根据当地的气温变化特点和牛场生产、用途等因素确定。保证生产的顺利进行和畜牧兽医技术措施的实施，要做到经济合理、技术可行。此外，牛舍修建还应尽量降低工程造价和设备投资，以降低生产成本，加快资金周转。

一、肉牛场选址

肉牛场场址的选择要有周密考虑，更要符合防疫规范要求、通盘安排，要有发展的余地和长远的规划，适应于现代化养牛业的需要。因此，必须与当地农牧业发展规划、农田基本建设规划以及今后修建住宅规划等结合起来，节约用地，不占或少占耕地。肉牛场的场址的选择要求如下：

（一）地势高燥，地形开阔

肉牛场应建在地势高燥、背风向阳、空气流通、土质坚实、地下水位较低（3米以下），场地宽阔，有足够的面积。具有缓坡的北高南低，适宜坡度为1%～3%，最大不超过25%，总体平坦。地形开阔整齐，理想情况是正方形、长方形，避免狭长和多边角。切不可建在低凹处、风口处。肉牛场地势过低、地下水位太高，极易造成排水困难，引起环境潮湿，影响牛的健康，同时蚊蝇也多，汛期积水以及冬季防寒困难。而地势过高，又容易招致寒风的侵袭，同样有害于牛的健康，且增加交通运输困难。

（二）土质良好

沙壤土最理想，沙土较适宜，黏土最不适。沙壤土土质松软，抗压性和透水性强，吸湿性、导热性小，毛细管作用弱，雨水、尿液不易积聚，雨后没有硬结，有利于牛舍及运动场的清洁与卫生干燥，有利于防止蹄病及其他疾病的发生。

（三）水源充足，水质良好

肉牛场要有充足的、符合卫生标准的、不含毒物、确保人畜安全和健康的水源，以满足肉牛、人员生活，生产场区绿化等用水。在有自来水供应的地方，规划设计好自来水管线网和水管口径。按每10头肉牛每天至少1吨水来计算。自建供水源时，可选用无污染的地面水源，建设牛场专用水塔或蓄水池，位置设在场部管理区附近，做好安全和防污染措施。还要对水源进行物理、化学及生物学分析，特别要注意水中微量元素成分与含量是否符合《无公害食品畜禽饮用水水质》（NY5027—2008）的要求。在几种水源如河、湖、塘、井等都具备的情况下，可采用从不同水源分别取水，从卫生、经济、节约资源和能源等各方面考虑，可分别建设饮用水和生产用水网络，做到既卫生又经济，并能充分利用自然资源。

（四）草料资源丰富，运输距离短

饲养肉牛的饲料特别是粗饲料的需要量大，不宜远距离运输。肉牛场应距秸秆、青贮和干草饲料资源较近，以保证草料供应，同时可减少运费，降低成本。尽量避开周围同等规模的饲养场，以避免原料竞争。

（五）交通便捷

在满足防疫要求的情况下，牛场应距离饲料生产基地、放牧地、公路或铁路较近，但又不能太靠近交通要道与工厂、住宅区，以利防疫和环境卫生。

（六）符合防疫要求

符合兽医卫生和环境卫生的要求，周围无传染源。远离主要交通要道、村镇工厂1000米以外，一般交通道路500米以外。还要避开对牛场产生污染的屠宰、化工和工矿企业1500米以外，特别是化工类企业。

对于较大型肉牛场，为防止畜群粪尿对环境的污染，粪尿处理要离开人的活动区，选择较开阔的地带建场，以有利于对人类环境的保护和畜群防疫。

（七）电力供应充足

现代化牛场的饲料加工、通风、饲喂以及清粪等都需要电。因此，牛场要设在供电方便的地方。

（八）有利于防止自然灾害

要综合考虑当地的气象因素，如最高温度、最低温度、湿度、年降雨量、主风向、风力等，以选择有利地势。肉牛场区的小气候要相对稳定，但要通风，消除由于地势、地形原因造成的场区空气呆滞、污浊、潮湿、闷热等。所以，不宜在谷地或山坳里建肉牛场。

> **👤 小贴士：**
>
> 牛场一旦建成，位置将不可更改，如果位置非常糟糕的话，几乎不可能维持牛群的长期健康。可以说，场址选择的好坏，直接影响着牛场将来的生产和牛的经济效益。
>
> 因此，应根据牛场的性质、规模、地形、地势、水源、当地气候条件及能源供应、交通运输、产品销售，与周围工厂、居民点及其他畜禽场的距离，当地农业生产、牛场粪污消纳能力等条件，进行全面调查、周密计划、综合分析后才能选择好场址。

二、规划布局

（一）规划布局原则

（1）充分利用场区原有地形、地势，在满足采光通风要求的前提下，合理安排建筑物的朝向。尽量使建筑物长轴平行排列，以减少建设费用。

（2）建筑模式类型要与当地气候、场区地势和肉牛生理阶段相匹配，因势利导、节约成本。

（3）根据肉牛场生产工艺要求，按功能分区，合理布置各个建筑物的位置，使肉牛场工作流程顺畅。

（4）肉牛场一般分为生活管理区、辅助生产区、生产区、粪污处理及病牛隔离区。

（5）人员、动物和物质转运应采取单一流向，以防交叉污染和疫病传播。

小贴士：

　　牛场建设可分期进行，但总体规划设计要一次完成。切忌边建设边设计边生产，导致布局零乱，特别是如果附属设施资源各生产区不能共享，不仅造成浪费，还给生产管理带来麻烦。

　　牛场规划设计涉及气候环境，地质土壤，牛的生物学特性、生理习性，建筑知识等各个方面，要多参考借鉴正在运行的牛场的成功经验，请教经验丰富的实战专家，或请专业设计团队来设计，少走弯路，确保一次成功，不花冤枉钱。

（二）各功能区布局

肉牛养殖场功能区具体布局如下（图3-1）：

1. 生活管理区

生活管理区主要布置管理人员的办公用房、技术人员的业务用房、员工生活用房、人员和车辆消毒设施及门卫、大门和场区景观，生活管理区应位于场区全年主导风向的上风处或侧风处，并紧邻场区大门内侧集中布置。

按照场区全年主导风向

图 3-1　各功能区布局示意图

生活管理区建筑模式宜选择楼房。办公可选择一层，二层以上为员工宿舍。办公楼前配置景观花园、篮球场等活动场所和群众健身设施。绿化以乔、灌木为主，点缀花草即可。生活管理区其他用房为平房即可。

2. 辅助生产区

肉牛场的辅助生产区主要布置水塔、变压器、锅炉房、车库、设备仓库及维修车间、青贮窖、干草栅、精料库以及全混合日粮（TMR）加工区等。该区应靠近生产区负荷中心布置，建筑模式在满足使用功能的同时满足生产流程的需要。

3. 生产区

生产区主要布置肉牛各阶段牛舍及运动场。生产区与其他功能区之间要用绿化隔离带分开，在生产区入口处设人员更衣、消毒室及车辆消毒池。

肉牛舍一般采用南北朝向，并以其长轴由北向南平行排列。犊牛舍之间至少相距 5 米，其他牛舍之间至少相距 30 米。

4. 粪污处理及病牛隔离区

位于生产区常年主风向的下风处和场区地势最低处，主要布置兽医室、隔离牛舍、牛场废弃物的处理设施。该处与生产区间距应满足兽医卫生防疫要求，并设专用大门与场外相通，而且应设置绿化隔离带。

5. 场区配套

（1）场区道路　场区道路一般与建筑物平行或垂直，路面标高应低于牛舍地面标高 0.2 ～ 0.3 米。

净道与污道不交叉。无论净道或污道，凡与牛行走通道垂直交叉，则应设 1.2 ～ 1.4 米宽、与过道同长、深度 0.8 ～ 1.0 米漏缝井，井上覆盖直径 4.4 厘米的厚壁钢管篦子，以便肉牛顺利通过。

净道路面宜用混凝土，也可采用条石。一般宽 3.5 ～ 6 米，横坡 1% ～ 1.5%，污道路面材质可与净道相同，也可用碎石或工程土，宽度为 3 ～ 4 米，横坡 2% ～ 3%。

（2）场区绿化　选择适合当地气候条件，对人畜无害的花草树木进行场区绿化。树木与建筑物外墙、围墙、运动场、道路和排水沟边缘的距离不小于 1.5 米。乔木不可过于密植，以成年树冠不相交为宜，灌木丛不宜高过 80 厘米。专用隔离带或小区景观绿化要经园艺工程技术人员专门设计，按图施工即可。

（3）供水　水源采用地下水或民用自来水，要求小时供水能力大于 60 立方米。供水管线安装时应考虑到寒冷地区冬季不被冻坏，并与排污管线保持一定的距离。管材一般采用聚乙烯（PE）或硬聚氯乙烯（PVC）系列塑料管。

（4）供电　根据肉牛场用电负荷配置相应供电系统，并确保牛场用电安全。

（5）供暖　办公区、宿舍及生活辅助区需要冬季供暖，采用环保锅炉、电热、沼气等提供热源。

（6）饲草料区　饲草料区设在生产区下风口地势较高处，

与其他建筑物保持 50 米防火距离。饲草料库要靠近饲料加工车间，且距离牛舍近一些，位置适中一些，车辆可以直接到达饲草料库门口，以便于加工取用饲料。

① 饲料加工车间。饲料加工车间应设在距牛舍 20～30 米以外，在牛场边上靠近公路的地方，可在围墙一侧另开一侧门，便于原料运入，又可防止噪声影响牛场并减少粉尘污染。库房应宽敞、干燥，通风良好。室内地面应高出室外 30～50 厘米，地面以水泥地面为宜，下衬垫防水层；房顶要具有良好的隔热、防水性能，窗户要高，门、窗和屋顶均能防鼠、防雀；库内墙壁、顶篷和地面要便于清扫和消毒；整体建筑注意防火等。饲料库和加工车间一般都应建在地势较高的地方，防止污水渗入而污染草料。

② 干草棚。干草棚主要是起到防雨、通风、防潮、防日晒的功能，选址应建在地势较高的地方，或周边排水条件较好的地方，同时棚内地面要高于周边地面防止雨水灌入，一般要高于周边地面 50 厘米左右。通常采用钢结构，棚顶铺彩板瓦（图 3-2）。高度应在 5～6 米为宜，上下均留有通风口。草棚建筑一定要牢固，能够防大风、强降雨、强降雪等恶劣天气。干草棚与其他房舍之间要保持适当的防火间隔，配置消防栓和消防器材。

建筑面积应考虑牛群数量而定，按每头牛每天 8 千克计算，通常干草储备为 6 个月的量，然后按照 1 立方米体积的干草为 380 千克的数据确定干草棚的面积。

③ 青贮窖（池）。青贮窖（池）一般分为地下式（图 3-3）、半地下式和地上式三种。可设在牛舍附近，便于运输和取用的地方。地上式青贮窖适用于地下水位较低和土质坚实的地区，底面与地下水位至少要保持 0.5 米左右的距离，以防止水渗入窖。地下水位高的地方宜采用半地下式青贮窖。通常根据地下水位高低、当地习惯及操作是否方便决定采用

哪种。以装料快、易压实、好管理、易取用、排水好为确定
标准。

图 3-2　干草棚实例

图 3-3　分段式青贮池

青贮窖（池）容积大小应根据牛群规模而定，以保证容纳的草料足够本场牛只利用一年为准。一般按照每立方米容积可装青贮料 500～600 千克，成年牛每天平均饲喂量 15～20 千克计算。以长方形为好，宽 15～20 米、深 2.5～4 米，长度根据牛数量和饲料多少决定。青贮窖必须坚固耐用，防止牛舍和运动场的污水及阴雨天积水渗（流）入窖内，造成饲草污染或青贮窖坍塌。窖壁砖砌、水泥挂面，或把窖的四周边缘拍打压实，使其坚实平滑，窖底预留排水口。

小贴士：

家庭农场主对牛场建设缺乏专业知识、不重视、随意性大，导致建成后的设施不规范、不科学。牛场投入运营后，不合理的地方就会陆续暴露出来，不但造成资金的浪费，而且会影响牛场正常的生产运营，最终影响牛场效益。

三、肉牛舍类型

肉牛舍主要有封闭式牛舍、塑料暖棚牛舍、围栏式散养牛舍等类型。

（一）封闭式牛舍

封闭式牛舍，亦称常规牛舍、拴系式牛舍（视频 3-1、视频 3-2）。牛的饲喂、休息均在牛舍内。目前国内采用舍饲饲养多数为此种样式，尤其是

视频 3-1 大型牛舍养牛实例

视频 3-2 封闭钢架双列式牛舍

强度育肥的多采用拴系饲养。每头牛有固定的牛床，用颈枷套住牛的颈部，或用缰绳把牛固定在相应的位置，使牛并排饲养于槽前。拴系式牛舍的跨度通常在 10.5 ～ 12 米，檐高为 2.4 米。其优点是占地面积少、节约土地、管理方便，可减少牛群不同个体之间相互干扰，便于饲喂、刷拭和清理粪便，牛活动量少，饲料利用率较高；缺点是牛舍造价较高，牛出入时，系放工作比较麻烦，费工费时。

（1）封闭式牛舍按照建筑形式，常见的有钟楼式、半钟楼式和双坡式三种。

① 钟楼式：钟楼式牛舍在双坡式牛舍屋顶上设置一个贯通横轴的"光楼"，在屋顶上增设了两列天窗。天窗可增加舍内光照系数，有利于舍内空气对流，通风良好，防暑作用较好，但构造比较复杂，耗建筑材料多，造价高，不利于冬季防寒保暖。

② 半钟楼式：半钟楼式牛舍在屋顶的向阳面设有与地面垂直的"天窗"，牛舍的屋顶坡度角和坡的长短是不对称的。背阳面坡较长，坡度较大；向阳面坡短，坡度较小，其他墙体与双坡式相同。舍内采光、防暑优于双坡式牛舍，通风效果较好，但夏季牛舍北侧较热，构造较复杂，寒冷地区冬季保暖防寒不利。

③ 双坡式：双坡式牛舍的屋顶适用于较大跨度的牛舍，对牛舍内小气候的控制有较好的效果（图3-4）。但是牛舍两侧墙壁的有无与高矮，均能影响牛舍的保暖效果。如一侧开敞而对侧半开敞，其保温作用较两侧封闭的牛舍要差一些。

对实墙设有窗户的双坡式牛舍，在炎热地区或夏季的防暑效果不佳，特别是牛体散发的热量及湿热气团不易发散。可通过增加舍顶高度，使牛舍长轴两侧的门窗在夏季尽量敞开。为增强通风换气也可加大舍内窗户面积。冬季关闭门窗有利于保温。

双坡式牛舍易施工，可利用面积大，实用性强，造价低。近几年，采用这种形式较为普遍。

图 3-4　封闭式牛舍

（2）按内部排列可分为单列式和双列式两种。

① 单列式：只有一排牛床，适用于小型牛舍（少于 25 头）。如果饲养头数过多，牛舍需要很长，对于运送草料、清粪都不利。这种牛舍跨度较小，易于建造，通风良好，但散热面积也大。

② 双列式：有两排牛床。一般以 100 头左右建一幢牛舍，分成左右两个单元，跨度 12 米左右，能满足自然通风的要求。

在双列式中，又可分为双列对尾式和双列对头式 2 种，尾对尾式中间为清粪通道，饲槽外侧为饲料通道，以尾对尾式应用较为广泛。因牛头向窗，有利日光和空气的调节，传染病较少。同时还可避免墙被排泄物所腐蚀。但分发饲料稍感不便。头对头式的优缺点与尾对尾式相反。

（二）塑料暖棚牛舍

塑料暖棚牛舍属于半开放牛舍的一种，是北方寒冷地区推出的一种较保温的半开放牛舍。与一般半开放牛舍比，保温效果较好（视频3-3、视频3-4）。塑料暖棚牛舍三面全墙，向阳一面有半截墙，有 1/2 ～ 2/3 的顶棚。

视频3-3 塑料大棚牛舍

塑料暖棚牛舍要注意选择合适的朝向，牛舍宜坐北朝南，南偏东或西角度最多不要超过15°，舍南至少10米应无高大建筑物及树木遮蔽。棚舍的入射角应大于或等于当地冬至时太阳高度角。塑膜与地面的夹角应在 55°～ 65° 为宜。

视频3-4 塑料大棚养牛实例

向阳的一面在温暖季节露天开放，寒季在露天一面用木杆、竹片、钢筋、钢管等材料做支架，上覆单层或双层塑料薄膜，两层塑料薄膜间留有间隙。塑料薄膜应选择对太阳光透过率高、对地面长波辐射透过率低的聚氯乙烯（PVC）棚膜、聚乙烯（PE）棚膜和调光性农膜等无滴塑膜，其厚度以 80 ～ 100 微米为宜。使牛舍呈封闭的状态，借助太阳能和牛体自身散发热量，使牛舍温度升高，防止热量散失。薄膜覆盖时间从 11 月到翌年 3 月，依各地气候条件适时进行。暖棚塑料膜要拉紧绷平，不通风，北方在天气过冷时还要加盖草帘等保温。

合理设置通风换气口，棚舍的进气口应设在南墙，其距地面高度以略高于牛体高为宜，排气口应设在棚舍顶部的背风面，上设防风帽，排气口的面积以 20 厘米 ×20 厘米为宜，进气口的面积是排气口面积的一半，每隔 3 米设置一个排气口。冬季白天利用设在南墙上的进气孔和顶部的排气孔进行 1 ～ 2 次通风换气，以排出棚内湿气和有毒气体。

暖棚牛舍饲养育肥牛的密度以每头 4 平方米为宜。

（三）围栏式散养牛舍

围栏式散养牛舍是指肉牛在围栏内不拴系，散放饲养，牛只自由采食、自由饮水的一种饲养方式。围栏式牛舍多为开放式牛舍或棚舍式围栏牛舍，并与运动场围栏相结合使用（视频 3-5、视频 3-6）。具有饲喂方便、劳动效率高的优点，但要求牛群中个体大小一致，否则会出现以大欺小、个体生长发育不平衡等弊端。此外，一定要注意饲草料要充足，饲养密度要适宜。

视频 3-5 简易牛棚

视频 3-6 带活动场牛棚介绍

① 开放式牛舍：开放式牛舍跨度较小，有单坡式和双坡式。开放式牛舍三面有墙，向阳面敞开。在敞开面一侧与运动场围栏相接。饲槽、水槽设在围栏内（上面应安装遮盖棚）。最好设在牛舍内，在刮风、下雨等不良天气时，牛只得到了保护，也避免了饲料的浪费和变质。舍内以及围栏内均铺水泥地面。牛舍内牛床面积以每头牛 2 平方米为宜，每舍 15 ～ 20 头牛。舍外场地每头牛占地面积为 3 ～ 5 平方米。

② 棚舍式围栏牛舍：棚舍四周无墙壁，仅有框架支撑结构，屋顶的结构与常规牛舍相近，但用料简单、重量轻。不拴系，一般采用双列头对头饲养，中间为饲料通道，通道两侧皆为饲槽。适用于冬季不太寒冷的地区。

（四）牛舍建筑要求

为了给肉牛创造一个最佳的生活环境，牛舍的结构样式要合理，就要求有适应不同地区条件的牛舍，由于地区气候、自然资源、经济条件等差异较大，牛舍的结构样式、通风方式、饲喂方式、粪污处理等各不相同。没有一个能够适用于所有地区的牛舍模式，如果千篇一律，都是一种模式的话，就达不到高投入高产出的目标。

1. 因地制宜

肉牛场的规划设计要根据当地的气候条件、地理条件、养殖方式、投资情况综合考虑确定，采取"量身定做"的方式。根据牛场生产实际和不同牛群特点，因地制宜，分类别建设牛舍。

根据当地自然气候条件，南方重点考虑防暑问题，北方重点考虑防寒问题。经济条件好的牛场，可以采用轻钢结构或砖混结构，采用半开放式或有窗式封闭牛舍。舍内必须有相应的采食、饮水、通风、降温和取暖等设施设备，有条件的牛场要增加圈顶喷淋降温设施。

2. 地基

牛舍地基深度南方通常在 0.5～1 米，北方寒区地基深度要超过牛场所在地的冻层深度，一般在 1.5 米左右。

3. 墙壁

封闭式牛舍和半开放式牛舍的墙体厚 0.24 米，北方可在外墙用苯板做 10 厘米厚保温层。牛舍内墙设水泥墙围，防止水体渗入墙体，提高墙的坚固性，也便于冲刷消毒。

4. 屋顶

房盖采用彩板瓦，要求保温隔热、防暑、防雨并通风良好。双坡式牛舍房脊高 3.2～3.5 米，前后墙高 2.4 米；单坡式牛舍前墙高 2.4 米，后墙高 2 米；平顶式牛舍墙高 2.4～2.5米。屋檐和屋脊太高，不利于保温，过低则影响舍内光线和通风。

5. 窗户

窗户面积与舍内面积之比为 1：12，窗台距地面 1.1 米，南窗宜多，采光面积要大，通常为 1 米 ×1.5 米，每隔 2.8 米置 1 扇，北侧窗户宜少宜小，通常为 0.8 米 ×1 米。南北窗户数量的比例为 2∶1。

6. 地面及牛床

牛舍内地面可采用砖地面或水泥地面，要求坚固耐用而且便于清扫和消毒。要铺设供牛休息的牛床，牛床的长度一般育肥牛为 1.6～1.8 米，成年母牛为 1.8～1.9 米；宽为 1.1～1.2 米。牛床坡度为 1.5％，前高后低，用粗糙水泥地面或用竖砖铺设，水泥抹缝。隔栏高 90 厘米，用钢管制成，前端与拴牛架连在一起，后端固定在牛床的前 2/3 处。饲料通道宽 1.3～1.5 米。

7. 食槽和水槽

牛舍食槽一般有地面食槽和有槽帮食槽两种形式。实行机械饲喂的牛舍一般采用地面食槽；人工饲喂而无其他饮水设备的采用有槽帮食槽兼作水槽；放牧饲养一般设补饲食槽。地面食槽设计时食槽底部一般比牛站立地面高 15～30 厘米，挡料板或墙比食槽底部高 20～30 厘米，防止牛采食时将蹄子伸到食槽内，食槽宽 60～80 厘米。有槽帮食槽一般为混凝土或砖混结构，上宽 65～80 厘米、底宽 35 厘米，底呈弧形，槽内缘高 35 厘米，（靠牛床一侧）外缘高 60～80 厘米，有槽帮食槽外抹水泥砂浆须坚固，防止牛长期舔舐对食槽表面造成损害，槽底做成圆弧形，也可用水磨石或瓷砖作为食槽表面。

水槽可采用金属自动饮水器或用料槽隔出一段做水槽。

8. 粪尿沟

地面应向清粪方向倾斜 2％～3％，粪尿沟宽 0.3～0.5 米，深 0.1 米左右。粪尿沟应不渗漏，表面光滑。沟底向流出方向倾斜，坡度 0.6％。粪尿沟通至舍外污水池，应距牛舍 6～8

米，其容积根据牛的数量而定。

9. 门

牛舍门宽 2.2 米 ×2.4 米，双开门，向外。

10. 照明

每幢牛舍内安装 3 排白炽灯，间隔 3 米，排与排之间错开。

11. 运动场

运动场的大小以牛的数量而定，每头牛占用面积，成年牛为 7～10 平方米，育肥牛 5～8 平方米，犊牛为 5～10 平方米。运动场围栏要结实，围栏高度 150 厘米左右。运动场内要设水槽和凉棚。

小贴士：

　　采用何种牛舍，主要根据气候和经济条件决定。我国肉牛生产主要分布于东北产区、中原产区、西北产区和西南产区四个主产区，其中中原产区和西南产区的肉牛舍多为开放式、半开放式或少量的有窗式肉牛舍，东北产区和西北产区多为封闭有窗式或塑料大棚式肉牛舍。

四、养肉牛设备

　　牛场设备主要包括拴系、喂饲、饮水、除粪及污水处理、饲料加工、青贮、消防、消毒、给排水及诊疗设备等。

（一）拴系设备

用以限制肉牛在牛床内的活动范围，使牛的前脚不能踩入饲槽，后脚不能踩入粪沟，牛身不能横躺在牛床上，但也不妨碍肉牛的正常站立、躺卧、饮水和采食饲料。

拴系设备有链式和关节颈架式等类型，常用的是软的横行链式颈架。两根长链（760毫米）穿在牛床两边支柱的铁棍上，能上下自由活动；两根短链（500毫米）组成颈圈，套在牛的颈部。结构简单，但需用较多的手工操作来完成拴系和释放肉牛的工作。

关节颈架（图3-5）拴系设备在欧美使用较多，有拴系或释放一头牛的，也有同时拴系或释放一批牛的。它由两根管子组成长形颈架，套在牛的颈部。颈架两端都有球形关节，使牛有一定的活动范围。

图3-5 关节颈架式

（二）喂饲设备

1. 固定喂饲设备

固定喂饲设备是将青饲料从料塔输送到牛舍或运动场的设备。

优点是饲料通道（牛舍内）小，牛舍建筑费用低，省饲料转运工作量。

2. 输送带式喂饲设备

输送带式喂饲设备运送饲料的装置为输送带，带上撒满饲料，通往饲槽上方，再用一刮板在饲槽上方往复运动将饲料刮入饲槽。

3. 穿梭式喂饲车

穿梭式喂饲车饲槽上方有一轨道，轨道上有一喂饲车，饲料进入饲料车，通过链板及饲料车的移动将饲料卸入饲槽。

4. 螺旋搅龙式喂饲设备

螺旋搅龙式喂饲设备是给在运动场上的肉牛喂饲的设备。

5. 机动喂饲车

大型牛场，青贮量很大，各牛舍（运动场）离饲料库太远，采用固定喂饲设备投资太大，可采用机动喂饲车。将青贮库卸出的饲料，用喂饲车运送到各牛舍饲槽中，喂饲方便，设备利用率高。但冬季喂饲车频繁进入牛舍，不利于保暖，要设双排门、双门帘等保暖措施。

（三）饮水设备

饮水设备多采用阀门式自动饮水器，它由饮水杯、阀门、顶杆和压板等组成。牛饮水时，触动饮水杯内的压板，推动顶杆将阀门开启，水即通过出水孔流入饮水杯内。饮水完毕牛抬起头后，阀门靠弹力回位，停止流水。

拴养每2头牛合用1个饮水器，散放6～8头牛合用1个饮水器。图3-6～图3-8是几种常用的饮水设备。

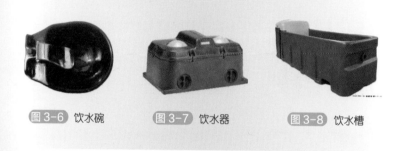

图 3-6　饮水碗　　　　图 3-7　饮水器　　　　图 3-8　饮水槽

（四）除粪设备

除粪设备有机械除粪和水冲除粪设备两种。机械除粪有连杆刮板式、环形刮板式、双翼形推粪板式和运动场上除粪设备等（视频3-7）。

视频 3-7　牛场
机械清粪

连杆刮板式清粪设备用于单列牛床，链条带动带有刮板的连杆，在粪沟内往复运动，刮板单向刮粪，逐渐把粪刮向一端粪坑内。

环形刮板式除粪设备用于双列牛床，将两排牛床粪沟连成环形（类似操场跑道），有环形刮板在沟内作水平环形运动，在牛舍一端环形粪沟下方设一粪池（坑）及倾斜链板升运器，粪入粪池后，再提运到舍外装车，运出舍外。

双翼形推粪板式除粪装置由电机、减速器、钢丝绳＋翼形推粪板组成，在行程开关的控制下，在粪沟内往复运动，将粪刮入粪沟内（图3-9）。适用于宽粪沟的隔栏散养牛舍的除粪作业。

图3-9 机械清粪设备

运动场上除粪设备，同除粪车（铲车）相似，车前方有一刮铲，向一方推成堆状，然后发酵处理或装车运出场外。

（五）饲料收割与加工机械

1.青饲料联合收获机

青饲料联合收获机按动力来源分有牵引式、悬挂式和自走式3种。牵引式靠地轮或拖拉机动力输出轴驱动，悬挂式一般都由拖拉机动力输出轴驱动，自走式的动力靠发动机提供。按机械构造不同，青饲料收获机可分为滚筒式青饲料收获机、刀盘式青饲料收获机、甩刀式青饲料收获机和风机式青饲料收获机等。

2. 玉米收获机

玉米收获机专门用于收获玉米，一次可完成摘穗、剥皮、果穗收集、茎叶切碎、装车进行青贮等工作。玉米收获机的类型按与拖拉机的挂接方式可分为悬挂式青饲玉米收获机、带有玉米割台的牵引式收获机以及带有玉米割台的自走式收获机。按收割方法又分为对行和不对行收割，按切割器型式分为复式割刀和立筒式旋转割刀。在选择自走式或牵引式的问题上，首先要根据购买者的使用性质来确定。既要满足青贮玉米和青饲料在最佳收割期时收割，又要考虑充分利用现有的拖拉机动力，更要考虑投资效益和回报率的问题。

3. 青饲料铡草机械

铡草机也称切碎机（图3-10），主要用于切碎粗饲料，如谷草、稻草、麦秸、玉米秸等。按机型大小可分为小型、中型和大型铡草机。小型铡草机适用于广大农户和小规模饲养户，用于铡碎干草、秸秆或青饲料。中型铡草机也可以切碎干秸秆和青饲料，故又称秸秆青贮饲料切碎机。大型铡草机常用于规模较大的饲养场，主要用于切碎青贮原料，故又称青贮饲料切碎机。铡草机是农牧场、农户饲养草食家畜必备的机具。秸秆、青贮料或青饲料的加工利用，切碎是第一道工序，也是提高粗饲料利用率的基本方法。铡草机按切割部分型式可分为滚筒式和圆盘式2种。大中型铡草机为了便于抛送青贮饲料，一般多为圆盘式，而小型铡草机以滚筒式为多。大中型铡草机，为了便于移动和作业，常装有行走轮，而小型铡草机多为固定式。

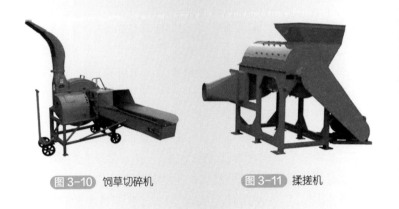

图 3-10　饲草切碎机　　　　图 3-11　揉搓机

4. 揉搓机

揉搓机（图 3-11）揉搓是介于铡切与粉碎两种加工方法之间的一种新方法。各类秸秆揉搓机揉搓方式基本相同，基本上是以高速旋转的锤片，结合机体内（工作室）表面的齿板形成的表面阻力对秸秆实施捶打，即所谓揉搓。其结构实质上就是粉碎机结构。经过揉搓后的成品秸秆多呈块状或碎散状，牲畜食用后在胃中堆积，易形成实体。牲畜有挑食现象，秸秆利用率较低。

5. 秸秆揉丝机

秸秆揉丝机和秸秆揉搓机在结构上前者较后者复杂，主要体现在秸秆揉丝机首先要具有使秸秆基本形成丝状的丝化装置，接着再进行揉搓处理，以进一步使其细化。

揉搓方式目前有锤片式、磨盘式和栅栏式。其中锤片式及磨盘式出料碎散，但磨盘式揉搓效果好。栅栏式揉搓效果俱佳，既保证了细丝状似草的形体，又保证了柔性。

秸秆揉丝机使物料经加工后，成品秸秆呈细丝条形的草状，符合牲口采食习性，易于消化及吸收营养（胃液可充分渗透到饲料间隙中）、易于打包储存、氨化处理效果好、秸秆利用率高。适宜加工粗大株型秸秆和牧草。

6.粉碎机

粉碎机类型有锤片式、爪式和对辊式 3 种。锤片式粉碎机（图 3-12）是一种利用高速旋转的锤片击碎饲料的机器，生产率高，适应性广，既能粉碎谷物类精饲料，又能粉碎含纤维、水分较多的青草类、秸秆类饲料，粉碎粒度好。对辊式粉碎机（图 3-13）是由一对回转方向相反、转速不等的带有刀盘的齿辊进行粉碎，主要用于粉碎油料作物的饼粕、豆饼、花生饼等。爪式粉碎机（图 3-14）是利用固定在转子上的齿爪将饲料击碎，这种粉碎机结构紧凑、体积小、重量轻，适合于粉碎含纤维较少的精饲料。

图 3-12 锤片式粉碎机　图 3-13 对辊式粉碎机　图 3-14 爪式粉碎机

7．小型饲料加工机组

小型饲料加工机组主要由粉碎机、混合机和输送装置等组成。其特点是：①生产工艺流程简单，多采用主料先配合后粉碎再与副料混合的工艺流程；②多数用人工分批称量，只有少数机组采用容积式计量和电子秤计量配料，添加剂由人工分批直接加入混合机；③绝大多数机组只能粉碎谷物类原料，只有少数机组可以加工秸秆料和饼类料；④机组占地面积小，对厂房要求不高，设备一般安置在平房建筑物内。

8. 全自动混合日粮（TMR）搅拌喂料车

全自动全混合日粮（TMR）搅拌喂料车，主要由自动抓取、自动称量、粉碎、搅拌、卸料和输送装置等组成。有多种规格，适用于不同规模的肉牛场、肉牛小区及 TMR 饲料加工厂。

图 3-15　固定式搅拌喂料车　　图 3-16　移动式搅拌喂料车

固定式喂料车（图 3-15）与移动式喂料车（图 3-16）的选择主要应从牛舍建筑结构、人工成本、耗能成本等考虑。一般尾对尾老式牛舍，过道较窄，搅拌车不能直接进入，最好选择固定式；而一些大型牛场，牛舍结构合理，从自动化发展需求和人员管理的难度考虑，最好选择移动式。中小型牛场固定式与移动式的选择，应从运作成本考虑，主要涉及耗油、耗电、人工、管理几个方面。例如：选用容量为 7 立方的全混合日粮（TMR）搅拌喂料车，固定式由 22 千瓦电机提供动力，牵引式需匹配 65 马力拖拉机，同样工作 1 小时，固定式耗电 22 度，牵引式耗油 2.8 升；牵引式可以直接将饲料撒入牛舍，固定式需采用一些运输工具；在劳动力上，牵引式较固定式可以节省搬运工人、减少饲喂人员；饲养管理上，牵引式直接将 TMR 撒入食槽供肉牛自由采食，固定式还需将加工好的 TMR 由人工分发给肉牛采食，牵引式可以简化饲养管理。

饲料搅拌喂料车可以自动抓取青贮、草捆和精料啤酒糟等，可以大量减少人工，简化饲料配制及饲喂过程，提高肉牛饲料转化率和产奶性能。

9. 牧草收获机

牧草收获机（图 3-17）是用机器将生长的牧草或作为饲草的其它作物切割、收集、制成各种形式的干草。机械化收获牧草具有效率高、成本低、能适时收、多收等优点。世界上畜牧业发达国家都非常重视牧草收获技术。主要使用的收获方法是散草收获法和压缩收获法两种。

散草收获法主要机具配置有割草机、搂草机、切割压扁机、集草器、运草车、垛草机等。不同机具系统由不同的单机组成。工艺流程是割草机割草—搂草机搂草—切割压扁机捆成草卷—集草器集成堆—运草车运输—垛草机码成垛贮存。要正确地对各单机进行选型，使各道工序之间的配合和衔接经济合理，保证整个收获工艺经济效果最佳。

压缩收获工艺比散草收获工艺的生产效率高（省略了集草堆垛工序），提高生产率 7 ～ 8 倍，草捆密度高、质量好，便于保存和提高运输效率。各单机技术水平和性能较先进，适合于我国牧区地势较平坦、产草量较高的草场。但一次性投资大，技术要求高，目前只在经济条件较好的牧场及贮草站使用。

图 3-17　牧草收获机

（六）牛舍通风及防暑降温的机械和设备

标准化肉牛养殖小区牛舍通风设备有电动风机和电风扇。轴流式风机（图 3-18）是牛舍常见的通风换气设备，这种风机既可排风，又可送风，而且风量大。电风扇也常用于牛舍通风，一般为吊扇。

喷淋降温系统是目前最实用且有效的降温方法。它是将细水滴喷到牛背上湿润它的皮肤，利用风扇及牛体的热量使水分蒸发以达到降温的目的。这主要是用来降低牛身体的温度，而不是牛舍的温度。当仅仅靠开启风扇不能有效消除肉牛热应激的影响时，可以将机械通风和喷淋结合。喷淋降温系统一般安装在牛舍的采食区、休息区、待挤区以及挤奶厅，它主要包括水路管网、水泵、电磁阀、喷嘴、风扇以及含继电器在内的控制设备。喷水与风扇结合使用，会形成强制气流，提高蒸发散热效率，迅速带走牛体多余的热量。喷淋通风结合降温系统时，通风和喷淋要交替进行。

图3-18 轴流式风机

（七）消毒设备

（1）消毒推车（图3-19） 用于牛舍内消毒，便于移动，使用维护简便。

（2）消毒液发生器（图3-20） 用于生产次氯酸钠消毒液，具有成本低廉、便于操作的特点，可以现制现用，解决了消毒液运输、储存的困难，仅用普通食盐和水即可随时生产消毒液，特别适合大型肉牛规模饲养场使用。

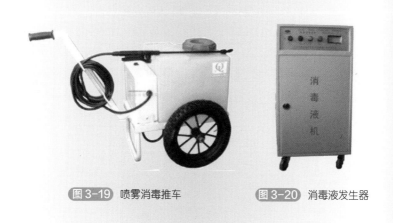

图 3-19 喷雾消毒推车　　　图 3-20 消毒液发生器

（八）其他设备

其他设备包括牛场管理设备（刷拭牛体器具、体重测试器具，另外还需要配备耳标、无血去势器、体尺测量器械、鼻环等）、防疫诊疗设备、场内外运输设备及公用工程设备等。

1. 牛体刷

全自动牛体刷（图 3-21 和视频 3-8）包括吊挂固定基础部件、通过固定连接件悬挂在吊挂固定基础部件上的电机和刷体；当牛将刷体顶起倾斜时，电机自动启动，带动刷体旋转；当肉牛离开时，电机带动刷体继续旋转一段时间后停止。可实现刷体自动旋转、停止及手动控制。

视频 3-8　牛体刷拭按摩

牛体刷能够使肉牛容易地达到自我清洁的目的，减少肉牛身体上的污垢和寄生虫。同时，牛体刷还可以促进肉牛血液循环，保持肉牛皮毛干净，提高采食量，使肉牛的头部、背部和尾部得到舒适的清理，不再到处摩擦搔痒，从而节约费用，预防事故发生。牛体刷也是生产高档牛肉必备的设备之一。

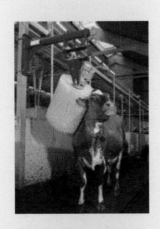

图 3-21　牛体刷

2.鼻环

为便于抓牛、牵牛和拴牛，尤其是对未去势的公牛，常给牛带上鼻环。鼻环有两种类型：一种为不锈钢材料制成，质量好又耐用；另一种为铁或铜材料制成，质地较粗糙，材料直径4毫米左右。

注意不宜使用不结实、易生锈的材料，其往往将牛鼻拉破引起感染。

3.诊疗设备

兽医室需要配备消毒器械、手术器械、助产器、诊断器械、连续灌药器（图3-22）和注射器械，以及修蹄工具（图3-23、图3-24）等。

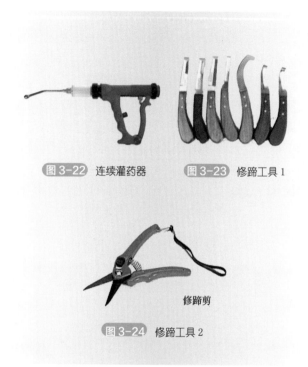

图 3-22　连续灌药器　　图 3-23　修蹄工具 1

修蹄剪

图 3-24　修蹄工具 2

　　无血去势钳（图3-25）是一种兽医手术器械，用于雄性家畜的去势（又称阉割）手术。该器械通过隔着家畜的阴囊用力夹断动物精索的方法达到手术目的，不需要在家畜的阴囊上切口，故称"无血去势"。无血去势钳特别适用于公牛、公羊的去势，也可用于公马等家畜的去势。通常在家畜至少在一个月大之后再进行这种手术。无血去势钳是一种较为先进的兽医学器械。

　　弹力去势器（图3-26）是一种兽医手术器械，用于雄性家畜的去势手术。该器械通过将弹性极强的塑胶环放置在家畜的阴囊根部，压缩血管、阻碍睾丸血流的方式，以达到睾丸逐渐坏死萎缩的作用，实现手术目的。这种器械无需切开家畜阴囊，不会流血，从而降低了副作用，是一种较为先进的兽医手术器械。弹力去势器系统包括两大部分：弹力去势器本身和与之配套的塑胶环。弹力去势器本身像是一把钳子，由金属制成，包括把手、杠杆机构和钳口等部分。

助产器（图3-27）是牛场常用的诊疗设备之一，操作杆采用双杆设计，双杆可拼接、拆卸，存放十分方便，特殊的螺纹操作杆在使用中移动精确，而且不会打滑。助产器安装操作简单，使用灵活方便。

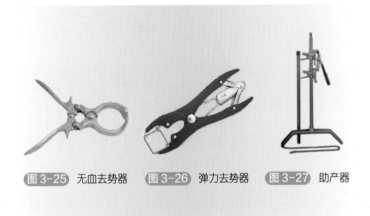

图 3-25　无血去势器　　图 3-26　弹力去势器　　图 3-27　助产器

4. 保定架

保定架是牛场不可缺少的设备，给牛打针、灌药、编耳号、修蹄及治疗时均需使用。通常用原木或钢管制成，架的主体高160厘米，前颈枷支柱高200厘米，立柱部分埋入地下约40厘米，架长150厘米，宽65～70厘米。

5. 吸铁器

因为牛的采食方式是大口的吞咽，如果杂草中混杂着细铁丝等杂物很容易误食，一旦吞进去以后，就不能排出，会积累在瘤胃里面，对牛的健康造成伤害，所以可以使用吸铁器（图3-28）将里面的杂物吸出。

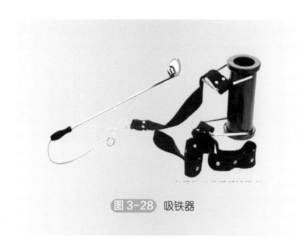

图 3-28 吸铁器

五、肉牛舍环境控制

牛舍环境控制是肉牛养殖的重要环节。为给肉牛创造适宜的环境条件，肉牛舍应在科学合理设计和建设的基础上，采用保暖、降温、通风、光照等措施，加强对牛舍环境的控制，通过科学的管理有效地减弱舍内环境因子对牛个体造成的不良影响，获得肉牛生产的最佳效益。

（一）温度和湿度管理

气温对牛机体的影响最大，主要影响牛体健康及其生产力。环境温度在 5 ～ 21℃时，牛的增重最快。温度过高，肉牛增重缓慢，温度过低，降低饲料消化率，同时又提高代谢率，以增加产热量来维持体温，显著增加饲料消耗。因此夏季要做好防暑降温工作，冬季要注意防寒保暖，提供适宜的环境温度。

空气湿度对牛体机能的影响，主要是通过水分蒸发影响牛体散热，干扰牛体调节。在一般温度环境中，湿度对牛体的调节没有影响，但在高温和低温环境中，湿度高低对牛体热调节产生作用。湿度越大，体温调节范围越小。高温高湿会导致牛的体表水分蒸发和体热散发受阻，体温很快上升，机体机能失调，呼吸困难，最后致死。低温高湿会增加牛体热散发，使体温下降，生长发育受阻，饲料报酬率降低。另外，高湿环境容易滋生各类病原微生物和各种寄生虫。一般空气湿度以 55％～ 80％为宜。牛舍内的温度和湿度有一定的要求（表3-1）。

表 3-1　牛舍保温和湿度要求

牛的类群	适宜温度 /℃	最低温度 /℃	相对湿度 /%
肥育公牛	6	3	≤ 85
繁殖母牛	8	6	≤ 85
哺乳犊牛	12	7	≤ 75
青年牛	8	3	≤ 85
产房牛	12	10	≤ 75
治疗牛	15	12	≤ 75

肉牛抵抗高温的能力比较差。为了消除或缓和高温对牛的有害影响，必须做好牛舍的防暑、降温工作。在养殖生产管理上，采取保护牛免受太阳辐射、增强牛的传导散热（借与冷物体表面接触）、对流散热（充分利用天然气流和借强制通风）和蒸发散热（通过淋浴、水浴和向牛体喷淋水等）等行之有效

的办法来加以解决。

首先要从牛舍的设计及建设上能实现抵御高温，其次是采用通风降温设备。

对牛舍的防暑降温可以采取搭凉棚、设计隔热屋顶、加强通风、遮阳、增强牛舍维护结构对太阳辐射热的反射能力等措施。遮阳棚可减少30%以上的热辐射，缺点是仅采取遮阳措施无法避免极端高温对肉牛增重的影响。肉牛舍朝向对通风降温有一定影响，在炎热地区除考虑减少太阳辐射和防暴风雨外，必须同时考虑夏季主风向。由于我国所处地理位置的关系，东西朝向的牛舍太阳辐射强度远大于南北向。因此，东西向牛舍的防暑性能很差，为了改善温度过高的问题，夏季可以在东、西两个朝向的纵墙位置（开放式牛舍无墙）增加遮阳网或者悬挂草帘遮阳。

肉牛养殖场建筑物布局和肉牛舍间距除考虑防疫、采光等外，还应注意考虑通风，间距不可过小，一般不低于10米。肉牛舍跨度也影响通风效果，跨度小的肉牛舍通风路线短而直，气流顺畅；跨度超过10米，通风效果差，较难形成穿堂风。为了有利于通风，肉牛牛舍内不宜设隔山墙，各圈间隔墙，尤其是圈舍与通道间的隔墙最好用铁栅栏代替。为加大舍内气流速度，保证气流均匀并能通过肉牛体周围，应合理安排通风口位置。进风口应设在正压区内，排气口设在负压区内，以保证肉牛舍有穿堂风。进风口应均匀布置，以保证舍内通风均匀，使牛舍内各处的肉牛都能感受到凉爽的气流。为使气流经肉牛体周围通过，可设地脚窗通风。

牛舍失热最多的是屋顶、天棚、墙壁和地面。因此，要求屋顶、天棚结构严密，不透气，天棚铺设保温层、锯木灰等，也可采用隔热性能好的合成材料，如聚氨酯板、玻璃棉等。墙壁是牛舍的主要外围结构，要求墙体隔热、防潮，寒冷地区选择导热系数较小的材料，如选用空心砖（外抹灰）、铝箔波形纸板等作墙体。牛舍朝向上长轴呈东西方向配置，北墙不设门，墙上设双层窗，冬季加塑料薄膜、草帘等。地面是牛活动直接接触的场所，地面冷热情况直接影响牛体。石板、水泥地面坚固耐用，防水，但冷、硬，寒冷地区作牛床时应铺垫草、厩草、木板。规模化养牛场可采用三层地面，首先将地面自然土层夯实，上面铺混凝土，最上层再铺空心砖，既防潮又保温。另外，还要加强饲养管理，如寒冷季节适当加大牛的饲养密度，依靠牛体散发热量相互取暖。勤换垫草也是一种简单易行的防寒措施，既保温又防潮。及时清除牛舍内的粪便、防止贼风等都可以达到保暖的目的。

目前，我国养殖业夏季防暑降温的方法除了采用遮阳棚以外，主要有风机、喷雾、喷淋或喷淋结合风扇降温、湿帘负压通风降温等方法。

风机通风可促进家畜体表对流散热，但当环境温度接近或高于家畜体表温度时，对流散热非常有限或完全失效。喷淋降温一般降低的是牛体温度，采用将水直接喷在牛体上，适用于高湿地区。采用机械通风与喷淋相结合，夏季可提高奶牛单产20％，但会导致舍内地面潮湿，不利于牛躺卧。喷雾降温是通过喷雾时雾滴在空气中气化而达到降温目的（一般可降低舍温1～3℃），但同时也增加舍内湿度，故降温的效果很可能被湿度的增加所抵消，因而该法仅适用于干热地区。湿帘负压通风降温和喷雾降温降低的是整舍温度。湿帘负压通风降温效果好，但仅限于封闭式牛舍使用，同样是在降低温度的同时也提高了舍内的空气湿度，最适用于干热地区。喷雾与正压送风结合为一体的喷雾冷风机降温，可通过雾化的水气蒸发迅速吸收空气中的热量，从而使周围局部小环境的温度迅速降低，但是会导致舍内湿度上升。

我国肉牛生产主要分布于四个主产区，即东北产区、中原产区、西北产区和西南产区，其中中原产区和西南产区的肉牛舍多为开放式、半开放式或少量的有窗式肉牛舍，牛舍的围护结构隔热性能较差，牛舍通风方式为自然通风，因此，这些地区的肉牛舍内环境温度和湿度直接受舍外自然气象条件的影响。在现有牛舍的条件下，为肉牛舍降温的适宜方法主要有通风降温和蒸发降温，还可辅助遮阳降温和降低饲养密度。气温高于25℃时通风降温效果递减，气温达30℃以上时就应考虑采用蒸发降温。

西南产区一般夏季相对湿度较高，某些地区在超过30℃以上的时间段内相对湿度大于70%的概率较大，不适于采用整舍降温，可以采用喷淋降温。还有一些地区温度超过30℃的时间段较少而湿度较高的时段较长，既不适于采用整舍降温，采用喷淋降温的经济效益也不一定合算，可以选用强制机械(如风扇风机等设备)通风。

绿化是成本最低、效果最好、最直接的降温方式。绿化可以美化环境，改善牛场的小气候。在盛夏，强烈的直射日光和高温不仅使牛的生产能力降低，而且容易发生日射病。有绿化的牛场，场内树木可起到良好的遮阴作用。当温度高时，植物茎叶表面水分的蒸发，吸收空气中大量的热，使局部温度降低，同时提高了空气中的湿度，使牛感觉更舒适。树干、树叶还能阻挡风沙的侵袭，对空气中携带的病原微生物具有过滤作用，有利于防止疾病的传播。牛舍运动场可以设置凉棚以减少肉牛的热负荷。凉棚宜长轴为东西向，一般高3.5米，面积按每头牛约4平方米计算。棚下地面应大于凉棚投影面积，一般东西两端应各长出3～4米，南北两侧应各宽出1.0～1.5米。绿化牛舍常用的乔木品种有大青杨、洋槐、垂柳等，灌木可选用紫穗槐、刺玫、丁香等。空闲地带还可种一些草坪和牧草，如紫羊茅、三叶草、苜蓿草等。

（二）气流控制

气流（又称风）通过对流作用，使牛体散发热量。牛体周围的冷热空气不断对流，带走牛体所散发的热量，起到降温作用。适当的空气流动可以保持牛舍空气清新，维持牛体正常的体温。

一般来说，风速越大，降温效果越明显。有资料表明，风速增加1倍，肉牛散热可增加4倍。寒冷季节，若受大风侵袭，会加重低温效应，使肉牛的抗病力减弱，尤其对于犊牛，易患呼吸道、消化道疾病，如肺炎、肠炎等，因而对肉牛的生长发育有不利影响。炎热季节，加强通风换气，有助于防暑降温，并排出牛舍中的有害气体，改善牛舍环境卫生状况，有利于肉牛增重和提高饲料转化率。

牛舍气流除受牛舍朝向与主风向进行自然调节以外，还可人为进行控制。例如夏季通过安装电风扇等设备改变气流速度，冬季寒风袭击时，可适当关闭门窗，牛舍四周用篷布遮挡，使牛舍空气温度保持相对稳定，减少牛只呼吸道、消化道疾病。一般舍内气流速度以0.2～0.3米/秒为宜，气温超过30℃的酷热天气，气流速度可提高到0.9～1米/秒，以加快降温速度。

（三）光照（日照、光辐射）控制

光照包括日照和光辐射，阳光中的紫外线照射在太阳辐射总能量中占50%，其对动物起的作用是热效应，即照射部位因受热而温度升高。冬季牛体受日光照射有利于防寒，对牛的健康有好处；夏季高温下受日光照射会使牛体温升高，导致日射病（中暑）。因此，夏季应采取遮阴措施，加强防护。阳光中紫外线可使牛体皮肤中的7-脱氢胆固醇转化为维生素D_3，促进牛体对钙的吸收。紫外线还具有强力杀菌作用，从而具有消毒效应。紫外线还使畜体血液中的红、白细胞数量增加，可提高机体的抗病能力。但紫外线过强照射也有害于牛的健康，会导致日射病。一般条件下，牛舍常采用自然光照，为了生产需要也采用人工光照。阳光照射的强度与每天照射的时间变化，还可引起牛脑神经中枢相应的兴奋，对肉牛繁殖性能和生产性能有一定的作用。在舍饲和集约化生产条件下，采用16小时光照、8小时黑暗，可使育肥肉牛采食量增加，日增重得到明显改善。一般情况下，牛舍的采光系数为1:16，犊牛舍为1:（10～14）。为了保持采光效果，牛舍的窗户面积应接近于墙壁面积的1/4，以大些为佳。

（四）尘埃、有害气体和噪声的控制

新鲜的空气是促进肉牛新陈代谢的必需条件，并可减少疾病的传播。空气中浮游的灰尘和水滴是微生物附着和生存的好地方。为防止疾病的传播，牛舍一定要保持通风换气良好，尽量减少空气中的灰尘。

在敞棚、开放式或半开放式牛舍中，空气流动性大，所以牛舍中的空气成分与大气差异很小。而封闭式牛舍，如设计不当或使用管理不善，会由于牛的呼吸、排泄物的腐败分解，使空气中的氨气、硫化氢、二氧化碳等增多，影响肉牛生产力。牛舍中二氧化碳含量不超过0.25%，硫化氢不超过0.001%，氨气不超过0.0026毫克/升。

强烈的噪声可使牛产生惊吓，烦躁不安，出现应激等不良现象，从而导致牛休息不好，食欲下降，进而抑制牛的增重，降低生长速度，繁殖性能不良。因此牛舍应远离噪声源，牛场内保持安静。一般要求牛舍内的噪声水平白天不能超过90分贝，夜间不超过50分贝。生产中，噪声总是不可避免的，当噪声不大时，一般不必多虑；当噪声过大，如达到75分贝以上时，如果无法避开，可通过设置绿化带和音障等隔离噪声。

　　牛舍环境控制就是克服不良因素对牛产生的不良影响，建立有利于牛只生存和生产的环境。

　　牛舍环境调控应以牛体周围局部空间的环境状况为重点。充分利用舍外适宜环境，自然与人工调控结合。

　　舍内环境调控不要盲目追求单因素达标，必须考虑诸因素相互影响制约，以及多因素的综合作用。采取多因素综合调控措施，且应侧重牛的体感调控效果。

第四章

肉牛饲养品种的确定与繁殖

一、肉牛的品种

肉牛即肉用牛，是一类以生产牛肉为主的牛。肉牛的特点是体躯丰满、增重快、饲料利用率高、产肉性能好，肉质口感好。肉牛不仅为人们提供肉用品，还为人们提供其他副食品。

（一）引进品种

国外优良肉牛品种具有生长速度快、饲料转化率高、产肉量高等特点。引进国外优良肉牛品种，不仅可以用于宰杀，提供高品质牛肉，也可以改良我国本地的牛品种，使它们在生长速度、饲料转化率、产肉量等方面，都有较大的提高。但是，国外肉牛品种，自身也存在着诸多的不足，如抗逆性、耐粗饲等方面就不如我国的本土牛品种，这些问题都是在引进与养殖中应该加以注意的。

1. 西门塔尔牛

西门塔尔牛（图 4-1）原产于瑞士西部的阿尔卑斯山区，因"西门"山谷而得名。原为役用品种，因社会经济发展的需要，经过长期选育，形成了乳肉兼用牛种。自 20 世纪 60 年代末引入北美后，被育成肉用品种，丰富了遗传特性，得到广泛的推广应用。我国东北、华北、西北及南方一些省均有饲养。该品种由于常年在山地放牧饲养，因此具有体躯粗大结实、耐粗饲、适应性强等特点。在肉牛杂交体系中，西门塔尔牛通常被作为"外祖父"角色。

图 4-1　西门塔尔牛

【体型外貌】该品种牛体格粗壮结实，头、颈中等，额部较宽，公牛角平出，母牛角多数向外上方伸曲。颈垂发达，前躯发育较后躯好，乳房发达，胸深，体躯呈圆筒形，腰宽，身躯大。尻部长宽平直，肌肉丰满，四肢粗壮结实。蹄圆厚。毛色多为红白花、黄白花，乳白毛多在肩胛、腰部绕体躯呈带状分布，头部白色或带小块色斑，腹、腿部和尾帚均为白色。鼻镜、眼睑为粉红色，皮肤为粉红色。

【生产性能】西门塔尔牛耐粗放，适应性、抗病性及繁殖力均强，肉质好，产乳量和乳脂率高，是具有多种经济用途的优秀乳肉兼用品种。一般成年公牛体重为1000～1200千克，成年母牛650～700千克。公犊初生重45千克左右，母犊44千克左右，周岁体重可达454千克。经育肥屠宰率可达55%～65%。

年平均产乳量为4070千克，乳脂率为3.9%。用西门塔尔牛杂交改良本地黄牛，西杂一代初生重一般为32千克，12月龄体重200千克，18月龄体重277.3千克，比本地牛分别提高49%、48.6%和37.9%，改良效果显著。

【繁殖性能】西门塔尔牛常年发情，发情持续期20～36小时，一般情期受胎率在69%以上，妊娠期284天。种公牛的精液射出量都比较大，5～7岁的壮年种畜每次射精量在5.2～6.2毫升之间，鲜精活力0.60左右，平均密度11.1左右，冷冻后活力保持在0.34～0.36之间。西门塔尔种公牛每年能生产11000毫升左右的精液，是精液产量比较大的牛种，对改良黄牛十分有利。

2. 夏洛莱牛

夏洛莱牛（图4-2）原产于法国的夏洛莱及涅夫勒地区。夏洛莱牛是现代大型肉用育成品种之一。1964年后我国陆续从法国引进。世界公认夏洛莱牛15月龄以前的日增重超过其他品种，故常用来作为经济杂交的父本。

【体型外貌】体大而强壮，毛色为乳白或枯草黄色。头小而宽短，角中等粗细，向两侧或前方伸展。胸深肋圆，背厚腰宽，臀部丰圆。全身肌肉十分发达，使身躯呈圆筒形，后腿部肌肉尤其丰富，常形成"双肌"特征。牛角和蹄呈蜡黄色。鼻镜、眼睑等为肉色。毛色为乳白或浅乳黄色。

图 4-2　夏洛莱牛

【生产性能】6 月龄公犊体重可达 234 千克，母犊为
210.5 千克，平均日增重公犊 1 ～ 1.2 千克，母犊 1.0 千克。
周岁公、母牛体重分别可达 458.4 千克和 368.3 千克。阉割
牛 14 ～ 15 月龄体重为 495 ～ 540 千克。成年公牛体重一般
为 1100 ～ 1200 千克，母牛为 700 ～ 800 千克。肥育期平均
日增重 1.88 千克，屠宰率 65％～ 70％。夏洛莱母牛平均产
奶量为 1700 ～ 1800 千克，个别牛达到 2700 千克，乳脂率
4.0％～ 4.7％。

　　夏洛莱牛有两大特点，一是早期生长发育快，二是瘦肉
多，可以在较短的时间内以最低廉的成本生产出最大限度的肉
量。饲料报酬高，产肉性能好，适应性强，具有皮薄、肉嫩、
胴体瘦肉多、肉佳味美的特点。用夏洛莱牛改良本地黄牛，其
后代个体大，生长快，全身肌肉丰满。杂种牛初生重 30 千克，
一月龄平均日增重 1000 克，18 月龄体重可达 250 ～ 300 千克。

分别比本地牛提高 25％ 和 50％，屠宰率为 48.3％ ～ 50.4％。

【繁殖性能】母牛出生后 396 天开始发情，在长到 17 ～ 20 月龄时可配种，但此时期难产率高达 13.7％，建议将配种时间推迟到 27 月龄，要求配种时母牛体重达 500 千克。

3. 安格斯牛

安格斯牛（图 4-3）是英国最古老的肉用牛品种之一。现在世界主要养牛国家大多数都饲养这个牛品种，是英国、美国、加拿大、新西兰和阿根廷等国的主要牛种之一。

图 4-3 安格斯牛

【体型外貌】安格斯牛体格低矮，体质紧凑、结实。头小而方正，头额部宽而额顶突起，颈中等长，背线平直，腰荐丰满，体躯呈圆筒状。四肢短而端正。体躯平滑丰润，皮肤松软，富弹性，被毛光亮滋润。安格斯牛无角，黑色。

【生产性能】成年公牛体重 700 ～ 750 千克，成年母牛体重 500 千克，犊牛初生重 25 ～ 32 千克，公犊六月龄断奶体重为 198.6 千克、母犊 174 千克。日增重约为 1000 克。育肥期日增重（1.5 岁以内）平均 0.7 ～ 0.9 千克。安格斯肉用性能良好，胴体品质高，出肉多，肌肉大理石纹很好。屠宰率一般为 60%～ 65%。

【繁殖性能】安格斯牛早熟易配，12 月龄性成熟，但常在 18 ～ 20 月龄初配；在美国育成的较大型的安格斯牛可在 13 ～ 14 月龄初配。产犊间隔短，一般都是 12 个月左右，连产性好，极少难产。

4. 利木赞牛

利木赞牛（图 4-4）原产法国中部利木赞高原，是专门化肉用品种，为法国第二大牛品种。比较耐粗饲，生长快，单位体重的增加需要的营养较少，胴体优质肉比例较高，大理石状纹的形成较早，母牛很少难产，容易受胎，在肉牛杂交体系中起良好的配套作用。目前世界上有 54 个国家引入利木赞牛。因毛色接近中国黄牛，比较受群众欢迎，是中国用于改良本地牛的第三主要品种。

图 4-4　利木赞牛

【体型外貌】利木赞牛体型小于夏洛莱牛，骨骼较夏洛莱牛细致，体躯冗长，肌肉充实，胸躯部肌肉特别发达，肋弓开张，背腰壮实，后躯肌肉明显，四肢强健，蹄为红色。公牛角向两侧伸展并略向外前方挑起，母牛角不很发达，向侧前方平出。毛色多红黄为主，腹下、四肢内、眼睑、鼻周、会阴等部位色变浅，呈肉色或草白色。

【生产性能】体早熟是利木赞牛优点之一，在良好的饲养条件下，公牛10月龄能长到408千克，12月龄达480千克。在原产地，成年公牛体重900～1100千克，母牛600～800千克。公牛体高140厘米，母牛130厘米。犊牛初生重较小，公犊36千克，母犊35千克，这种初生重小、成年体重大的相对性状，是现代肉牛业追求的优良性状。

【繁殖性能】难产率极低也是利木赞牛的优点之一，无论与任何肉牛品种杂交，其犊牛初生重都比较小，与我国其他黄牛品种和引进品种杂交所产的犊牛相比较，一般要轻6～7千克。一般难产率只有0.5%，是专门的肉用品种中最好的品种之一。利木赞母牛在较好的饲养条件下，2周岁可以产犊，而一般情况下，2.5岁产犊。

5. 海福特牛

海福特牛（图4-5）原产于英国的英格兰西部威尔士地区的海福特县及其邻近的诸县，是英国最古老的肉用品种之一，属中小型早熟的肉用品种。我国于1964年后陆续引入，现分布在全国各地。

【体型外貌】海福特牛体型中等，头短额宽，有角者角呈蜡黄色或白色，向两侧伸展，微向下弯曲。颈短厚，颈垂发达；躯干肌肉丰满，呈圆筒形；肩峰宽大，胸宽而深，肋骨开张，背腰平直宽阔，臀部丰满。四肢短粗，蹄质结实，背毛为暗红色，亦有橙黄色者，具"六白"特征，即头部、垂皮、颈脊连鬐甲、腹下、四肢下部和尾帚六个部位为白色。皮肤为橙黄色。

图4-5　海福特牛

【生产性能】海福特牛具有较高的日增重、屠宰率和饲料报酬率，胴体品质良好。一般初生重：公犊为36千克，母犊为33千克；成年母牛体重可达600～750千克，成牛公牛体重可达1000～1100千克。屠宰率一般为60％～65％。据英国资料报道犊牛生长快，到12月龄可保持平均日增重1.4千克水平，为体早熟品种，18月龄达到725千克。在我国饲养的海福特牛都尚未达到原种的水平。在一般情况下，据黑龙江的资料报道，哺乳期平均日增重，公犊1.14千克，母犊0.5千克。7～12月龄的平均日增重，公牛0.98千克，母牛0.85千克。经肥育后，屠宰率可达67％，净肉率达60％。胴体上覆盖脂肪较厚，而肌肉间脂肪较少，肉质嫩，多汁。

【繁殖性能】海福特牛小母牛6月龄开始发情，育成

到 18 月龄，体重达 500 千克开始配种。发情周期平均 21 天
（18～23 天）。持续期 12～36 小时。妊娠期平均 277 天（260～
290 天）。

6. 短角牛

短角牛（图 4-6）原产于英格兰的德拉姆、约克和林肯等
郡；因该品种牛是由当地土种长角牛经改良而来，角较短小，
故称为短角牛。世界各国都有短角牛的分布，以美国、澳大利
亚、新西兰、日本和欧洲各地饲养较多。短角牛的培育始于
16 世纪末 17 世纪初，最初只强调育肥，到 21 世纪初，经培
育的短角牛已是世界闻名的肉牛良种了。1950 年，随着世界
奶牛业的发展，短角牛中一部分又向乳用方向选育，于是逐渐
形成了近代短角牛的两种类型：即肉用短角牛和乳肉兼用型短
角牛。

图 4-6　短角牛

（1）肉用短角牛

【体型外貌】肉用短角牛被毛以红色为主，有白色和红白交杂的沙毛个体，部分个体腹下或乳房部有白斑；鼻镜粉红色，眼圈色淡；皮肤细致柔软。该牛体型为典型肉用牛体型，侧望体躯为矩形，背部宽平，背腰平直，尻部宽广、丰满，股部宽而多肉。体躯各部位结合良好，头短，额宽平；角短细、向下稍弯，角呈蜡黄色或白色，角尖部为黑色，颈部被毛较长且多卷曲，额顶部有丛生的被毛。该牛活重：成年公牛平均900～1200千克，母牛600～700千克左右；公、母牛体高分别约为136厘米和128厘米。

【生产性能】早熟性好，肉用性能突出，利用粗饲料能力强，增重快，产肉多，肉质细嫩。17月龄活重可达500千克，屠宰率为65％以上。大理石纹好，但脂肪沉积不够理想。

（2）乳肉兼用型短角牛

【体型外貌】基本上与肉用短角牛一致，不同的是其乳用特征较为明显，乳房发达，后躯较好，整个体格较大。

【生产性能】泌乳量为3000～4000千克；乳脂率3.5％～3.7％，在我国吉林省通榆县繁育了约40年的短角牛，第一泌乳期泌乳平均2537.1千克；以后各泌乳期泌乳量为2826～3819千克。其肉用性能与肉用短角牛相似。

（3）与我国黄牛杂效果　短角牛是世界上分布很广泛的品种。我国自1920年前后到新中国成立后，曾多次引入，在东北、内蒙古等地改良当地黄牛，普遍反映杂种牛毛色紫红、体型改善、体格加大、产乳量提高，杂种优势明显。尤其值得一提的是新中国成立后我国育成的乳肉兼用型新品种——草原红牛，就是用乳用短角牛同吉林、河北和内蒙古等地的黄牛杂交而选育成的，其乳肉性能都取得全面提高，表现出了很好的杂交改良效果。

7. 皮埃蒙特牛

皮埃蒙特牛（图4-7）因产于意大利北部皮埃蒙特地区而得名，是古老的牛种，属于欧洲原牛与短角型瘤牛的混合型。皮埃蒙特牛因其具有双肌肉基因，是目前国际公认的终端父本，已被世界20多个国家引进，用于杂交改良。我国现在10余个省、市推广应用。

图4-7 皮埃蒙特牛

【体型外貌】皮埃蒙特牛被毛白晕色，公牛在性成熟时颈部、眼圈和四肢下部为黑色。母牛为全白，有的个体眼圈为浅灰色，眼睫毛、耳郭四周为黑色，犊牛出生到断奶月龄为乳黄色，4～6月龄时胎毛退去后，呈成年牛毛色。各年龄和性别的牛在鼻镜部、蹄和尾帚均为黑色。角型为平出微前弯，角尖黑色。

【生产性能】皮埃蒙特牛具有高屠宰率和高瘦肉率的优点。

据意大利报道：该品种屠宰率为 66％，胴体瘦肉率高达 340 千克，其肉内脂肪含量低，比一般牛肉低 30％。早期增重快，0 ～ 4 月龄日增重为 1.3 ～ 1.5 千克，饲料利用率高，成本低，肉质好。周岁公牛体重 400 ～ 430 千克，12 ～ 15 月龄体重达 400 ～ 500 千克，每增重 1 千克消耗精料 3.1 ～ 3.5 千克。南斯拉夫测定，该品种牛屠宰率达 72.8％，净肉率 66.2％，瘦肉率 84.1％，骨肉比 1：7.35。成年公牛体高约 140 厘米，体重约 800 千克；成年母牛体高约 130 厘米，体重约 500 千克。280 天泌乳量为 2000 ～ 3000 千克。

据鲍斯蒂科报道：皮埃蒙特牛的眼肌面积特别大，与夏洛莱牛在同等试验条件下，当夏洛莱牛眼肌面积达 107.9 平方厘米时，皮埃蒙特牛达 121.8 平方厘米，因此生产高档牛排的价值很大。又因皮埃蒙特牛肉具有低脂肪率、低胆固醇的特点，在意大利牛肉市场中成为极受欢迎的肉类。

皮埃蒙特牛还有较高的泌乳能力，一个泌乳期的平均产奶量约为 3500 千克，对哺育犊牛具有很大的优势，中国利用皮埃蒙特牛改良黄牛，其后代的泌乳能力有所提高。

（二）培育品种

我国肉牛业在育种领域取得了一定成效，通过国家鉴定成功培育的专门化肉牛已有夏南牛、延黄牛、辽育白牛、云岭牛四个品种，但培育的新品种的市场优势尚未充分体现，难以满足国内对于优质肉牛生产及消费的需要。

1. 夏南牛

夏南牛（图 4-8）是以夏洛莱牛为父本，以南阳牛为母本，采用杂交创新、横交固定和自群繁育三个阶段、开放式育种方法培育而成的肉用牛新品种。夏南牛含夏洛莱牛血统 37.5％，含南阳牛血统 62.5％，育成于河南省泌阳县，是中国第一个具有自主知识产权的肉用牛品种。

【体型外貌】毛色纯正，以浅黄、米黄色居多。公牛头方正，额平直，成年公牛额部有卷毛，母牛头清秀，额平稍长；公牛角呈锥状，水平向两侧延伸，母牛角细圆，致密光滑，多向前倾；耳中等大小；鼻镜为肉色。颈粗壮，平直。成年牛结构匀称，体躯呈长方形，胸深而宽，肋圆，背腰平直，肌肉比较丰满，尻部长、宽、平、直。四肢粗壮，蹄质坚实，蹄壳多为肉色。尾细长。母牛乳房发育较好。

图 4-8　夏南牛

【生产性能】农村饲养管理条件下，公、母牛平均初生重38千克和37千克；18月龄公牛体重达400千克以上，成年公牛体重可达850千克以上；24月龄母牛体重达390千克，成年母牛体重可达600千克以上。

20头体重为（211.05±20.8）千克的夏南牛架子牛，经过180天的饲养试验，体重达（433.98±46.2）千克，平均日增重1.11千克。30头体重（392.60±70.71）千克的夏南牛公牛，经过90天的集中强度育肥，体重达到（559.53±81.50）千克，日增重达（1.85±0.28）千克。

未经育肥的 18 月龄夏南公牛屠宰率 60.13％，净肉率 48.84％，眼肌面积 117.7 平方厘米，熟肉率 58.66％，肌肉剪切力值 2.61，肉骨比 4.81∶1，优质肉切块率 38.37％，高档牛肉率 14.35％。

【繁殖性能】夏南牛初情期平均 432 天，最早 290 天；发情周期平均 20 天；初配时间平均 490 天；怀孕期平均 285 天；产后发情时间平均为 60 天；难产率 1.05％。

2. 延黄牛

延黄牛（图 4-9）的中心培育区在吉林省东部的延边朝鲜族自治州。延黄牛含延边牛血统 75％、利木赞牛血统 25％；采用了杂交 - 回交 - 自群繁育、群体继代选育几个阶段，历时（1979—2006 年）约 27 年。延黄牛是继夏南牛之后，由农业部于 2008 年初宣布培育成功的我国第二个肉用型牛品种，2009 年为农业部在东北肉牛区首推品种之一。

图 4-9 延黄牛

【体型外貌】延黄牛全身被毛颜色均为黄红色或浅红色，股间色淡，公牛角较粗壮，平伸；母牛角细，多为龙门角。骨骼坚实，体躯结构匀称，结合良好，公牛头较短宽，母牛头较清秀，尻部发育良好。

【生产性能】屠宰前短期育肥18月龄公牛平均宰前活重432.6千克，胴体重255.7千克，屠宰率59.1%，净肉率48.3%；日增重0.8～1.2千克。

延黄牛肉用指数：成年公牛5.66～6.76千克/厘米，母牛4.06～4.58千克/厘米，分别超出了专门化肉用型牛BPI的底限值5.60千克/厘米和3.90千克/厘米。

【繁殖性能】母牛初情期8～9月龄，初配期13～15月龄，农村一般延后至20月龄。公牛14月龄；发情周期20～21天，持续期约20小时，平均妊娠期283～285天；公牛初生重平均30.9千克，母牛28.8千克。公牛射精量平均3～5毫升/次，精子密度9.5亿个/毫升，活力0.85，冻精解冻复活率0.43；牛群平均总受胎率90.7%，产犊间隔360～365天；成年母牛泌乳量达1002.5千克，乳脂率4.31%，乳蛋白率3.67%。

3. 辽育白牛

辽育白牛（图4-10）是以夏洛莱牛为父本，以辽宁本地黄牛为母本进行杂交后，在第4代的杂交群中选择优秀个体进行横交和有计划选育，采用开放式育种体系，坚持档案组群，形成了含夏洛莱牛血统93.75%、本地黄牛血统6.25%遗传组成的稳定群体，该群体抗逆性强，适应当地饲养条件，是经国家畜禽遗传资源委员会审定通过的肉牛新品种。

【体型外貌】辽育白牛全身被毛呈白色或草白色，鼻镜肉色，蹄角多为蜡色；体型大，体质结实，肌肉丰满，体躯呈长方形；头宽且稍短，额阔唇宽，耳中等偏大，大多有角，少数无角；颈粗短，母牛平直，公牛颈部隆起，无肩峰，母牛颈部和胸部多有垂皮，公牛垂皮发达；胸深宽，肋圆，背腰宽厚、平直，尻部宽长，臀端宽齐，后腿部肌肉丰满；四肢粗壮，长短适中，蹄质结实；尾中等长度；母牛乳房发育良好。

图4-10 辽育白牛

【生产性能】辽育白牛成年公牛体重910.5千克，肉用指数6.3；母牛体重451.2千克，肉用指数3.6；初生重公牛41.6千克，母牛38.3千克；6月龄体重公牛221.4千克，母牛190.5千克；12月龄体重公牛366.8千克，母牛280.6千克；24月龄体重公牛624.5千克，母牛386.3千克。辽育白牛6月龄断奶后持续育肥至18月龄，宰前重、屠宰率和净肉率分别为561.8千克、58.6%和49.5%；持续育肥至22月龄，宰前重、屠宰率和净肉率分别为664.8千克、59.6%和50.9%。11～12月龄体重350千克以上发育正常的辽育白牛，短期育肥6个月，体重达到556千克。

【繁殖性能】辽育白牛母牛初情期为10～12月龄、性成熟 12～14 月龄、发情周期为 18～22 天、初配年龄为 14～18 月龄、产后发情时间为 45～60 天；公牛适宜初采年龄为 16～18 月龄，每批次采精量平均为 7.12 毫升，每毫升精液中含精子 8.1 亿个，原精活力为 0.66；人工投精情期受胎率为 70%，适繁母牛的繁殖成活率达 84.1% 以上。

4. 云岭牛

云岭牛（图 4-11）育成于云南，是云南省草地动物科学研究院采用由婆罗门牛、墨累灰牛和云南黄牛三元杂交方式，并历经 31 年时间培育而成，是新中国成立以来全国第四个、中国南方第一个拥有自主知识产权的肉用牛品种。适于热带、亚热带环境饲养，具有肉质好、生长周期短、抗病强、适应广、耐粗饲等优良特性。

图 4-11　云岭牛

【体型外貌】 云岭牛以黄色、黑色为主，被毛短而细密；体型中等，各部结合良好，细致紧凑，肌肉丰厚；头稍小，眼明有神；多数无角，耳稍大，横向舒张；颈中等长；公牛肩峰明显，颈垂、胸垂和腹垂较发达，体躯宽深，背腰平直，后躯和臀部发育丰满；母牛肩峰稍有隆起，胸垂明显，四肢较长，蹄质结实；尾细长。

【生产性能】 在一般饲养管理条件下，云岭牛公牛初生重（30.24±2.78）千克，断奶重（182.48±54.81）千克，12月龄体重（284.41±33.71）千克，18月龄体重（416.81±43.84）千克，24月龄体重（515.86±76.27）千克，成年体重（813.08±112.30）千克；在放牧＋补饲的饲养管理条件下，12～24月龄日增重可达（1060±190）克。母牛初生重（28.17±2.98）千克，断奶重（176.79±42.59）千克，12月龄体重（280.97±45.22）千克，18月龄体重（388.52±35.36）千克，24月龄体重（415.79±31.34）千克，成年体重（517.40±60.81）千克；相比于较大型肉牛品种，云岭牛的饲料报酬较高。

【繁殖性能】 母牛初情期8～10月龄，适配年龄12月龄或体重在250千克以上；发情周期为21天（17～23天），发情持续时间为12～27小时，妊娠期为278～289天；产后发情时间为60～90天；难产率低于1%（为0.86%）；繁殖成活率高于80%。公牛18月龄或体重在300千克以上可配种或采精。

5. 蜀宣花牛

蜀宣花牛（图4-12）是以宣汉黄牛为母本，选用原产于瑞士的西门塔尔牛和荷兰的荷斯坦乳用公牛为父本，从1978年开始，历经30余年培育而成的乳肉兼用型牛新品种。2012年3月2日，农业部发布第1731号公告命名。蜀宣花牛具有性情温顺、生长发育快、产奶和产肉性能较优、抗逆性强、耐湿热

气候、耐粗饲、适应高温（低温）高湿的自然气候及农区较粗
放条件饲养等特点。

图 4-12　蜀宣花牛

【体型外貌】　蜀宣花牛体型外貌基本一致。毛色为黄白花
或红白花，头部、尾梢和四肢为白色；头中等大小，母牛头部
清秀；成年公牛略有肩峰；有角，角细而向前上方伸展；鼻镜
肉色或有斑点；体型中等，体躯宽深，背腰平直、结合良好，
后躯较发达，四肢端正结实；角、蹄以蜡黄色为主；母牛乳房
发育良好。

【生产性能】　蜀宣花牛第四世代群体平均年产奶量为
4480 千克，平均泌乳期为 297 天，乳脂率 4.16%，乳蛋白含量
3.19%。公牛 18 月龄育肥体重平均达 499.2 千克，90 天育肥期
平均日增重为 1275.6 克，屠宰率 57.6%，净肉率 48.0%。

【繁殖性能】 蜀宣花牛母牛初配时间为 16～20 月龄，妊娠期 278 天左右。公、母牛初生重分别为 31.6 千克和 29.6 千克；6 月龄公、母牛体重分别为 149.3 千克和 154.7 千克；12 月龄公、母牛体重分别为 315.1 千克和 282.7 千克。成年公、母牛体高分别为 149.8 厘米和 128.1 厘米，体斜长分别为 180.0 厘米和 157.9 厘米，胸围分别为 212.5 厘米和 188.6 厘米，管围分别为 24.3 厘米和 18.6 厘米。

（三）我国地方良种

中国黄牛是中国固有的普通牛种。其在中国的饲养数量在大家畜中或牛类中均居首位，饲养地区几乎遍布全国。在农区主要作役用，半农半牧区役乳兼用，牧区则乳肉兼用。黄牛被毛以黄色为最多，品种可能因此而得名，但也有红棕色和黑色等。头部略粗重，角形不一，角根圆形。体质粗壮，结构紧凑，肌肉发达，四肢强健，蹄质坚实。其体形和性能因自然环境和饲养条件不同而有差异，可分为 3 大类型：北方黄牛、中原黄牛和南方黄牛。这三大类的代表品种有秦川牛、南阳牛、鲁西牛、晋南牛、延边牛和蒙古牛等。

1. 秦川牛

秦川牛（图 4-13）产于陕西省关中地区，因"八百里秦川"得名，秦川牛被毛紫红，体躯高大，肉用性能良好，为中国地方良种，是中国役肉兼用牛种之一。经过 20 多年的系统选育，形成当今之肉役兼用品种，并正在朝肉用方向选育，被誉为"国之瑰宝"。

【体型外貌】秦川牛体格高大，结构匀称，骨骼粗壮，肌肉丰满，体质强健。头部方正，肩长而斜。胸部宽深，肋长而开张。背腰平直宽长，长短适中，结合良好。荐骨部稍隆起，后躯发育稍差。四肢粗壮结实，两前肢相距较宽，蹄叉紧。公牛头较大，颈厚薄适中，鬐甲低而窄。鼻镜和眼圈多为粉肉色，少数有黑斑点或呈黑、灰色，尾帚大多混有白色或灰白色毛。角短而钝，呈肉色，多向外下方或向后稍弯。毛色为紫红、红、黄色三种，以紫红和红色居多；角短而钝，质地细致，呈肉色，多向外下方或向后稍弯。蹄壳多为粉红色，少数为黑色或黑红相间。

图 4-13 秦川牛

【生产性能】48 月龄公牛体高 141 厘米以上，母牛 127 厘米以上。48 月龄公牛体重 630 千克以上，母牛 410 千克以上。在维持饲养标准的 170％条件下，12 ～ 24 月龄日增重公牛 1.0 千克，母牛 0.8 千克；24 月龄屠宰率公牛 62％，母牛 58％；净肉率公牛 52％，母牛 50％；眼肌面积公牛 85 平方厘米，母牛70平方厘米。肉质细嫩、多汁，大理石纹明显，剪切值≤3.6千克。

在一般饲养条件下，1～2胎泌乳量700千克以上；3胎及以上泌乳量1000千克以上。乳脂率4.7％，乳蛋白含量4.0％。

【繁殖性能】秦川母牛常年发情。在中等饲养水平下，初情期为9.3月龄。成年母牛发情周期20.9天，发情持续期平均39.4小时。妊娠期285天，产后第一次发情约53天。秦川公牛一般12月龄性成熟。2岁左右开始配种。

2. 南阳牛

南阳牛（图4-14）是地方良种，产于河南省南阳市白河和唐河流域的平原地区，在中国黄牛中体格最高大。

图4-14 南阳牛

【体型外貌】南阳牛属较大型役肉兼用品种。体高大、肌肉较发达、结构紧凑，体质结实，皮薄毛细，鼻镜宽，口大方正。角形以萝卜角为主，公牛角基粗壮，母牛角细。鬐甲隆起，肩部宽厚。背腰平直，肋骨明显，荐尾略高，尾细长。四肢端正而较高，筋腱明显，蹄大坚实。公牛头部雄壮，额微凹，脸细长，颈部皱褶多，前躯发达。母牛后躯发育良好。毛色有黄、红、草白三种，面部、腹下和四肢下部毛色浅。鼻镜多为肉红色，部分有黑点。蹄壳以黄蜡色、琥珀色带血筋者较多。

【生产性能】经强度肥育的阉牛体重达 510 千克时宰杀，屠宰率达 64.5%，净肉率 56.8%，眼肌面积 95.3 平方厘米。肉质细嫩，颜色鲜红，大理石纹明显。

【繁殖性能】南阳牛较早熟，有的牛不到 1 岁即能受胎。母牛常年发情，在中等饲养水平下，初情期在 8 ~ 12 月龄。初配年龄一般掌握在 2 岁。发情周期 17 ~ 25 天，平均 21 天。发情持续期 1 ~ 3 天。妊娠期平均 289.8 天，范围为 250 ~ 308 天。怀公犊比怀母犊的妊娠期长 4.4 天。产后初次发情约需 77 天。

3. 鲁西牛

鲁西牛（图 4-15）是中国中原四大牛种之一，主要产于山东省西南部的菏泽和济宁两地区，以优质育肥性能著称。

【体型外貌】鲁西牛体躯结构匀称，细致紧凑，为役肉兼用型。公牛多为平角或龙门角，母牛以龙门角为主。垂皮发达。公牛肩峰高而宽厚。胸深而宽，后躯发育差。母牛鬐甲低平，后躯发育较好，背腰短而平直。关节干燥，筋腱明显。前肢呈正肢势，后肢弯曲度小，飞节间距离小。蹄质致密但硬度较差。尾细而长，尾毛常扭成纺锤状。被毛从浅黄到棕红色，以黄色为最多，一般前躯毛色较后躯深，公牛毛色较母牛深。多数牛眼圈、口轮、腹下和四肢内侧毛色浅淡。俗称"三粉特征"。鼻镜多为淡肉色，部分牛鼻镜有黑斑或黑点。角色蜡黄或琥珀色。

图4-15 鲁西牛

【生产性能】18月龄的阉牛平均屠宰率57.2％，净肉率49.0％，骨肉比1∶6.0，脂肉比1∶4.23，眼肌面积89.1平方厘米。成年牛平均屠宰率58.1％，净肉率为50.7％，骨肉比1∶6.9，脂肉比1∶37，眼肌面积94.2平方厘米。肌纤维细，肉质良好，脂肪分布均匀，大理石状花纹明显。

【繁殖性能】母牛性成熟早，有的8月龄即能受胎。一般10～12月龄开始发情，发情周期平均22天（16～35天）；发情持续期2～3天。妊娠期平均285天（270～310天）。产后第一次发情平均为35天（22～79天）。

4. 晋南牛

晋南牛（图4-16）是中国四大地方良种之一，原产于山西省西南部汾河下游的晋南盆地。

图 4-16 晋南牛

【体型外貌】晋南牛体型高大，体质结实。公牛头中等长，额宽，顺风角，颈短而粗，背腰平直，臀端较窄，蹄大而圆，质地致密；母牛头清秀，乳房发育不足，乳头细小。被毛以红色和枣红色为主，鼻镜和蹄壳为粉红色。

【生产性能】晋南牛在中、低水平下肥育，日增重为 455 克。成年牛肥育后屠宰率平均为 52.3%，净肉率为 43.4%。泌乳期平均产奶量 745 千克，乳脂率 5.5%～ 6.1%。

【繁殖性能】母牛一般在 9 ～ 10 月龄开始发情，但一般在 2 岁配种。产犊间隔 14 ～ 18 个月。怀公犊妊娠期 291.9 天，怀母犊 287.6 天。

5. 延边牛

延边牛（图 4-17）是东北地区优良地方牛种之一，原产于东北三省东部的狭长地带。延边牛体质结实，抗寒性能良好，耐寒，耐粗饲，耐劳，抗病力强，适应水田作业。

图 4-17　延边牛

【体型外貌】延边牛属役肉兼用品种。胸部深宽，骨骼坚实，被毛长而密，皮厚而有弹力。公牛额宽，头方正。角基粗大，多向后方伸展，呈一字形或倒八字形。颈厚而隆起，肌肉发达。母牛头大小适中，角细而长，多为龙门角。毛色多呈浓淡不同的黄色。鼻镜一般呈淡褐色，带有黑点。

【生产性能】延边牛自18月龄育肥6个月，日增重为813克，胴体重265.8千克，屠宰率57.7%，净肉率47.23%，眼肌面积75.8平方厘米。耐寒，在-26℃时才出现明显不安，但能保持正常食欲和反刍。

【繁殖性能】母牛初情期为8～9月龄，性成熟期平均为13月龄；公牛性成熟期平均为14月龄。母牛发情周期平均为20.5天，发情持续期12～36小时，平均20小时。母牛终年发情，7～8月份为旺季。常规初配时间为20～24月龄。

6. 蒙古牛

蒙古牛（图4-18）是中国三北地区分布最广的地方品种，原产于蒙古高地，在东部以乌珠穆沁牛最著名，西部以安西牛比较重要。

图4-18 蒙古牛

【体型外貌】蒙古牛体质结实、粗糙。公牛头短宽而粗重，额顶低凹、角长，向前上方弯曲，呈蜡黄或青紫色，角的间距短。公牛角长40厘米，母牛20厘米。垂皮不发达，鬐甲低平。胸扁而深，背腰平直，后躯短窄，后肋开张良好。母牛乳房容积不大，结缔组织少，乳头小。四肢短，后肢多刀状势。蹄中等大，蹄质结实。皮肤较厚，皮下结缔组织发达，冬季多绒毛。毛色大多为黑色或黄（红）色，次为狸色或烟熏色（晕色），也常见有花毛等各种毛色。

【生产性能】中等营养水平的阉牛平均宰前重可达376.9千克，屠宰率为53%，净肉率为44.6%，骨肉比1:5.2，眼肌面积 56.0 平方厘米。放牧催肥的牛一般都不超过这个育肥水平。母牛在放牧条件下，年产奶 500 ～ 700 千克，乳脂率 5.2%，是当地土制奶酪的原料，但不能形成现代的商品化生产。成年安西牛一般屠宰率为 41.7%，净肉率为 35.6%。

【繁殖性能】母牛 8 ～ 12 月龄开始发情，2 岁时开始配种，发情周期为 19 ～ 26 天，产后第一次发情为 65 天以上，母牛发情集中在 4 ～ 11 月份。平均妊娠期为 284.8 天。怀公犊与怀母犊的妊娠期基本上没有区别。

（四）饲养品种的确定

当今肉牛生产中，由于良种牛冻精的广泛应用，公牛的品种与精液来源已经满足了生产需要。然而，母牛的资源、品种构成、生产力水平却成为影响牛业发展的主要矛盾。

母牛是牛业生产中的基础和关键，母牛的品种是否优良和生产力水平高低直接关系到养牛业发展的水平。改善基础母牛群的品种构成，增加高生产性能母牛个体在群体中的比例，是促进养牛业经济效益和正常发展的重要措施。

选择适用于肉牛生产的母系品种，尽可能选用兼用型品种，利用品种优势提高生产效益。母牛个体应有高产母牛的应有特征表现，如产后发情早、世代间隔短、泌乳力高、母性行为强、育犊成绩好、适应性强等都是对高产母牛选择时的基本要求。

首选西门塔尔牛，西门塔尔牛是世界分布最广、数量最多的大型兼用品种牛。肉牛生产中既可作父本应用，又是较好的母系品种。已引入我国多年，经多年的级进杂交，在部分地区已经有四世代的群体形成。西门塔尔牛的最大特点是繁殖力强、世代间隔短、泌乳力高。年产奶量 4500 千克以上，充沛的泌乳量是养育犊牛的根本保证。另外还具有适应性强、耐粗饲、易管理的特点，是深受我国各地农牧民欢迎的品种。还有夏洛莱牛、利木赞牛、安格斯牛、皮埃蒙特牛、海福特牛和短角牛等国外良种肉牛可以选择。

我国培育的肉牛品种夏南牛、辽育白牛、延黄牛、蜀宣花牛和云岭牛等也是高产母牛的较佳选择。

我国拥有五大地方良种（延边牛、鲁西牛、秦川牛、晋南牛和南阳牛），这些牛分布广泛，都具有性成熟早、繁殖力强、繁殖年限长、适应性强的普遍优点。可充分利用这些地方品种的优良特性，有计划地引用外来品种，发展二元化母牛，促进当地牛业的优化生产。

> **小贴士：**
>
> 国内育肥牛均以西门塔尔杂交牛或者本地杂交黄牛为主。
>
> 据统计，我国育肥牛相对集中在东北、西北、中原、西南四个区域。母牛养殖主要集中在东北的黑龙江、吉林，内蒙古的蒙东区域，西北的甘肃、宁夏、新疆，中原的河南、河北、山西，西南的贵州、云南区域。育肥牛和母牛重点存栏以北方为主，所产出的犊牛及架子牛通过交易市场交易至全国各地。

二、繁殖管理

（一）杂种优势的利用

杂交是指不同品种或不同种间的牛进行的交配，杂交所产生的后代称为杂种。杂交可以充分利用种群间的互补效应，具有明显的杂种优势，所产生的杂交一代，生活力、生长势和生产性能等性状表现往往优于双亲的平均数。据研究，以品种杂交来生产牛肉，其产肉量可比原品种提高10％～20％。生产实践也证明，利用国外优秀肉牛品种改良我国黄牛品种，比在黄牛品种内杂交收效要快得多。杂交不但用于产生杂种优势，也用于培育新品种。杂交育种是近代较为普遍的育种方法，许多著名家畜家禽品种都是用这种方法育成的。所以，当代肉牛业把广泛利用杂交优势获得最大产出率作为主要的发展手段之一。无论过去、现在还是未来，杂交都是畜牧生产中一种重要方式。

杂交方式按杂交的目的，可把杂交分为育种性杂交和经济性杂交两大类型。前者主要包括级进、导入和育种杂交3种；后者包括简单经济杂交、复杂经济杂交、轮回杂交和双杂交等。肉牛生产中常见的杂交改良方式有以下4种。

1. 简单杂交（两品种杂交）

（1）肉用品种与本地黄牛杂交　两个品种牛（两个类型或专门化品系间）之间的杂交，其后代不留作种用，全部作商品牛出售。生产中常见的两品种杂交类型如夏洛莱、安格斯作为杂交父本与本地黄牛杂交，所生杂种一代生长快、成熟早、体格大、适应性强、饲料利用能力和育肥性能好，对饲养管理条件要求较低。目前，我国商品牛生产主要采取这种形式。

（2）兼用品种与本地黄牛杂交　选用兼用品种，如德系西门塔尔牛、夏洛莱牛、利木赞牛、安格斯牛、日本和牛等作父本，与本地黄牛杂交，利用其杂交优势，提高牛生长速度、饲料报酬和牛肉品质。同时，杂交后代公牛用作育肥，母牛用作乳用后备牛，做到了乳肉并重。

2. 三品种杂交

三品种杂交指利用两个品种进行杂交，然后选用F1代杂种母牛与第三个品种公牛进行第二次杂交，最后将三元杂种作为商品牛。其优点是可以更大限度地利用多个品种的遗传互补、缩短世代间隔、加快改良进度。三元杂交后代具有很高的杂交优势，并能有机结合3个品种的优点，在肉牛杂交生产中效果十分显著，是肉牛集约化生产的主要核心技术。

3. 引入杂交（导入杂交）

在保留地方品种主要优良特性的同时，针对地方品的某种缺陷或待提高的生产性能，引入相应的外来优良品种，与当地品种杂交一次，杂交后代公母畜分别与本地品种母畜、公畜进行回交。

引入杂交适用范围：一是在保留本地品种全部优良品种的基础上，改正某些缺点；二是需要加强或改善一个品种的生产力，而不需要改变其生产方向。

引入杂交注意事项：

（1）慎重选择引入品种。引入品种应具有针对本地品种缺点的显著优点，且其他生产方向基本与本地品种相似。

（2）严格选择引入公畜，引入外血比例为1/8 ～ 1/4，最好经过后裔测定。

（3）加强原来品种的选育，杂交只是提高措施之一，本品种选育才是主体。

4. 级进杂交

级进杂交也称吸收杂交或改造杂交。这种杂交方法是引入品种为主、原有品种为辅的一种改良性杂交，当原有品种需要做较大改造或生产方向根本改变时使用，是以性能优越的品种改造性能较差的品种的常用方法。具体方法是以优良品种的公牛与低产品种的母牛交配，所产杂种一代母牛再与该优良品种公牛交配，产下的杂种二代母牛继续与该优良品种公牛交配。

杂种后代公畜不参加育种，母畜反复与引入品种杂交，使引入品种基因成分不断增加，原有品种基因成分逐渐减少。按此法继续下去可以得到杂种 3 代以上的后代。当某代杂交牛表现最为理想时，便从该代起终止杂交，此后进行横交固定，最终育成新品种。级进杂交是提高本地牛品种生产力的一种最普遍、最有效的方法。当某一品种的生产性能不符合人们的生产、生活要求，需要彻底改变其生产性能时，需采用级进杂交。不少地方用级进杂交已获得成功，如把役用牛改造成为乳用牛或肉用牛等。

级进杂交应注意事项：

（1）改良品种要求生产性能高、适应性强、遗传性稳定，毛色等质量性状尽量和被改良品种一致，以减少以后选种的麻烦。

（2）引入品种的选择，除了考虑生产性能高、能满足畜牧业发展需要外，还要特别注意其对当地气候、饲管条件的适应性，因为随着级进代数的提高，外来品种基因成分不断增加，适应性的问题会越来越突出。

（3）级进到几代好，没有固定的模式　总的来说要改变代数越高越好的想法，事实上，只要体型外貌、生产性能基本接近用来改造的品种就可以固定了。原有品种基因成分应占有一定的比例，这可有效保留原有品种适应性、抗病力、耐粗饲等优点。一般杂交到 3～4 代，即含外血 75%～87.5% 为宜。

（4）级进杂交中，随着杂交代数增加，生产性能不断提高，要求饲养管理水平也要相应提高。

5. 注意的问题

根据我国多年来黄牛改良的实际情况及存在问题，为进一步达到预期的改良效果，还须注意以下问题：

（1）为小型母牛选择种公牛进行配对时，种公牛的体重不宜太大，防止发生难产现象。一般要求两品种成年牛的平均体重差异，种公牛不超过母牛体重的30%～40%为宜。

（2）大型品种公牛与中、小型品种母牛杂交时，母牛不选初配者，而需选经产牛，以降低难产率。

（3）要防止一头改良品种公牛的冷冻精液在一个地方使用过久（3～4年及以上），防止近交。

（4）在地方良种黄牛的保种区内，严禁引入外来品种进行杂交。

（5）对杂种牛的优劣评价要有科学态度，特别应注意杂种小牛的营养水平对其的影响。良种牛需要较高的日粮营养水平以及科学的饲养管理方法，才能取得良好的改良效果。

（6）对于总存栏数很少的本地黄牛品种（如舟山牛等），若引入外血，或与外来品种杂交，应慎重从事，最多不要用超过成年母牛总数的1%～3%的牛只杂交，而且必须严格管理，防止乱交。

（二）母牛选配

母牛选配包括母牛个体的选择和亲缘选择两个大的方面。

1. 母牛个体的选择

在确认品种的前提下，更要注意母牛单个个体外貌特征的选择。因为高产的母牛具有一定的外貌特点，这就需要我们在选择和选留母牛的过程中，认真观察区别。同时高产母牛具有一定的遗传能力，质量性状在其有亲缘关系的群体中都有相关的显现。所以，我们在母牛个体选择上可以利用体型外貌、体尺体重、生产性能、繁殖性能、生长发育、早熟性与长寿性等种母牛本身的性能进行具体选择。

（1）体型外貌　体型外貌是生产性能的重要表征。肉用种母牛体型外貌必须符合肉牛外貌特点的基本要求。有经验的相牛者，在挑选母牛时，一是看体躯，二看头型，三看腰荐结合，四看乳房、外阴。高产成年母牛品种特征明显，体躯长，整体发育良好；侧视近似三角形或矩形，俯视呈楔形；头清秀而长，角细而光滑，颈部细长；后躯宽而平直或略有倾斜；乳房发育良好，乳头圆而长，排列匀称，乳静脉明显；阴户大而明显，形态正常。

（2）体尺体重　肉牛的体尺体重与其肉用性能有密切关系。选择肉牛时，要求生长发育快，各期（初生、断奶、周岁、18月龄）体重大、增重快、增重效率高。据资料显示，初生重较大的牛，以后生长发育较快，故成年体重较大。犊牛断奶重决定于母牛产奶量的多少。周岁重和18月龄重对选肉用后备母牛及公牛很重要，通过它能充分看出其增重的遗传潜力。

（3）产肉性能　对肉牛产肉性能的选择，除外貌、产奶性能、繁殖力之外，重点是生长发育和产肉性能两项指标。

① 生长发育：生长发育性能包括初生重、断奶重、周岁重及18月龄重、日增重。由于肉牛生长发育性状的遗传力属中等遗传力，根据个体本身表型值选择能收到较好的效果，如果再结合家系选择则效果更可靠。

② 产肉性能：主要包括宰前重、胴体重、净肉重、屠宰率、净肉率、肉脂比、眼肌面积、皮下脂肪厚度等。肉牛产肉性能的遗传力都比较高。对于高遗传力产肉性状的选择，主要根据种牛半同胞资料进行。

（4）繁殖性能　主要包括受胎率、产犊间隔、发情的规律性、产犊能力以及多胎性。繁殖性状的遗传力均较低（0.15～0.37）。

① 受胎率：受胎率的遗传力很低。在正常情况下，每次怀犊的配种次数愈少愈好。

② 产犊间隔：即连续2次产犊间的天数。

③ 60～90天不返情率：据统计人工授精的不返情率平均

为 65%～70%。

④ 产犊能力：选择种公牛的母亲时，应选年产一犊、顺产和难产率低的母牛。

⑤ 多胎性：母牛的孪生，即多产性，在一定程度上也能遗传给后代。据统计，双胎率随母牛年龄上升而上升，8～9 岁时最高，并因品种不同而异，其中夏洛莱牛的双胎率为 6.55%，西门塔尔牛为 5.18%。

⑥ 早熟性：早熟性指牛的性成熟、体成熟较早，它可较快地完成身体的发育过程，可以提前利用，节省饲料。早熟性受环境影响较大。如秦川牛属晚熟品种，但在较好的饲养管理条件下，可以较大幅度地提高其早熟性，育成母牛平均在 （9.3±0.9）月龄（最早 7 月龄）即开始发情，育成公牛 12 月龄即可射出成熟精子。

2. 亲缘选择

这是一种通过对与母牛有亲缘关系的母系群体进行生产性能上的观察、调查和了解进行选择的一种手段。这种方法往往被大多数人所忽视。实践证明，高产母牛的母亲、同胞姐妹、外祖母等在生产性能上都有相近之处。这在肉牛的选种、选择上应用最为广泛，地方优良品种、乳肉兼用品种表现也比较突出。优良的母牛可以将繁殖力、泌乳力、母性行为等性状遗传给后代，所以我们可以在群体中发现、选留和选择母牛。但这需要一个长期的过程。

对母牛的选择是一个长期细致的工作，要了解母牛更多的相关资料进行综合性的选择。养殖户可以通过市场选购、相互调换、自繁自选的多种形式进行。总的目的是提高基础母牛的群体、个体生产性能水平，在此基础上有计划选择父本品种进行级进杂交和经济杂交，进而提高养牛生产的效益。

（三）母牛的发情鉴定

发情鉴定是进行母牛繁育的基础工作，及时、准确的发情鉴定对掌握配种时间、防止误配漏配、提高受胎率具有重要的意义。母牛常用的发情鉴定方法有外部观察法、试情法、阴道检查法、直肠检查法和生殖道黏液 pH 值测定法等。

1. 外部观察法

外部观察法简单易行，是最常用的鉴定方法。主要根据母牛外部表现和精神状态来判断母牛的发情情况。母牛性成熟后，其发情具有周期性。成年母牛的发情周期平均为 21 天（18 ~ 24 天），根据母牛在发情周期的外部表现征状和生殖器官的变化两个方面进行判断。

（1）发情初期（不接受爬跨期），母牛兴奋不安，哞叫，游走，采食渐少，奶牛产奶量降低，追逐、爬跨它牛，而它牛不接受爬跨，一爬即跑。母牛阴户肿胀、松弛、充血、发亮，子宫颈口微张，有稀薄透明黏液流出，阴道壁潮红，卵巢变软，光滑，有时略有增大。

（2）发情盛期（接受爬跨期），母牛游走减少，它牛爬跨时站立不动、后肢张开，频频举尾，接受爬跨。母牛子宫颈口红润开张，阴道壁充血，黏液显著增加，流出大量透明而黏稠的分泌物。一侧卵巢增大，卵泡直径 0.5 ~ 1.0 厘米。

（3）发情末期（拒绝爬跨期），母牛转入平静，它牛爬跨时，臀部避开，但很少奔跑。母牛黏液量减少，混浊黏稠。子宫颈口紧闭，有少量浓稠黏液，阴唇消肿起皱，尾根紧贴阴门。卵泡增大，波动明显，卵泡壁由厚变薄。

发情母牛最好从开始时，特别是早晚定期观察，以便了解其变化过程。一般牛场将母牛放入运动场中，早、晚各观察一次，如发现上述情况表示已发情。

2. 直肠检查法

直肠检查法：通过直肠，用手指检查子宫的形状、粗细、大小、反应以及卵巢上卵泡的发育情况来判断母牛的发情。发情母牛表现为子宫颈稍大、较软，子宫角体积略增大，子宫收缩反应比较明显，子宫角坚实。卵巢中的卵泡突出，圆而光滑，触摸时略有波动。适用于因营养不良、生殖机能衰退、卵泡发育缓慢导致排卵时间延迟的母牛，或者排卵时间提前，没有规律的母牛。直肠检查直接可靠，生产上应用广泛。

术者先将手部指甲剪短磨光，以免划伤肠壁，手臂进行消毒后涂上润滑剂（石蜡油或肥皂）。直肠检查前先排出母牛直肠的宿粪。检查时，将被检母牛保定，把尾巴拉向一侧。术者五指并拢呈锥状，慢慢插入母牛的肛门，手伸入直肠约一掌左右，掌心向下隔着肠壁寻找子宫颈，然后顺着子宫颈向前可摸到子宫体及角间沟，再稍向前在子宫大弯处的后方即可触摸到卵巢。根据术者手触摸到的卵泡发育情况判断母牛的发情状况。

（1）发情前期（卵泡出现期）　通过直肠检查发现，发情母牛一侧卵巢体积稍为增大，卵泡直径 0.5 ～ 0.75 厘米，触摸时感觉卵巢上有一个软化点，波动不明显，此期维持 6 ～ 10 小时。

（2）发情中期（卵泡发育期）　直肠检查时可发现用手指在直肠内触摸卵巢的变化情况，发情时卵巢上有发育成熟的卵泡，母牛卵泡体积明显增大，大约 1 ～ 1.5 厘米，呈小球状，波动明显，卵泡壁变薄，有弹性，子宫角呈现水肿有波动感，此期维持 10 ～ 12 小时。

（3）发情后期（卵泡成熟期）　直肠检查发现母牛卵泡体积不再增大，卵泡开始变软变薄，卵泡像成熟的葡萄一样，波动感较明显，触摸时有一触即破的感觉，大约在 6 ～ 18 小时内排卵。这是输精的最好时间，进行第 1 次输精，间隔 8 ～ 10

小时再重复输精 1 次，受胎率较为理想。

（4）间情期（排卵期）　母牛发情排卵后，卵泡已破裂，由于卵泡液流失，卵泡壁变得松软，成为一个小的凹陷，约排卵 6～8 小时后开始形成黄体，并突出卵巢表面，原来的卵泡开始被填平，可触摸到质地柔软的新黄体。排卵多发生在性欲消失之后 10～15 小时。夜间排卵比白昼多，右边卵巢排卵比左边多。

需要注意的是，由于卵泡发育的过程是连续的，上下两期并无明显界限，需要操作者熟练掌握要领，才能做出确切判断。

3. 阴道检查法

阴道检查法是用阴道开张器来观察阴道的黏膜、分泌物和子宫颈口的变化来判断发情与否，在不能准确判断母牛的排卵时间时，作为辅助检查手段。

发情母牛阴道黏膜充血潮红，表面光滑湿润；子宫颈外口充血、松弛、柔软开张，排出大量透明的牵缕性黏液，如玻棒状（俗称吊线），不易折断。黏液最初稀薄，随着发情时间的推移，逐渐变稠，量也由少变多。到发情后期，量逐渐减少且黏性差，颜色不透明，有时含淡黄色细胞碎屑或微量血液。不发情的母牛阴道苍白、干燥，子宫颈口紧闭，无黏液流出。

4. 试情法

试情法是利用母牛在性欲及性行为上对公牛的反应来判断母牛是否发情的一种检查方法。

利用试情法进行母牛发情检查时，一种是将结扎输精管的公牛放入母牛群中，日间放在牛群中试情，夜间公母分开，根据公牛追逐爬跨情况以及母牛接受爬跨的程度来判断母牛的发情情况；另一种是将试情公牛接近母牛，如母牛喜靠公牛，并作弯腰弓背姿势，表示可能发情。

5. 生殖道黏液 pH 值测定法

生殖道黏液 pH 值测定法是利用发情期母牛生殖道黏液 pH 值的变化，来判断母牛是否适合输精的一种辅助判断方法。

发情盛期的母牛生殖道黏液 pH 值为中性或偏碱性，黄体期生殖道黏液 pH 值偏酸性。受胎率最高的 pH 值范围为：牛子宫颈液 6.0 ～ 7.8，经产牛 6.7 ～ 6.8，处女牛 6.7。

（四）促进母牛发情和排卵技术

母牛发育到一定年龄，便开始发情。发情是未孕母牛所表现的一种周期性变化。发情时，卵巢上有卵泡迅速发育，它所产生的雌激素作用于生殖道使之产生一系列变化，为受精提供条件；雌激素还能使母畜产生性欲和性兴奋，以及允许雄性爬跨、交配等外部行为的变化。这种生理状态称为发情。青年母牛第一次完整发情称为初情，一般发生在 5 ～ 10 月龄，由于品种和饲养环境不同，母牛的初情期不同，而对于同一品种的肉牛，初情期则受到营养水平和体重的影响。

母牛到了初情期后，生殖器官及整个有机体便发生一系列周期性的变化，这种变化周而复始（非发情季节及怀孕母牛除外），一直到性机能停止活动的年龄为止。这种周期性的性活动，称为发情周期。肉牛平均为 21 天左右，但也存在个体差异。壮龄、营养较好的母牛发情周期较一致，而老龄和营养不佳的母牛发情周期较长。一般来讲，青年母牛较成年母牛约短 1 天。

营养水平是影响肉牛初情期和发情表现的重要因素之一，

自然因素对母牛发情的影响，在一定程度上也受营养水平的影响。日粮中的营养水平过高，会导致母牛过肥，而过度肥胖的母牛会在卵巢周围沉积大量的脂肪，影响卵巢的正常机能，使激素的分泌出现紊乱，从而使发情特征不明显。而营养较差、体质较弱的母牛，发情间隔的时间也较长。一般，肉牛在产前饲喂低能饲料、产后饲喂高能饲料可以缩短第一次发情的间隔时间；如果产前饲喂高能饲料、产后饲喂低能饲料则会使第一次发情间隔时间延长。另外，在母牛采食的饲料中有一些物质会影响母牛的初情期以及经产母牛产后的再次发情，如豆科牧草中含有植物雌激素，会抑制母牛卵泡的发育和成熟，影响母牛的发情特征。

不同品种的肉牛或者相同品种不同个体的肉牛，初情期的早晚以及发情表现不同，通常大型品种的肉牛初情期要比小型品种的肉牛的初情期晚。肉牛品种的初情期年龄要比乳用牛大，并且发情表现也没有乳用牛明显。

肉牛全年多次周期发情。在温暖季节里，发情周期正常，发情表现显著。但是在寒冷地区，特别是粗放饲养情况下，发情周期也会停止。而在高温季节，母牛的发情期持续时间要比其他季节短。因此，牛的发情周期虽然不像马、羊及其他野生动物那样有明显的季节性，但还是受季节影响。非当年产犊的干奶母牛发情最多集中于7～8月份，初配母牛发情多在8～9月份，当年产犊哺乳母牛多集中在9～11月份发情。发情的季节性在很大程度上受气候、牧草及母牛营养状况影响，发情期都是在当地自然气候及草场条件最好的时期。此外，海拔在4500米以上的地区，7月初才有个别母牛发情。

母牛的体重变化与初情期有着直接关系，如果在饲养条件良好的情况下，牛可健康生长发育，体重正常，对牛的性成熟有利。如秦川牛在较好的饲养条件下，平均280天即可达到性成熟，而在饲养条件较差的情况下，体重较轻，性成熟较晚，初情期有可能要晚 3 ～ 6 个月。

👤 **小贴士**

　　影响母牛发情的因素有很多，肉牛的品种、年龄、体重、营养水平、环境等都是影响肉牛正常发情的重要因素。

　　为了使肉牛能正常发情，要根据品种、年龄、营养、环境等做好相应的饲养管理工作，保证母牛的正常发情，促进母牛发情和排卵。对于母牛生理性或病理性乏情的，要进行诱导发情处理。

　　同时，对于规模化养牛场，需要采用人工授精及胚胎移植的，还需要掌握同期发情技术，以提高母牛的生产效率，增加肉牛养殖效益。

1. 做好母牛的饲养管理

做到科学饲养，冬季做好牛舍保暖，夏季做好牛舍降温；做好营养调控，改善日粮结构，增加优质粗纤维供应，不饲喂霉烂变质饲草和精料，保持合理膘情；预防代谢疾病发生，及时修蹄，子宫疾患及时治疗；加强运动，确保牛只健康。

2. 诱导发情

诱导发情意为人工引起发情，指在母牛乏情期（如泌乳期生理性乏情，由于卵巢静止或持久黄体造成的病理性乏情）内，借助外源激素或其他方法引起母牛正常发情并进行配种，从而缩短繁殖周期，提高繁殖率。

诱导发情和同期发情在概念上有所区别，前者通常是针对乏情的个体母牛而言，后者则是针对周期性发情或处于乏情状态的群体母牛而言。

由于引起母牛乏情的原因不同，因而诱导发情的方法也不同。

（1）欲使母牛产后提前配种，可采用提前断奶方法或用孕激素处理 1 ～ 2 周（参考同期发情），并在处理结束时注射孕马血清促性腺激素 1000 国际单位，也可两种方法结合使用。

（2）产后长期不发情及一般的乏情母牛除可采用上述方法处理外，还可采用以下方法：

① 肌注 100 ～ 200 国际单位促卵泡激素，每日或隔日一次。每次注射后须作检查，如无效，可连续应用 2 ～ 3 次，直至有发情表现为止。

② 肌注雌激素制剂，如乙烯雌酚（乙酚）20 ～ 25 毫克或苯甲酸雌二醇 4 ～ 10 毫克。这类药品不能直接引起卵泡发育及排卵，但能使生殖器官出现血管增生、血液供给旺盛、机能增强，从而摆脱生物学上的相对静止状态，使正常的发情周期得以恢复。因此，用药后头一次发情时不排卵，可不配种，而以后的发情周期中可以正常发情排卵。

（3）因黄体囊肿或持久黄体造成的长期不发情，可用前列腺素或其类似物使黄体溶解，随后引起发情。

3. 同期发情

同期发情技术又叫作同步发情或发情控制技术。它是利用某些激素人为地控制并调整若干（供、受体）母牛在一定时间内集中发情，它可以对受控制的母牛不经过发情检查即在预定时间内同时受精。

（1）同期发情的原理　母牛的发情周期，从卵巢的机能和形态变化方面可分为卵泡期和黄体期两个阶段，发情周期19～24天（平均21天）。卵泡期是在周期性黄体退化继而血液中孕酮水平显著下降后，卵巢中卵泡迅速生长发育，最后成熟并导致排卵的时期，这一时期一般是处于发情周期的第18～21天。卵泡期之后，卵泡破裂并发育成黄体，随即进入黄体期，这一时期一般处于发情周期的第1～17天。黄体期内，在黄体分泌的孕激素的作用下，卵泡发育成熟受到抑制，母畜不表现发情，在未受精的情况下，黄体维持约15～17天，即行退化，随后进入另一个卵泡期。由此看来，黄体期的结束是卵泡期到来的前提条件，相对高的孕激素水平可以抑制发情，一旦孕激素水平降到低限，卵泡即开始迅速生长发育，并表现发情。因此，同期发情的关键就是控制黄体期的寿命，并同时终止黄体期。如能使一群母畜的黄体期同时结束，就能引起它们同期发情。同期发情技术就是以卵巢和垂体分泌的某些激素在母畜发情周期中的作用作为理论依据，应用合成的激素制剂和类似物，有意识地干预某些母畜的发情过程，暂时打乱它们的自然发情周期的规律，继而将发情周期的进程调整到统一的步调之内，人为地造成发情同期化。

（2）同期发情的处理方法　现行的同期发情技术主要通过两种途径：一种是向待处理母牛群同时施用孕激素，抑制卵泡的发育和发情，经过一定时期同时停药，随之引起同期发情。另一种是利用前列腺素或其类似物，使黄体溶解，中断黄体期，降低了孕激素水平，从而提前进入卵泡期，使发情提前到来。这两种方法所用的激素性质不同，但都是使孕激素水平迅速下降，达到发情同期化的目的。

① 孕激素法：分为埋植法和阴道栓塞法两种。使用的孕激素包括孕酮及其合成类似物，如甲羟孕酮、炔诺酮、氯地孕酮等。埋植法是将一定量的孕激素制剂装入管壁有小孔的塑料

细管中，利用套管针或者专门的埋植器将药管埋入耳背皮下；阴道栓塞法是将含有一定量孕激素的专用栓塞放入牛阴道内，经一定天数（一般是 10 天左右）后将栓塞取出，并（或提前 1 天）注射前列腺素，在第 2、第 3、第 4 天内大多数母牛有卵泡发育并排卵。

② 前列腺素法：前列腺素的投药方法有子宫注入（用输精管）和肌内注射两种，前者用药量少，效果明显，但注入时较为困难；后者虽操作容易，但用药量需适当增加。目前同期发情的方法主要是使用前列腺烯醇（PG）间隔 11 天两次肌内注射的方法，效果较好。因为前列腺素处理法只有当母牛在周期第 5 ～ 18 天才能产生发情反应。对于周期第 5 天以前的黄体，前列腺素并无作用。因此，用前列腺素处理后，总有少数牛无反应。为使一群母牛有最大限度的同期发情率，第一次处理后，经 10 ～ 12 天后，再对全群牛进行第二次处理，这时所有的母牛均处于周期第 5 ～ 18 天之内。因此，经连续二次处理母牛同期发情率显著提高。

（3）实行同期发情母牛的选择和要求

① 年龄：黄牛 2 ～ 8 岁；杂交肉牛 1.5 ～ 8 岁；水牛 3 ～ 10 岁。

② 体重（指处女母牛）：黄牛 150 千克以上；杂交肉牛 200 千克以上；水牛 180 千克以上。

③ 膘情：中等膘情以上。

④ 健康状况：要求健康无病（包括繁殖疾病和其它疾病）。母牛不发情、发情屡配不孕、僵牛及刚进行了疫苗注射或驱虫的牛不能选用。

⑤ 发情周期：要求母牛处于黄体期，即发情后 5 ～ 17 天，最好是在 8 ～ 12 天，刚发完情或将要发情的母牛不能注射药物。可通过触摸卵巢和询问畜主确定其周期。

⑥ 带犊母牛：要求带犊牛 2 个月以上，并且子宫恢复正常，膘情较好。

（五）母牛的人工授精技术

人工授精就是利用相应器械，将采集或加工处理的精液注入母畜生殖器官内使其妊娠。肉牛人工授精具有很多优点，不但能高度发挥优良种公牛的利用率、节约大量购买种公牛的投资，减少饲养管理费用、提高养牛效益，还能克服个别母牛生殖器官异常而本交无法受孕的缺点，防止母牛生殖器官疾病和接触性传染病的传播，有利于选种选配，更有利于优良品种的推广，迅速改变养牛业低产的状况。

1. 输精时间

在合理日粮的基础上，母牛多在产后 40～50 天第一次发情，这个情期常会发生发情不排卵或有排卵无发情征兆；第二个情期在产后 60～70 天，但产后营养缺乏以及环境恶化会明显抑制发情，原始种群最为明显，在放牧饲养的母牛群中也很明显。产后配种的时机还受恶露排出的影响，恶露正常产后 10～12 天排净，双胎、难产、野蛮接产以及母牛过于瘦弱的，则常延迟到 40 天左右，子宫复原几乎与恶露排净同步。所以，牛配种最佳时机是产后 60～90 天，能在此期配种则可达到一年一胎的繁殖水平。产后母牛给予合理营养是保证达到一年一胎的基础，若完全"靠天养牛"则产后发情可能推迟数十天。随着产后情期的延长，受胎率降低。为此，生产中要及时把握发情并输精。

母牛适宜输精时间在发情旺期的 5～18 小时。首次输精在发情旺期的 5～8 小时，即当母牛出现爬跨、阴户肿胀并分泌透明黏液且哞叫时可以输精，当阴户湿润、潮红、轻度肿胀且黏液开始较稀不透明时为最佳输精时间。发情母牛一个情期输精两次的，两次输精间隔 8～12 小时。

由于母牛多在夜间排卵，生产中应尽量在夜间或清晨输精，以提高受精率，要避免气温高时输精。对老弱母牛，发情持续期短，应适当提前配种。

2. 授精前的准备工作

（1）输精器的准备 将金属输精器用 75％酒精或放入高温干燥箱内消毒，输精器宜每头母牛准备一支或用一次性套管保护外套。

（2）母牛的准备 将接受输精的母牛固定在六柱栏内，尾巴固定于一侧，用清水清洗母牛外阴部。

（3）输精人员的准备工作 输精员要身着工作服，指甲需剪短磨光，戴一次性直肠检查手套。

3. 精液准备

（1）冻精来源要求 冻精应来自取得农业农村部颁发的《种畜禽生产经营许可证》的冻精生产站。应该选用细管精液，剂量主要以 0.25 毫升为主。要求细管精液每个剂量上的标准应清晰，包装完整、细管封口严密、无裂痕。发情母牛的每次输精量为细管冻精一支，每剂有效精子数不低于 1000 万个，其它要求与颗粒冻精相同。

（2）冷冻精液的解冻 细管精液的解冻方法是从液氮中取出后，将 0.25 毫升的细管冻精封口端朝上、棉塞端朝下，置于35℃的水中浸泡，静置 30 秒即可。

（3）精液品质检查 检查精子活力用的显微镜载物台应保持在 35～38℃。在显微镜视野下，用呈直线前进运动的精子数占全部精子数的百分率来评定精子活力。100％的精子呈直线运动者评为 1.0，90％的精子呈直线运动者评为 0.9，以此类推。要求用于输精的冻精解冻后，精子活力不低于

0.3。

（4）将塑料细管精液解冻后装入金属输精器　将输精器推杆向后退 10 厘米左右，插入解冻的塑料细管有棉塞的一端，深约 0.5 厘米，将另一端聚乙烯醇封口剪去，套上塑料外套管备用。

4. 输精

直肠把握子宫颈输精的操作（视频 4-1）方法如下。

视频 4-1 输精操作

第一步：将被输精的母牛牵入配种架内进行保定（操作熟练时可不保定），将牛拴系于牛舍内或树桩上，地势要求平坦。

第二步：输精操作者侧身站立于牛体后面，左手戴长臂胶手套，然后将戴有塑料手套的手握成锥形，并倒石蜡油于手心。于牛肛门处将石蜡油倒下并迅速将并拢的四指塞入肛门，边塞边转动，以使手背和肛门周围充分润滑。注意手臂此时并不伸入直肠，而使呈锥形的手指停留在肛门，不断撑开手指使空气被肠内的负压吸入，促使直肠因受吸入冷空气的异常刺激而努责，便于排出直肠宿粪。

第三步：待排粪完毕，手臂伸入直肠较深处，并在努责停止时由里往外退，摸到子宫角检查卵巢及子宫状况，并顺势握住子宫颈。手握子宫颈轻轻滑动，刺激母牛性兴奋。此时发情盛期的健康母牛会有蛋清样黏液自阴道流出，根据黏液性状可判定有无子宫疾患、发情状况。此时将手臂拿出，等待片刻以使受刺激的子宫充分收缩，便于输精操作。

第四步：用 2%来苏儿或 0.1%高锰酸钾溶液清洗母牛后躯，重点为肛门、会阴、尾根，擦干后用消毒生理盐水棉球擦净外阴部及阴门裂内部，不得有粪便污染。

第五步：输精人员一手五指并握，呈圆锥形从肛门伸进直肠，动作要轻柔，在直肠内触摸并把握住子宫颈，使子宫颈把握在手掌之中，另一手将输精器从阴道下口斜向上约 45° 角向里轻轻插入，双手配合，输精器头对准子宫颈口，轻轻旋转插进，过子宫颈口螺旋状皱襞 1～2 厘米到达输精部位。金属输精器注入精液前略后退约 0.5 厘米，把输精器推杆缓缓向前推进，通过细管中棉塞向前注入精液。

第六步：将输精器内精液推出后，握宫颈手稍稍放松，快速抽出输精枪，防止因母牛骚动伤及宫内黏膜等。后肠内手臂缓缓退出，防止再次负压吸气造成母牛努责，及造成操作者手臂被扭伤。

5.注意事项

（1）输精人员必须做到无菌操作。要注意输精器械卫生，每次输精后器材要严格消毒。已消毒好的器材，不得与未消毒的手套、抹布等接触，以免污染。输精时，每头待输精母牛应准备 1 支输精管，禁止用未消毒的输精管连续给几头母牛输精。

（2）输精管应加温到和精液同样的温度，吸取精液后要防尘、保温、防日光照射，可用消毒纱布包裹或消毒塑料管套住，插入工作衣内或衣服夹层内保护。

（3）输精母牛暴跳不安反抗时，可通过刷拭，拍打尾部、背腰等安抚，不能鞭打、粗暴对待或强行输精。

（4）输精动作要柔和、快捷，做到"轻插、适深、缓注、慢出"。输精员的操作应和母牛体躯摆动相配合，以免输精管断裂损伤阴道和子宫内膜。寻找输精部位时，严防将子宫颈后拉，或用输精管乱捅，以免引起子宫颈出血，少数胎次较高的母牛有子宫下沉现象时，允许将子宫颈上提至与输精管水平，输精后再放下去。

（5）采用直肠把握子宫颈输精，输精枪（管）只许插到子宫角间沟分叉部的子宫体部，不能插到子宫角。因为适宜输精的时机（卵巢排卵之际）已是发情末期，子宫抗病力已下降，插入子宫角时输精管会把子宫黏膜划伤，即便输精管消毒彻底，但进入阴道过程中难免被污染（若阴道已有污染时，会使输精器污染更严重），造成"人工输精病"。国内外的试验早已证明，精液输到子宫颈外口后 12 ～ 15 分钟即可到达输卵管，因而，无需将输精管插到子宫角内，这样还可避免输精引发子宫炎。

（6）输精剂量必须准确。输精后，应及时检查输精管内精液残留量及精子活力，如剂量不足，活力明显下降，应检查原因，并作补输。防止母牛努责（努责时可将母牛稍甲部捏抓几下）后残留精液过多或严重努责时应补输一剂。另外，由于青年母牛的子宫颈较细，不易寻找，输精管也不宜插入子宫颈太深，需要增加输精量。

（7）输精母牛须作好记录及报表。各项记录必须按时、准确，并定期进行统计分析。一是认真填写《母牛繁殖记录表》，每头母牛登记一张，配种时认真逐项填写，并长期保存，并将所产犊牛按公、母性别登记准确，按时统计上报；二是评定细管冻精配种效果，主要看受胎率和第一情期受胎率这两个指标。

小贴士：

在母牛配种上，我国现在基本全面实现了母牛人工授精。

生产中，人工授精常用直肠把握子宫颈输精法。该法输精部位准确，输精量少，受胎率高，输精前还可结合直肠检查掌握卵泡发育情况，做到适时输精，防止误配假发情牛。对子宫颈过长、弯曲、阴道狭窄的牛都可输精，所需器械也少，生产中多采用。

（六）妊娠检查与预产期计算

1. 早期妊娠诊断技术

母牛妊娠诊断是牛场繁殖管理中的重要一环，空怀牛发现越早，就能越早进行第二次发情管理和配种，缩短配种间隔，从而提高妊娠率。配种后对母牛进行孕检应注意会增加早期的胚胎死亡率问题，并不是越早越好，高死亡率的出现基本与进行孕检的时间一致（配种后 30～50 天），孕检越早的牛胚胎死亡率也越高（视频4-2）。

视频 4-2　如何判断母牛是否妊娠

理想的早期孕检方法必须具备以下条件：一是敏感性（准确鉴定出妊娠牛）；二是特异性（准确鉴定出空怀牛）；三是成本低；四是现场操作简单和容易；五是能够准确确定出妊娠的时间。

（1）外部观察法　母牛配种后，食欲和饮水量增加，上膘快，被毛逐渐光亮、润泽，性情变得安静、温顺，行动迟缓，常躲避追逐和角斗，放牧或驱赶运动时，常落在牛群后面。怀孕 5～6 个月时，腹围增大，一侧腹壁突出；8 个月时，右侧腹壁可触摸到或看到胎动，乳房胀大。

外部观察法在妊娠中后期观察比较准确。

（2）直肠检查法　直肠检查法是用手隔着直肠壁通过触摸检查卵巢、子宫以及胎儿和胎膜的变化来判断母牛是否妊娠以及妊娠期的长短。配种 18 天后，通过触摸卵巢黄体，经验丰富的配种员可对妊娠母牛进行初步筛查，但配种后 30 天开始检测较为准确可靠。

母牛妊娠 1 个月，两侧子宫角不对称，角间沟清楚。孕角较空角稍大变粗、柔软，有液体波动感，弯曲度变小。孕侧卵巢较大，有黄体突出于表面。子宫中动脉如麦秆粗。

母牛妊娠 2 个月，孕角比空角粗约两倍，角间沟平坦。孕角薄软，波动明显。孕侧卵巢较大，有黄体，黄体质柔软、丰满，顶端能触感突起物。孕侧子宫中动脉增粗一倍。

母牛妊娠 3 个月，孕角大如婴儿头，波动感明显，空角比平时增粗一倍，子宫开始沉入腹腔，角间沟已摸不清楚。孕侧子宫中动脉增粗 2～3 倍，有时可摸到特异搏动。

母牛妊娠 4 个月，子宫和胎儿已全部进入腹腔，子宫颈变得较长且粗，抚摸子宫壁时能清楚地摸到许多硬实、滑动、通常呈椭圆形的子叶，孕角侧子宫动脉有较明显的搏动。

直肠检查法是早期妊娠诊断最常用、最可靠的方法，根据母牛怀孕后生殖器的变化，即可判断母牛是否妊娠，以及妊娠期的长短。用此法检查时，应把怀孕子宫与有疾病的子宫及充满尿液的膀胱区分开。但由于此法检查者检查动作对早期胚胎具有非常高的侵害性，与胚胎死亡之间有一定的相关性，需要检查动作轻缓，熟练操作。

（3）超声波诊断　超声波诊断主要是用 B 超检查母牛的子宫及胎儿、胎动、胎心搏动等。同时，B 超还有识别双胞胎并确定胎儿生存能力、年龄和性别的功能。

B 超是把回声信号以光点明暗的形式显示出来，回声强，光点亮，回声弱，光点暗，光点构成图像的明暗规律，反映了子宫内胎儿组织各界面反射强弱及声能衰减规律。当超声仪发射的超声波在母体内传播并穿透子宫、胚泡或胚囊、胎儿时，仪器屏幕会显示各层次的切面图像，以此判断奶牛是否妊娠。使用 B 超需要直肠检查法的操作基础。

与传统的直肠检查法相比，B 超早期妊娠诊断法快捷、简便、准确率高，对早期妊娠诊断以实时图像显示，具有直观性，对子宫及胎儿的应激小且无损伤，是目前使用较为广泛的妊娠检测方法。但配种后 21 天左右，由于胎儿发育还不足以使 B 超捕捉到可信度高的信号强度，所以，应在配种 25 天后使用 B 超检测。此时利用 B 超辅助诊断对经验不足的孕检者来说非常有益。

（4）7％碘酒法　授精后 30 天，取 10 毫升母牛新鲜尿液，滴入 2 毫升 7％碘酒，充分混合 5 ～ 6 分钟，在亮处观察试管中溶液颜色，若呈现暗紫色则为妊娠，若不变色或稍带碘酒色则为未妊娠。

此方法缺点是牛尿液取样不方便，试验现象需要靠肉眼观察，妊娠诊断准确率较低。

2. 预产期计算

为了合理安排母牛的生产，正确养好、管好不同阶段的妊娠母牛，便于做好产前准备，必须计算出母牛的预产期。因牛的品种、营养、年龄、胎儿性别等不同，妊娠期长短有一定差异性。一般多为 270 ～ 285 天，平均为 283 天左右。早熟培育品种、妊娠母牛营养水平高、壮年母牛、怀雌性胎儿等妊娠期稍短，反之妊娠期稍长。

（1）公式计算法　预产期的计算方法：一般母牛的妊娠期为 270 ～ 285 天，平均 280 天，可采用以最后一次配种日期"减 3 加 6"的方法，即产犊月份是配种月份减去 3，产犊日期是配种日期加上 6。如果配种月份在 1、2、3 月份不够减时，须借 1 年（加 12 个月）再减。若配种日期加 6 时，天数超过 1 个月，减去本月天数后，余数移到下月计算。

例 1：某头母牛最后一次配种日期为 2017 年 6 月 4 日，预产期则为：月份 6-3 ＝ 3（即为 2018 年 3 月）、日期 4+6 ＝ 10（即为 3 月 10 日）。因此，该头母牛的预产日期为 2018 年 3 月 10 日。

例 2：某头母牛最后一次配种日期为 2017 年 2 月 28 日，预产期则为：月份 2+12-3 ＝ 11（即为 2018 年 11 月）、日期 28+6 ＝ 34-30 ＝ 4（即为 11 月 4 日）。因此，该头母牛的预产日期为 2018 年 11 月 4 日。

表 4-1　母牛预产期速查表

交配 一月	分娩 十月	交配 二月	分娩 十一月	交配 三月	分娩 十二月	交配 四月	分娩 一月	交配 五月	分娩 二月	交配 六月	分娩 三月	交配 七月	分娩 四月	交配 八月	分娩 五月	交配 九月	分娩 六月	交配 十月	分娩 七月	交配 十一月	分娩 八月	交配 十二月	分娩 九月
1	7	1	7	1	5	1	5	1	4	1	7	1	6	1	7	1	7	1	7	1	7	1	6
2	8	2	8	2	6	2	6	2	5	2	8	2	7	2	8	2	8	2	8	2	8	2	7
3	9	3	9	3	7	3	7	3	6	3	9	3	8	3	9	3	9	3	9	3	9	3	8
4	10	4	10	4	8	4	8	4	7	4	10	4	9	4	10	4	10	4	10	4	10	4	9
5	11	5	11	5	9	5	9	5	8	5	11	5	10	5	11	5	11	5	11	5	11	5	10
6	12	6	12	6	10	6	10	6	9	6	12	6	11	6	12	6	12	6	12	6	12	6	11
7	13	7	13	7	11	7	11	7	10	7	13	7	12	7	13	7	13	7	13	7	13	7	12
8	14	8	14	8	12	8	12	8	11	8	14	8	13	8	14	8	14	8	14	8	14	8	13
9	15	9	15	9	13	9	13	9	12	9	15	9	14	9	15	9	15	9	15	9	15	9	14
10	16	10	16	10	14	10	14	10	13	10	16	10	15	10	16	10	16	10	16	10	16	10	15
11	17	11	17	11	15	11	15	11	14	11	17	11	16	11	17	11	17	11	17	11	17	11	16
12	18	12	18	12	16	12	16	12	15	12	18	12	17	12	18	12	18	12	18	12	18	12	17
13	19	13	19	13	17	13	17	13	16	13	19	13	18	13	19	13	19	13	19	13	19	13	18
14	20	14	20	14	18	14	18	14	17	14	20	14	19	14	20	14	20	14	20	14	20	14	19
15	21	15	21	15	19	15	19	15	18	15	21	15	20	15	21	15	21	15	21	15	21	15	20
16	22	16	22	16	20	16	20	16	19	16	22	16	21	16	22	16	22	16	22	16	22	16	21
17	23	17	23	17	21	17	21	17	20	17	23	17	22	17	23	17	23	17	23	17	23	17	22

养肉牛家庭农场致富指南

交配	分娩	交配	分娩	交配	分娩	交配	分娩	交配	分娩	交配	分娩	交配	分娩	交配	分娩	交配	分娩	交配	分娩	交配	分娩	交配	分娩
18	24	18	24	18	22	18	22	18	21	18	24	18	23	18	24	18	24	18	24	18	24	18	23
19	25	19	25	19	23	19	23	19	22	19	25	19	24	19	25	19	25	19	25	19	25	19	24
20	26	20	26	20	24	20	24	20	23	20	26	20	25	20	26	20	26	20	26	20	26	20	25
21	27	21	27	21	25	21	25	21	24	21	27	21	26	21	27	21	27	21	27	21	27	21	26
22	28	22	28	22	26	22	26	22	25	22	28	22	27	22	28	22	28	22	28	22	28	22	27
23	29	23	29	23	27	23	27	23	26	23	29	23	28	23	29	23	29	23	29	23	29	23	28
24	30	24	30	24	28	24	28	24	27	24	30	24	29	24	30	24	30	24	30	24	30	24	29
25	31	25	十二月1	25	29	25	29	25	28	25	31	25	30	25	31	25	七月1	25	31	25	31	25	30
26	十一月1	26	2	26	30	26	30	26	三月1	26	四月1	26	五月1	26	六月1	26	2	26	八月1	26	九月1	26	十月1
27	2	27	3	27	31	27	31	27	2	27	2	27	2	27	2	27	3	27	2	27	2	27	2
28	3	28	4	28	一月1	28	二月1	28	3	28	3	28	3	28	3	28	4	28	3	28	3	28	3
29	4			29	2	29	2	29	4	29	4	29	4	29	4	29	5	29	4	29	4	29	4
30	5			30	3	30	3	30	5	30	5	30	5	30	5	30	6	30	5	30	5	30	5
31	6			31	4			31	6			31	6	31	6			31	6			31	6

（2）查表法　为了方便，在生产上也可根据牛的妊娠期（通常取 280 天），根据上述公式计算方法，编制牛的预产期表（表 4-1），由表内的交配日期，一查便可知道母牛分娩日期。

第五章

肉牛的饲料保障

饲草料成本占肉牛饲养成本的 70%，是饲养肉牛日常的主要开支，家庭农场要根据本场肉牛种类的不同，分别配制营养均衡的饲料，根据饲养的数量做好饲料储备和供应。

一、肉牛的营养需要

肉牛为了维持生命、保证健康、满足生长和生产的需要，除了阳光与空气外，还必须摄取饲料。而饲料中含有七大类营养物质，包括碳水化合物（糖）、脂肪、蛋白质、矿物质、微量元素、维生素和水等，这些物质与呼吸进入动物体内的氧气一起，经过新陈代谢、消化吸收过程，转化为肉牛机体的组成成分及维持生命活动的能量。它们是动物生命活动的物质基础，这些物质通常就被称为营养物质或营养素。

（一）水

水本身虽不含营养要素，但它是生命和一切生理活动的基础。据测定，牛体含水量占体重的 55％～65％，牛肉含水量约 64％，牛奶含水量约 86％。此外，各种营养物质在牛体内的溶解、吸收、运输，代谢过程所产生的废物的排泄，体温的调节等均需要水。所以水是生命活动不可缺的物质。缺水可引起代谢紊乱、消化吸收发生障碍、蛋白质和非蛋白质含氮物的代谢产物排泄困难、血液循环受阻、体温上升，导致发病甚至死亡。水对幼牛和产奶母牛更为重要，产奶母牛因缺水而引起疾病要比缺乏其他任何营养物质来得快，而且严重。因此，水分应作为一种营养物质加以供给。

牛需要的水来自饮水、饲料中的水分及代谢水，但主要是靠饮水。牛需要的水量因牛的个体、年龄、饲料性质、生产力、气候等因素不同而不同。一般来说，牛每日需水量是：母牛 38～110 升，役牛和肉牛 26～66 升，母牛每产 1 升奶需 3 升水，每采食 1 千克干物质约需 3～4 升水。乳牛应全日有水供应，役牛、肉牛每天上午、下午喂水两次，夏天宜增加饮水次数。

（二）能量

不论是维持生命活动或生长、繁殖、生产等均需要一定的能量。牛需要的能量来自饲料中的糖类、脂肪和蛋白质，但主要是糖类。糖类包括粗纤维和无氮浸出物，在瘤胃中的微生物作用下分解产生挥发性脂肪酸（主要是乙酸、丙酸。丁酸）、二氧化碳、甲烷等，挥发性脂肪酸被胃壁吸收，成为牛能量的重要来源。

牛的能量指标以净能（母牛用产奶净能、肉牛用增重净能）表示。

需要多少能量，不同种类、年龄、性别、体重、生产目的、生产水平的牛有所不同。为了便于计算，一般把牛的能量需要分成维持和生产两部分。维持能量需要，是指牛在不劳役、不增重、不产奶，仅维持正常生理机能等必要活动所需的能量。由于维持的能量是不生产产品的，所以，它占总能量的比重越小，养殖效益越高。

役牛体重按 300 ～ 400 千克计，每头每日维持需要净能 17.97 ～ 20.48 兆焦，从事劳役，则按劳役强度的不同，适当增加。一般轻役，每头日需净能 24.83 ～ 33.11 兆焦，中役需 29.05 ～ 38.75 兆焦，重役需 32.98 ～ 49.97 兆焦。成年奶牛，体重 450 ～ 550 千克，每头每日维持需要净能 11.07 ～ 40.38 兆焦，每产 1 升含脂率 3 % 的奶，需增加产奶净能 2.72 兆焦。每产 1 升含脂率为 4 % 的奶，需要增加产奶净能 3.17 兆焦。

肉牛体重不同，维持需要净能也不同。100 千克体重，每头日需维持净能 10.16 兆焦，150 千克体重需 13.8 兆焦，200 千克体重需要 17.14 兆焦，250 千克体重需 20.23 兆焦，300 千克体重需 23.2 兆焦，350 千克体重需 26.08 兆焦，400 千克体重需 28.76 兆焦，450 千克体重需要 31.43 兆焦，500 千克体重需 34.03 兆焦。

（三）蛋白质

蛋白质包括纯蛋白质和氮化物。蛋白质是构成牛皮、牛毛、肌肉、蹄、角、内脏器官、血液、神经、各种酶、激素等的重要物质。因此，不论幼牛、青年牛、成年牛均需要一定量的蛋白质。蛋白质不足会使牛消瘦、衰弱，甚至死亡。蛋白质过多则造成浪费，且有损于牛的健康。故蛋白质的供给量既不能太少，也不宜过多，应该根据牛需要喂给必要的量。成年役牛在不劳役的情况下，一般每头每日维持需要可消化蛋白质 185 ～ 220 克，使役则按工作强度不同而增加。体重 500 千克的奶牛维持生命活动需要可消化蛋白质 317 克，每产含脂率 4 % 的牛奶 1 升需要可消化蛋白质 55 克。

蛋白质是由各种氨基酸所组成的，由于构成蛋白质的氨基酸种类、数量与比例不一样，蛋白质的营养价值也不相同。牛对蛋白质的需要实质就是对各种氨基酸的需要。氨基酸有 20

多种，其中有些氨基酸是在体内不能合成或合成速度和数量不能满足牛体正常生长需要，必须从饲料中供给，这些氨基酸称为必需氨基酸，如蛋氨酸、色氨酸、赖氨酸、精氨酸、胱氨酸、甘氨酸、酪氨酸、组氨酸、亮氨酸、异亮氨酸、缬氨酸、苯丙氨酸、苏氨酸等。含有全部必需氨基酸的蛋白质营养价值最高，称为全价蛋白质。只含有部分必需氨基酸的蛋白质营养价值较低，称非全价蛋白质。一般来说，动物性蛋白质优于植物性蛋白质。植物性蛋白质中豆科饲料和油饼类的蛋白质营养价值高于谷物类饲料。因此，在喂牛时用多种饲料搭配比喂单一饲料好，因为多种饲料可使各种氨基酸起互补作用，提高其营养价值。

（四）矿物质

矿物质占家畜体重的 3%～4%，是机体组织和细胞不可缺少的成分。除形成骨骼外，主要起维持体液酸碱平衡，调节渗透压和参与酶、激素和某些维生素的合成等。几种主要的矿物质有钠和氯、钙、磷等，称为常量元素。

钠和氯是保持机体渗透压和酸碱平衡的重要元素，对组织中水分的输出和输入起重要作用。补充钠和氯一般是用食盐，食盐对动物有调味和营养两重功能。植物性饲料含钠、氯较少，含钾多，以植物性饲料为主食的牛常感钠和氯不足，应经常供应食盐，尤其是喂秸秆类饲料时更为必要。食盐的喂量一般按饲料日粮干物质的 0.5%～1%，或按混合精料的 2%～3% 供给。

钙和磷是体内含量最多的矿物质元素，是构成骨骼和牙齿的重要成分。钙也是细胞和组织液的重要成分。磷存在于血清蛋白、核酸及磷脂中。钙不足会使牛发生软骨病、佝偻病，骨质疏松易断。磷缺乏则出现"异嗜癖"，如爱啃骨头或其他异物，同时也会使繁殖力和生长量下降、生产不正常、增重缓慢等。

骨中的钙和磷化合物主要是三钙磷酸盐，其中钙和磷的比例为3：2，所以一般认为日粮中钙和磷的比例以（1.5～2）：1较好，这有利于两者的吸收利用。

（五）维生素

维生素是维持生命和健康的营养要素，它对牛的健康、生长和生殖都有重要的作用。饲料中缺乏维生素会引起代谢紊乱，严重者则导致死亡。由于牛瘤胃内的微生物能合成B族维生素和维生素K，维生素C可在体组织内合成，维生素D可通过摄取经日光照射的青干草，或在室外晒太阳而获得。因此，对牛来说，主要是补充维生素A。

维生素A又称抗干眼维生素、生长维生素，是畜禽最重要的维生素。它能促进机体细胞的增殖和生长，保护呼吸系统、消化系统和生殖系统上皮组织结构的完整和健康，维持正常的视力。同时，维生素A还参与性激素的形成，对提高繁殖力有着重要的作用。缺乏维生素A会妨碍幼牛的生长，出现夜盲症，公牛生殖力下降，母牛不孕或流产。

植物性饲料中不含有维生素A，但在青绿饲料中却含有丰富的胡萝卜素，绿色越浓胡萝卜素含量越多；其中豆科植物比禾本科的高，幼嫩茎叶比老茎叶高，叶部比茎部高。牛吃到胡萝卜素后可在小肠和肝脏内经胡萝卜素酶的作用，转化为维生素A。所以，只要有足够的青绿饲料供给牛就可得到足够的维生素A。冬春季节只用稻草喂牛往往缺乏维生素A，因此应补喂青绿饲料。

二、肉牛的常用饲料原料

肉牛的饲料种类很多，但任何一种饲料都存在营养上的特殊性和局限性，要饲养好肉牛必须多种饲料科学搭配。要合理利用各种饲料，首先要了解饲料的科学分类，熟悉各类饲料的营养价值和利用特性。

通常牛的饲料分为青绿饲料、青贮饲料、粗饲料、能量饲料、蛋白质饲料、矿物质饲料和饲料添加剂7大类。

（一）青绿饲料

按饲料分类原则，这类饲料主要指天然水分含量高于60％的青绿多汁饲料。青绿饲料以富含叶绿素而得名，种类繁多，有天然草地或人工栽培的牧草，如黑麦草、紫云英、紫花苜蓿、象草、羊草、大米草和沙打旺草等；叶菜类和藤蔓类，其中不少属于农副产品，如甘薯蔓、甜菜叶、白菜帮、萝卜缨、南瓜藤等；水生饲料，如绿萍、水浮莲、水葫芦、水花生等；野生饲料，如各类野生藤蔓、树叶、野草等；块根块茎类饲料，如胡萝卜、山芋、马铃薯、甜菜和南瓜等。不同种类的青绿饲料间营养特性差别很大，同一类青绿饲料在不同生长阶段，其营养价值也有很大的不同。

青绿饲料具有以下特点：一是含水量高，适口性好。鲜嫩的青饲料水分含量一般比较高，陆生牧草的水分含量约为75％～90％，而水生植物约为95％；二是维生素含量丰富，青饲料是家畜维生素营养的主要来源；三是蛋白质含量较高，禾本科牧草和蔬菜类饲料的粗蛋白含量一般可达到1.5％～3％，豆科青饲料略高，为3.2％～4.4％；四是粗纤维含量较低，青饲料含粗纤维较少，木质素低，无氮浸出物较高。青饲料干物质中粗纤维不超过30％，叶菜类不超过15％，无氮浸出物在40％～50％之间；五是钙、磷比例适宜。青饲料中矿物质约占鲜重的1.5％～2.5％，是矿物质营养的较好来源；六是青饲料是一种营养相对平衡的饲料，是反刍动物的重要能量来源，青饲料与由它调制的干草可以长期单独组成草食动物日粮，为养牛的基本饲料，且较经济；七是容积大，消化能含量较低，限

制了其潜在的其他方面的营养优势，但是，优良的青饲料仍可
与一些中等能量饲料相比拟。

1. 常见的牧草

下面介绍几种常见的牧草。

（1）黑麦草　黑麦草（图 5-1 和视频 5-1）属
禾本科，黑麦草属，一年生或多年生草本。黑麦
草高约 0.3～1 米，叶坚韧、深绿色，小穗长在
"之"字形花轴上，是重要的栽培牧草和绿肥作物。本属约有
10 种，我国有 7 种，其中多年生黑麦草和多花黑麦草是具有经
济价值的栽培牧草。

视频 5-1　黑
麦草

图 5-1　黑麦草

图 5-2　紫花苜蓿

黑麦草含粗蛋白 4.93%、粗脂肪 1.06%、无氮浸出物
4.57%、钙 0.075%、磷 0.07%，其中粗蛋白、粗脂肪比本地杂

草含量高出 3 倍。在春、秋季生长繁茂，草质柔嫩多汁，适口性好，是牛羊的好饲料。供草期为 10 月至次年 5 月，夏天不能生长。

（2）紫花苜蓿　紫花苜蓿（图 5-2）别名紫苜蓿、苜蓿、苜蓿花，是豆科苜蓿属，多年生草本植物，有"牧草之王"的称号，是当今世界种植面积最大、分布国家最广的优良栽培牧草。

紫花苜蓿具有产草量高，适口性强，茎叶柔嫩鲜美，不论青饲、青贮、调制青干草、加工草粉、用于配合饲料或混合饲料，各类畜禽都喜食，是养肉牛首选青饲料。营养丰富，苜蓿干物质中粗蛋白 18.6%、粗脂肪 2.4%、粗纤维 35.7%、无氮浸出物 34.4%、粗灰粉 8.9%。茎叶中含有丰富的蛋白质、矿物质、多种维生素及胡萝卜素，特别是叶片中含量更高。紫花苜蓿鲜嫩状态时，叶片重量占全株的 50% 左右，叶片中粗蛋白质含量比茎秆高 1～1.5 倍，粗纤维含量比茎秆少一半以上。苜蓿干草喂畜禽可以替代部分粮食，据美国研究，按能量计算其替代率为 1.6:1，即 1.6 千克苜蓿干草相当于 1 千克粮食的能量。苜蓿富含蛋白质，如按能量和蛋白质综合效能，苜蓿的代粮率可达 1.2:1。

紫花苜蓿的利用。

① 放牧利用：紫花苜蓿用于放牧利用时，以猪、鸡、马属家畜最适宜。放牧羊、牛等反刍畜易得臌胀病，结荚以后就较少发生。用于放牧的草地要划区轮牧，以保持苜蓿的旺盛生机，一般放牧利用 4～5 天，间隔 35～40 天的恢复生长时间。如放牧羊、牛等反刍家畜时，混播草地禾本科牧草要占 50%以上的比例；应避免家畜在饥饿状态时采食苜蓿，放牧前要先喂以燕麦、苏丹草等禾本科干草，能防止家畜腹泻。为了防止臌胀病，可在放牧前口服普鲁卡因青霉素钾盐，成畜每次量 50～75 毫克。

② 青刈舍饲：青饲是饲喂畜禽最为普通的一种方法，但

应注意苜蓿的最佳收割时间，不同生长阶段影响紫花苜蓿的营养价值。青刈利用以株高 30 ~ 40 厘米时开始为宜，早春掐芽和细嫩期刈割减产明显。紫花苜蓿的营养成分与收获时期关系很大，苜蓿在生长阶段含水量较高，但随着生长阶段的延长，干物质含量逐渐增加，蛋白质含量逐渐减少，粗纤维则显著增加，纤维的木质化加重。收割过晚，收获量大，茎的总量增加，叶茎比变小，营养成分明显改变，饲用价值下降。由于苜蓿含水量大，畜禽青饲时应注意补充能量和蛋白质饲料，反刍家畜多食后易产生瘤胃臌胀病，一般与禾本科牧草搭配使用。

③ 青贮利用：苜蓿青贮或半干青贮，养分损失小，具有青绿饲料的营养特点，适口性好，消化率高，能长期保存，畜牧业发达国家对于苜蓿的调制利用，大都从以干草为重点的调制方式向青贮利用的方式转变。主要采用半干青贮、包膜青贮和加添加剂青贮方式。

④ 制备干草：调制干草的方法很多，主要有自然干燥法、人工干燥法等。自然干燥法制得的苜蓿干草的营养价值和晾晒时间关系很大，其中粗蛋白、粗灰分、钙的含量和消化率随晾晒天数的增加而减少，粗纤维含量随晾晒天数延长而增加。米脂（1994）对苜蓿干物质化率与其化学成分关系的统计分析结果表明，提高苜蓿消化利用率的关键是控制苜蓿纤维木质化程度和减少粗蛋白损失。由此看来适时收割和减少运输和干燥过程的叶片损失非常重要，因为苜蓿叶片的蛋白质含量占整株的80%以上。

人工干燥主要有 3 种方法。第一种方法是常温通风干燥，利用高速风力将半干苜蓿所含水分迅速风干；第二种方法是低温烘干法，采用 50 ~ 70℃ 或 120 ~ 150℃ 温度将苜蓿水分烘干；第三种方法是高温快速干燥法，利用高温气流（可达 1100℃）将苜蓿在数分钟甚至数秒钟内，使水分含量降到 10% ~ 12%，利用高温干燥后，主要是制取高质量的草粉、草块或颗粒饲料，作为畜禽蛋白质和维生素补充料，便于运输、保存和饲料工业上的应用。

（3）紫云英　紫云英（图5-3）又称红花草，黄芪属一年生或越年生草本植物。是重要的绿肥、饲料兼用作物。分布于中国的长江地区，生长于海拔 400 ～ 3000 米的地带，多生长在溪边、山坡及潮湿处，农村家庭的农田里常有种植。

图 5-3　紫云英

图 5-4　羊草

紫云英养分含量和饲料价值均较高。紫云英植株中氮（N）、磷（P）、钾（K）的含量因生育期、组织器官、土壤及施肥的不同而异。一般花蕾期和初花期养分含量高于盛花期和结荚期。随着生育期的变化，鲜草产量增加，氮、磷、钾养分总量亦相应增加。紫云英各组织器官的养分平均含量（以干物质计）约为 N（氮）2.18% ～ 5.50%、P_2O_5（五氧化二磷）0.56% ～ 1.42%、K_2O（氧化钾）2.83% ～ 4.30%、CaO（氧化钙）0.60% ～ 1.86%、MgO（氧化镁）0.40% ～ 0.93%。其中以叶和花中的氮、磷含量较高，茎秆中钾的含量较高。紫云英含有较多的蛋白质、脂肪、胡萝卜素及维生素 C 等营养，且纤维素、半纤维素、木质素较低，是一种优良牧草。

（4）羊草　羊草（图 5-4）又名碱草，禾本科赖草属植物。我国东北部松嫩平原及内蒙古东部为其分布中心，在河北、山西、河南、陕西、宁夏、甘肃、青海、新疆等省（自治区）亦有分布。羊草最适宜于我国东北、华北诸省（自治区）种植，在寒冷、干燥地区生长良好。春季返青早，秋季枯黄晚，能在较长的时间内提供较多的青饲料。

羊草叶量多、营养丰富、适口性好，各类家畜一年四季均喜食，有"牲口的细粮"之美称。牧民形容说："羊草有油性，用羊草喂牲口，就是不喂料也上膘。"羊草花期前粗蛋白含量一般占干物质的 11% 以上，分蘖期高达 18.53%，且矿物质、胡萝卜素含量丰富。每千克干物质中含胡萝卜素 49.5 ～ 85.87 毫克。羊草调制成干草后，粗蛋白含量仍能保持在 10% 左右，且气味芳香、适口性好、耐贮藏。羊草产量高，增产潜力大，在良好的管理条件下，一般每公顷产干草 3000 ～ 7500 千克，产种子 150 ～ 375 千克。

（5）大米草　大米草（图 5-5）又名食人草，禾本科米草属，多年生草本宿根植物。大米草原产于英国南海岸，是欧洲海岸米草和美洲米草的天然杂交种。在我国分布于辽宁、河北、天津、山东，江苏、上海、浙江、福建、广东、广西等省（市、区）的海滩上。

嫩叶和地下茎有甜味、草粉清香，马与骡、黄牛、水牛、山羊、绵羊、奶山羊、猪、兔皆喜食。根据 7 个月地上部分营养成分的分析，大米草粗蛋白含量在旺盛生长、抽穗之前最高，可达 13%，盛花期下降到 9% 左右，胡萝卜素含量变化大体和粗蛋白含量变化一致，粗灰分和钙的含量在秋末冬初比春夏高 1 倍，18 种氨基酸 5 个月含量分析结果以谷氨酸和亮氨酸最高，天冬氨酸、丙氨酸次之，组氨酸与色氨酸及精氨酸最低。10 种必需氨基酸和国外有代表性禾本科牧草的平均含量相比，6 种超过（苯丙氨酸、亮氨酸、异亮氨酸、蛋氨酸、苏氨酸、缬氨酸），4 种不及（赖氨酸、色氨酸、组氨酸、精氨酸）。

图 5-5　大米草

图 5-6　沙打旺

大米草在反刍动物消化率也较高，是一种优良牧草。草场一般亩产鲜草 1000 ～ 2000 千克。茎叶比（1∶2.1）～（1∶3.5），较低滩面为 1∶1.5 左右（89 次测重，启东）。

（6）沙打旺　沙打旺（图 5-6）又名直立黄芪、斜茎黄芪、麻豆秧等，豆科黄芪属短寿命多年生草本植物。可与粮食作物轮作或在林果行间及坡地上种植，是一种绿肥、饲草和水土保持兼用型草种。是干旱地区的一种好饲草，但其适口性和营养价值低于紫苜蓿。沙打旺的有机物质消化率和消化能也低于紫苜蓿。20 世纪中期中国开始栽培，主要的优良品种有辽宁早熟沙打旺、大名沙打旺和山西沙打旺等。野生种主要分布在西伯利亚和美洲北部，以及中国东北、西北、华北和西南地区。

沙打旺用于饲料，其茎叶中各种营养成分含量丰富，可放牧、青饲、青贮，调制干草、加工草粉和配合饲料等。有微毒，带苦味，适口性差，但其干草的适口性优于青草，可与其他牧草适量配合利用，能消除苦味，提高适口性。沙打旺利用年限长，产草量高，除用于青饲、调制干草外，与禾本科饲料作物混合青贮效果很好，其中沙打旺比例应在35%以内，否则因蛋白质含量过高，容易引起青贮料变质。凡是用沙打旺饲养的家畜，膘肥、体壮，未发现有异常现象，反刍家畜也未发生臌胀病。

据辽宁省农业科学院试验，沙打旺由苗期到盛花期，碳水化合物含量由63%增加到79%，无氮浸出物（淀粉、糊精和糖类等）由45%减到35%，粗纤维则由18%增加到37%，霜后落叶时增至48%。

尽管沙打旺株体内含有脂肪族硝基化合物，在家畜体内可代谢β-硝基丙酸和β-硝基丙醇等有毒物质，但反刍动物的瘤胃微生物可以将其有效分解，所以饲喂比较安全。

（7）象草　象草（图5-7）因大象爱吃而得名，象草又名紫狼尾草，禾本科狼尾草属。原产于非洲，是热带和亚热带地区广泛栽培的一种多年生高产牧草。我国在20世纪30年代从印度、缅甸等国引入广东、四川等试种，80年代已推广到广东、广西、湖南、四川、贵州、云南、福建、江西、台湾等省（自治区）栽培，品质优质、适口性极好、利用年限长、用途较广，有很高的经济价值，是热带和亚热带地区良好的饲用植物之一，是我国南方饲养畜禽重要的青绿饲料。

象草具有较高的营养价值，风干物质粗蛋白10.58%、粗脂肪1.9%、粗纤维33.14%、无氮浸出物44.7%、粗灰分9.61%。象草内蛋白质含量和消化率均较高。如果按每亩年产鲜草5000～30000千克计算，每亩则可年产蛋白64.5～387千克，这是其他热带禾本科牧草所不及的。

图5-7 象草

象草柔软多汁，适口性很好，利用率高，牛、马、羊、兔、鸭、鹅等喜食，幼嫩期也是养猪、养鱼的好饲料，一般多用作青饲。除四季给畜禽提供青饲料外，也可晒制成干草或青贮。

2. 多汁饲料

（1）根茎瓜类饲料　这类饲料具有总能高、粗纤维含量低、产量高、耐贮藏的特点，其副产品蔓秧也可作饲料。可分为以下几种。

① 胡萝卜：胡萝卜产量高，易栽培，耐贮藏，营养丰富，是肉牛重要的青饲料。其营养价值很高，大部分营养物质是无氮浸出物，并含有蔗糖和果糖，故具有甜味，蛋白质含量也较其他块根多。胡萝卜素含量尤为丰富，每千克胡萝卜中含胡萝卜素36毫克以上，一般胡萝卜的颜色越深，胡萝卜素的含量越高，每天喂给1～2千克即可满足需要。胡萝卜还含有多量的钾盐、铁盐、磷盐。胡萝卜的适口性好，牛喜食，喂给足量的胡萝卜对维持泌乳母牛的泌乳量及怀孕母牛保胎起到非常重要的作用。因熟喂会使胡萝卜素、维生素C、维生素E遭到破坏，所以胡萝卜应生喂。此外，胡萝卜叶青绿多汁，也是牛的良好饲料。

② 菊芋：菊芋又名洋姜、鬼子姜、姜不辣。在我国南北各地广泛分布，块茎和茎叶都是良好的饲料。菊芋的营养价值较高，块茎中富含蛋白质、脂肪和碳水化合物，菊糖的含量在13%以上。其茎叶的饲用价值也高于马铃薯和向日葵。菊芋块茎脆嫩多汁、营养丰富、适口性好，适合作泌乳牛的多汁饲料。

③ 萝卜：萝卜在我国南北各地均有栽培，其产量高、耐贮藏，粗蛋白含量较高，是有价值的多汁饲料，可作为牛冬春的贮备饲料。萝卜生、熟喂皆宜。由于略带辣味，适口性稍差，宜与其他饲料混喂。萝卜叶营养丰富，风干后粗蛋白含量在20%以上，其中一半是纯蛋白质，因而是牛优良的青绿多汁饲料。

④ 南瓜：南瓜又名倭瓜，营养丰富，耐贮藏，运输又方便。藤蔓也是良好的饲料，青饲、青贮皆宜。南瓜中无氮浸出物含量高，其中多为淀粉和糖类。南瓜中还含有很多胡萝卜素，适合喂各生长阶段的牛，尤其适合饲喂繁殖和泌乳牛。但早期收获的南瓜含水量较大，干物质少，适口性差，不耐贮藏。

⑤ 甜菜：甜菜又名甜萝卜。用作饲料的甜菜大致可分为糖甜菜、半糖甜菜和饲用甜菜三种。糖甜菜主要用作制糖，也可用作饲料。糖甜菜的适应性强，产量高，干物质含量高（20%～22%），营养好，饲用方便，耐贮藏，是肉牛冬春季重要的贮备饲料。饲用甜菜较糖甜菜品质差，干物质含量低（8%～11%），不耐贮藏，仅作饲用。不仅块根，甜菜叶的营养也很丰富，可作为饲料加以利用。但腐烂的甜菜叶中含有亚硝酸盐，易引起中毒，因此饲喂时一定要摘除腐烂叶片。甜菜块根和甜菜叶可生喂也可制作成青贮。甜菜饲喂不宜过多，也不宜单独饲喂。

（2）菜叶、蔓秧和饲用蔬菜　菜叶是指菜用瓜果、豆类的叶子。种类多，来源广，数量大。按干物质计算，其能量高，易消化，尤其是豆类叶子，能量和蛋白质均较高。蔓秧是作物的藤蔓和幼苗，一般含粗纤维较多，幼嫩时营养价值较高。饲用蔬菜如白菜、甘蓝等，既可食用，又可当饲料。另外，在蔬菜旺季，大量剩余的蔬菜和菜帮均可作为青饲料喂牛。

菜叶应新鲜饲喂，如一时不能喂完，应妥善贮存，防止一些硝酸盐含量较高的菜叶由于堆放发热而致硝酸盐还原为亚硝酸盐，从而发生亚硝酸盐中毒现象。已经还原变质的菜叶不得喂牛，以防中毒。

3. 水生饲料

水生饲料即"三水一萍"，"三水"即水浮莲、水葫芦、水花生，"一萍"即为绿萍。水生饲料具有生长快、产量高、不占耕地、利用时间长的优点。水生饲料质地柔软，细嫩多汁，营养价值较高，但生喂易感染蛔虫、姜片吸虫、肝片吸虫等寄生虫。又因水生饲料含水率高达 90%～95%，干物质含量低，不宜单独生喂，宜与其他饲料混合饲喂。

（1）水浮莲　水浮莲又名大叶莲、大浮萍、水白菜。水浮莲繁殖快、产量高、利用时间长，但因含水量高达 95% 以上，营养价值相对较低。水浮莲根、叶均很柔软，粗纤维含量少，但适口性较差。其营养价值因水质肥瘦而异，肥塘所产水浮莲蛋白含量为 1.35%，而瘦塘所产水浮莲蛋白含量仅为 0.89%。水浮莲柔嫩多汁，多鲜喂，也可拌和糠麸生喂。为避免感染寄生虫，最好熟喂，随煮随喂，不宜过夜，以防发生亚硝酸盐中毒。水浮莲也可制成青贮供冬、春利用。因含水量高，青贮时应晾晒 2～3 天，或加糠麸、干粗饲料混合青贮。

（2）水葫芦　水葫芦又名凤眼莲、洋水仙、水仙花，为多年生草本植物。由于它生长快，产量高，适应性强，易于管理，利用时间长，现在我国已广泛分布。水葫芦可去掉一部分根后整株饲喂，或切碎拌入糠麸生喂，也可切碎与糠麸拌和发酵后饲喂，还可制成青贮备用，制作青贮应先与糠麸类混合。

（3）水花生 水花生又名水苋菜、空心莲子草、革命草。主要分布于江浙一带，现北方也有种植。水花生生长快，产量高，品质好，是一种较好的水生青绿饲料。水花生茎叶柔软，含水量比其它水生饲料少，营养价值较高。鲜草干物质含量达9.2％，是牛的好饲料，可整株生喂，也可发酵后投喂或制成青贮。水花生含水量较少，青贮较水浮莲、水葫芦容易，凋萎后单独青贮，可制成品质优良的青贮料，也可晒成干草粉。

（4）绿萍 绿萍为淡水漂浮性水生植物，生长快，营养价值较高，干物质含量8.1％，粗蛋白为1.5％，是牛的好饲料。可单独鲜喂，也可拌入糠麸混喂。用不完还可晒干长期贮存，营养价值也高。

（二）青贮饲料

青贮饲料是将含水率为65％～75％的青绿饲料经切碎后，利用青贮袋（图5-8）、青贮池（图5-9）、青贮壕等设施，在密闭缺氧的条件下，通过厌氧乳酸菌的发酵作用，抑制各种杂菌繁殖，而得到的一种粗饲料。青贮饲料气味酸香、柔软多汁、适口性好、营养丰富、利于长期保存，是家畜优良的饲料来源。

青贮饲料可以最大限度地保持青绿饲料的营养物质，一般青绿饲料在成熟和晒干之后，营养价值降低30％～50％，但在青贮过程中，由于密封厌氧，物质的氧化分解作用微弱，养分损失仅为3％～10％，从而使绝大部分养分被保存下来，特别是在保存蛋白质和维生素（胡萝卜素）方面要远远优于其它保存方法。

青贮饲料适口性好，消化率高。青饲料鲜嫩多汁，青贮使水分得以保存，含水量可达70％。同时在青贮过程中由于微生物发酵作用，产生大量乳酸和芳香物质，更增强了其适口性和消化率。此外，青贮饲料对提高家畜日粮内其它饲料的消化性也有良好作用。

图 5-8　青贮袋

图 5-9　青贮池

　　可调剂青饲料供应的不平衡。由于青饲料生长期短，老化快，受季节影响较大，很难做到一年四季均衡供应。而青贮饲料一旦做成可以长期保存，保存年限可达 2～3 年或更长，因而可以弥补青饲料利用的时差之缺，做到营养物质的全年均衡供应。

　　青贮能杀死青饲料中的病菌、虫卵，破坏杂草种子的再生能力，从而减少对畜、禽和农作物的危害。另外，秸秆青贮已使长期以来焚烧秸秆的现象大为改观，使这一资源变废为宝，减少了对环境的污染。

1. 青贮的类型

视频 5-2　青贮饲料的制作

　　青贮分为青贮饲料（视频 5-2）、黄贮饲料、半干青贮和混合青贮。

　　（1）青贮饲料　青贮饲料是将含水率 65％～75％的青绿粗饲料切碎后，在密闭缺氧的条件下，通过厌氧乳酸菌的发酵作用而获得的一类粗饲料产品。产品名称应标明粗饲料的品种、粗灰分、中性洗涤纤维、水分含量，青贮添加剂品种及用量，如玉米青贮饲料。

157

（2）黄贮饲料　黄贮饲料是以收获籽实后的农作物秸秆为原料，通过添加微生物菌剂、酸化剂、酶制剂等添加剂，有可能添加适量水，在密闭缺氧的条件下，通过厌氧乳酸菌的发酵作用而获得的一类粗饲料产品。产品名称应标明农作物的品种，粗灰分、中性洗涤纤维、水分含量，青贮添加剂品种及用量，如玉米黄贮饲料。

（3）半干青贮（低水分青贮）　半干青贮是指将青贮原料风干到含水量45%～55%进行贮存的技术，主要用于豆科牧草。

原料含水率在45%～50%时，半风干的植物对腐败菌、酪酸菌及乳酸菌造成生理干燥状态，使其生长繁殖受到限制。因此，在青贮过程中，微生物发酵微弱，蛋白质不被分解，有机酸形成数量少。虽然霉菌在风干植物体上仍可大量繁殖，但在切碎紧实的厌氧环境下，其活动也很快停止。低水分青贮因含水量较低，干物质相对较多，具有较多的营养物质。如1千克豆科和禾本科半干青贮饲料中含有45～55克可消化蛋白、40～50微克胡萝卜素。微酸，有果香味，不含酪酸，pH4.8～5.2，有机酸含量5.5%左右。优质的半干青贮料呈湿润状态，深绿色，有清香味，结构完好。

半干青贮的调制方法与普通青贮基本相同。原料主要为牧草，当牧草收割后，平铺在地面上，在田间晾晒1～2天。豆科牧草含水量应在50%，禾本科为45%，二者在切碎时充分混合，装填入窖必须踩实或压实。如用塑料袋作青贮容器，要防止鼠、虫咬破袋子，造成漏气而腐烂。

半干青贮适于人工种植牧草和草食家畜饲养水平较高的地方应用。近年来，有一些畜牧业比较发达的国家如美国、俄罗斯、加拿大、日本等广泛采用。我国的新疆、黑龙江一些地区也在推广应用。

（4）混合青贮　所谓混合青贮，是指2种或2种以上青贮原料混合在一起进行青贮。混合青贮的优点是营养成分含量丰富，有利于乳酸菌繁殖生长，提高青贮质量。混合青贮的种类及其特点如下。

与牧草混合青贮：多为禾本科与豆科牧草混合青贮。

高水分青贮原料与干饲料混合青贮：一些蔬菜废弃物（甘蓝苞叶、甜菜叶、白菜）、水生饲料（水葫芦、水浮莲）、秧蔓（如甘薯秧）等含水量较高的原料，与适量的干饲料（如糠麸、秸秆粉）混合青贮。

糟渣饲料与干饲料混合青贮：食品和轻工业生产的副产品如甜菜渣、啤酒糟、淀粉渣、豆腐渣、酱油渣等糟渣饲料有较高的营养价值，可与适量的糠麸、草粉、秸秆粉等干饲料混合青贮。

（5）秸秆微贮 秸秆微贮与青贮、氨化相比，更简单易学。只要把微生物秸秆发酵剂活化后，均匀地喷洒在秸秆上，在一定的温度和湿度下，压实封严，在密闭厌氧条件下，就可以制作优质微贮秸秆饲料。微贮饲料安全可靠，微贮饲料菌种均对人畜无害，不论饲料中有无发酵剂存在，均不会对动物产生毒害作用，可以长期饲喂。用微贮秸秆饲料做牛的基础饲料可随取随喂，不需晾晒，也不需加水，很方便。

2. 青贮原料及青贮难易程度

适合制作青贮饲料的原料范围十分广泛。玉米、高粱、黑麦、燕麦等禾谷类饲料作物，野生及栽培牧草，甘薯、甜菜、芜菁等茎叶类及甘蓝、牛皮菜、苦荬菜、猪苋菜、聚合草类等叶菜类饲料作物，树叶和小灌木的嫩枝等均可用于调制青贮饲料。

青贮原料因植物种类不同，含糖量差异很大。根据含糖量的多少，青贮原料可分为以下 3 类。

（1）易青贮的原料 玉米、高粱、禾本科牧草、芜菁、甘蓝等，这些饲料中含有适量或较多的可溶性碳水化合物，青贮比较容易成功。

（2）不容易青贮的原料　苜蓿草、三叶草、草木樨、大豆、紫云英等豆科牧草和饲料作物含可溶性碳水化合物较少，需与易青贮的原料混贮才能成功。

（3）不能单独青贮的原料　南瓜蔓、甘薯藤等含糖量低，单独青贮不易成功，只有与其他易于青贮的原料混贮或者加酸青贮才能成功。常见饲用作物青贮含糖需要量和难易程度见表5-1。

表5-1　常见饲用作物青贮含糖需要量和贮存难度

饲草品种	生长期	实际含糖量/%	最低需糖量/%	相差	青贮难度
玉米全株	乳熟期	4.35	1.49	+2.86	易
玉米全株	蜡熟期	2.41	1.09	+1.32	易
高粱	乳熟期	3.13	0.95	+2.18	易
燕麦		3.85	2.03	+1.55	易
燕麦+毛苕子	开花期	2.0	2.0	0	易
红三叶再生草	开花期	1.90	1.37	+0.53	易
红三叶再生草	营养期	1.44	0.94	+0.50	易
蚕豆	荚成熟期	4.35	1.49	+2.86	易
豌豆	开花期	1.93	1.62	+0.31	易
紫花豌豆	开花期	1.47	1.26	0.21	易
向日葵	开花期	4.35	2.75	+1.60	易
甘蓝		3.36	0.63	+2.73	易
饲用甜菜	全生长期	3.09	1.35	+1.74	易
胡萝卜	成熟期	3.32	0.67	+2.65	易
油菜茎叶		5.35	1.39	+3.96	易
毛苕子		1.41	2.0	-0.59	难
白花草木樨		2.17	3.09	-0.92	难
苜蓿		3.73	9.50	-5.78	难
苋菜		1.44	1.85	-0.41	难
马铃薯茎叶	开花后	1.46	2.12	-0.66	难
直立蒿	花蕾期	1.31	1.36	-0.05	难

3．常见的青贮饲料

（1）玉米青贮　玉米青贮饲料是指专门用于青贮的玉米品种在蜡熟期收割，茎、叶、果穗一起切碎调制的青贮饲料。这种青贮饲料营养价值高，每千克相当于0.4千克优质干草。

青贮玉米的特点是：

① 产量高。每公顷产量一般为5万～6万千克，个别高产地块可达8万～10万千克。在青贮饲料作物中，青贮玉米产量一般高于其他作物（指北方地区）。

② 营养丰富。每千克青贮玉米中，含粗蛋白质20克，其中可消化蛋白质12.04克；维生素含量丰富，其中胡萝卜素11毫克，尼克酸10.4毫克，维生素C 75.7毫克，维生素A 18.4国际单位；微量元素含量也很丰富，其中钙7.8毫克、铜9.4毫克、钴11.7毫克、锰25.1毫克、锌110.4毫克、铁227.1毫克。

③ 适口性强。青贮玉米含糖量高，制成的优质青贮饲料，具有酸甜、清香味，且酸度适中（pH4.2），家畜都很喜食，尤其牛和羊。

调制玉米青贮饲料的技术要点：

① 适时收割。专用青贮玉米的适宜收割期在蜡熟期，即籽粒剖面呈蜂蜡状，没有乳浆汁液，籽粒尚未变硬。此时收割不仅茎叶水分充足（70%左右），而且单位面积土地上营养物质产量最高。

② 收割、运输、切碎、装贮等要连续作业。青贮玉米柔嫩多汁，收割后必须及时切碎、装贮，否则营养物质将损失。最理想的方法是采用青贮联合收割机，收割、切碎、运输、装贮等项作业连续进行。

③ 采用砖、石、水泥结构的永久窖装贮。因青贮玉米水分充足，营养丰富，为防止汁液流失，必须用永久窖装贮。如果用土窖装贮时，窖的四周要用塑料薄膜铺垫，绝不能使青贮

饲料与土壤接触，防止土壤吸收水分而造成霉变。

（2）玉米秸秆青贮饲料　玉米籽实成熟后将籽实收获、秸秆进行青贮的饲料，称为玉米秸秆青贮饲料。调制玉米秸青贮饲料，要掌握以下关键技术环节。

① 选择成熟期适当的品种。基本原则是籽实成熟而秸秆上又有一定数量绿叶（1/3 ～ 1/2），茎秆中水分较多。要求在当地降霜前 7 ～ 10 天籽实成熟。

② 晚熟玉米品种要适时收获。对晚熟玉米品种要求在籽实基本成熟、籽实不减产或少量减产的最佳时期收获，降霜前进行青贮，使秸秆中保留较多的营养物质。

③ 严格掌握加水量：玉米籽实成熟后，茎秆中水分含量一般在 50％ ～ 60％，茎下部叶片枯黄，必须添加适量清水，把含水率调整到 70％ 左右。作业前测定原料的含水率，计算出应加水数量。

（3）牧草青贮　牧草不仅可调制干草，而且也可以制作成青贮饲料。在长江流域及以南地区，北方地区的 6 ～ 8 月雨季，可以将一些多年生牧草如苜蓿、草木樨、红豆草、沙打旺、红三叶、白三叶、冰草、无芒雀麦、老芒麦、披碱草等调制成青贮饲料。牧草青贮要注意以下技术环节。

① 正确掌握切碎长度。通常禾本科牧草及一些豆科牧草（苜蓿、三叶草等）茎秆柔软，切碎长度应为 3 ～ 4 厘米。沙打旺、红豆等茎秆较粗硬的牧草，切碎长度应为 1 ～ 2 厘米。

② 豆科牧草不宜单独青贮。豆科牧草蛋白质含量较高而糖分含量较低，满足不了乳酸菌对糖分的需要，单独青贮时容易腐烂变质。为了增加糖分含量，可采用与禾本科牧草或饲料作物混合青贮。如添加 1/4 ～ 1/3 的水稗草、青割玉米、苏丹草、甜高粱等，当地若有制糖的副产物如甜菜渣（鲜）、糖蜜、甘蔗上梢及叶片等，也可以混在豆科牧草中，进行混合青贮。

③ 禾本科牧草与豆科牧草混合青贮。禾本科牧草有些水分含量偏低（如披碱草、老芒麦）而糖分含量稍高，而豆科牧

草水分含量稍高（如苜蓿、三叶草），二者进行混合青贮，优劣可以互补，营养又能平衡。

（4）秧蔓、叶菜类青贮 这类青贮原料主要有甘薯秧、花生秧、瓜秧、甜菜叶、甘蓝叶、白菜等，其中花生秧、瓜秧含水量较低，其他几种含水量较高。制作青贮饲料时，需注意以下几项关键技术。

① 高水分原料经适当晾晒后青贮。甘薯秧及叶菜类含水率一般在80%～90%，在条件允许时收割后晾晒2～3天，以降低水分。

② 添加低水分原料，实施混合青贮。在雨季或南方多雨地区，对高水分青贮原料，可以和低水分青贮原料（如花生秧、瓜秧）或粉碎的干饲料实行混合青贮。制作时，务必混合均匀，掌握好含水率。

此类原料多数柔软膨松，填装原料时应尽量踩踏，封窖时窖顶覆盖泥土，以20～30厘米厚度为宜，若覆土过厚，压力过大，青贮饲料则会下沉较多，原料中的汁液被挤出，造成营养损失。

（三）粗饲料

粗饲料是指天然水分含量在45%以下，干物质中粗纤维含量大于或等于18%的一类饲料。粗饲料为肉牛的重要饲料。该类饲料包括干草类、农副产品类（农作物的荚、蔓、藤、壳、秸、秧等）、树叶类、糟渣类。

粗饲料体积大、重量轻、粗纤维含量高，其主要化学成分是木质化和非木质化的纤维素、半纤维素，营养价值通常较其他类别饲料低，消化能含量一般不超过2.5兆卡/千克（按干物质计），有机物质消化率通常在65%以下。粗纤维的含量越高，饲料中能量就越低，有机物的消化率也随之降低。一般干草类含粗纤维25%～30%，秸秆、秕壳含粗纤维25%～50%。不同种类的粗饲料蛋白质含量差异很大，豆科干草含蛋白质

10%～20%，禾本科干草6%～10%，而禾本科秸秆和秕壳为3%～4%。维生素D含量丰富，其他维生素较少，含磷较少，较难消化。从营养价值比较：干草比蒿秆和秕壳类好，豆科比禾本科好，绿色比黄色好，叶多的比叶少的好。

牛是反刍家畜，为保持瘤胃健康和正常的乳脂率，牛日粮中必须有一定数量的粗饲料。这主要是因为粗饲料可以刺激反刍和唾液分泌，有效保证瘤胃正常环境；可以刺激瘤胃收缩和消化物流出瘤胃，以促进瘤胃微生物的有效生长；可以避免因饲喂高比例精饲料引起的奶脂下降。

粗饲料应是牛日粮的主体，精料只作为高生产性能时的补充，科学合理地选用粗饲料可提高肉牛的养殖效益。而且这类饲料来源广、资源丰富，营养品质因来源和种类不同差异较大，为了充分合理地利用这类粗饲料，必须采用科学合理的加工调制方法，以提高其饲用价值。

1. 干草

干草是指青草（或青绿饲料作物）在未结籽实前刈割，然后经自然晒干或人工干燥调制而成的饲料产品，主要包括豆科干草、禾本科干草和野杂干草等。目前在规模化肉牛场生产中大量使用的干草除野杂干草外，主要是北方生产的羊草和苜蓿干草，前者属于禾本科，后者属于豆科。

（1）栽培牧草干草　在我国农区和牧区人工栽培牧草已达四五百万公顷。各地因气候、土壤等自然环境条件不同，主要栽培牧草有近50种。三北地区主要是苜蓿、草木樨、沙打旺、红豆草、羊草、老芒麦、披碱草等，长江流域主要是白三叶、黑麦草，华南亚热带地区主要是柱花草、山蚂蝗、大翼豆等。用这些栽培牧草所调制的干草，质量好、产量高、适口性强，是畜禽常年必需的主要饲料。

栽培牧草调制而成的干草其营养价值主要取决于原料饲草的种类、刈割时间和调制方法等因素。一般而言，豆科干草的营养价值优于禾本科干草，特别是前者含有较丰富的蛋白质和钙，其蛋白质含量一般在 15%～24% 之间，但在能量价值上二者相似，消化能含量一般在 2.3 兆卡/千克左右。人工干燥的优质青干草特别是豆科青干草的营养价值很高，与精饲料相接近，其中可消化粗蛋白含量可达 13% 以上，消化能可达 3.0 兆卡/千克。阳光下晒制的干草中含有丰富的维生素 D_2，是动物维生素 D 的重要来源，但其他维生素却因日晒而遭受较大的破坏。此外，干燥方法不同，干草养分的损失量差异很大，如地面自然晒干的干草，营养物质损失较多，其中蛋白质损失高达 37%；而人工干燥的优质干草，其维生素和蛋白质的损失则较少，蛋白质的损失仅为 10% 左右，且含有较丰富的 β- 胡萝卜素。

（2）野干草　野干草是在天然草地或路边、荒地采集并调制成的干草。由于原料草所处的生态环境、植被类型、牧草种类和收割与调制方法等不同，野干草质量差异很大。一般而言，野干草的质量比栽培牧草干草要差。东北及内蒙古东部生产的羊草，如在 8 月上中旬收割，干燥过程不被雨淋，其质量较好，粗蛋白含量达 6%～8%。而在南方地区农户收集的野（杂）干草，常含有较多泥沙等，其营养价值与秸秆相似。野干草是广大牧区牧民们冬春必备的饲草，尤其是在北方地区。

2. 秸秆

秸秆是指农作物在籽实成熟并收获后的残余副产品，即茎秆和枯叶。秸秆种类包括禾本科、豆科和其他秸秆。禾本科秸秆包括稻草、大麦秸、小麦秸、玉米秸、燕麦秸和粟秸等，豆科秸秆主要有大豆秸、蚕豆秸、豌豆秸、花生秸等，其他秸秆有油菜秆、枯老苋菜秆等。稻草、小麦秸秆、玉米秸秆是我国主要的三大秸秆饲料。

秸秆饲料一般营养成分含量较低，表现为蛋白质、脂肪和糖分含量较少，能量价值较低，消化能含量低于 2.0 兆卡／千克；除了维生素 D 外，其他维生素都很贫乏，钙、磷含量低且利用率低，纤维含量很高，其中粗纤维高达 30％～45％，且木质化程度较高，木质素比例一般为 6.5％～12％。秸秆饲料质地坚硬粗糙，适口性较差，可消化性低。因此，秸秆饲料不宜单独饲喂，而应与优质干草配合饲用，或经过合理的加工调制，提高其适口性和营养价值。

（1）玉米秸秆　玉米是我国的主要粮食作物，玉米秸秆（图 5-10）作为玉米生产的副产品，产量高、资源丰富，是饲草加工的首选品种。作为一种饲料资源，玉米秸秆含有丰富的营养和可利用的化学成分，长期以来就是牲畜的主要粗饲料原料之一。

图 5-10　玉米秸秆

图 5-11　稻草

有关化验结果表明，玉米秸秆含碳水化合物 30％ 以上、蛋白质 2％～4％、脂肪 0.5％～1％、粗纤维 37.7％、无氮浸出物 48.0％、粗灰分 9.5％。既可青贮，也可直接饲喂。就食草动物而言，2 千克的玉米秸秆增重净能相当于 1 千克的玉米籽粒，特别是经青贮、黄贮、氨化及糖化等处理后，可提高利用率，效益将更可观。对玉米秸秆进行精细加工处理，制作成高营养牲畜饲料，不仅有利于发展畜牧业，而且通过秸秆过腹还田，更具有良好的生态效益和经济效益。

（2）稻草　稻草（图5-11）为水稻的茎，一般指脱粒后的稻秆。

干稻草的营养价值比较低，适口性差，不利于牛采食，也不利于牛的消化和吸收。长期单纯饲喂稻草，牛机体越来越消瘦，更因钙磷缺乏而导致钙磷吸收不足，且维生素D缺乏而影响钙磷的吸收，引起成年牛（特别是孕牛和泌乳牛）的软骨症和犊牛佝偻病、产科病增多。在粗纤维消化过程中，又产生大量马尿酸，牛机体为了中和马尿酸而消耗大量钾、钠，引起钾、钠缺乏症；缺钾会引起神经麻痹，牛全身疲惫，四肢乏力，不愿行走，步行时呈"粘着步样"跛行；缺钠则会引起消化液分泌减少，消化功能恶化，体质每况愈下，最后全身虚脱而卧地死亡。因此，不能长期单纯喂稻草，必须要与玉米、麦麸、米糠、块根茎类饲料（尤以含胡萝卜素较多的甘薯为优）、豆饼、青贮料、青绿饲料等配合饲喂。可以对稻草进行氨化、碱化或添加尿素等适当处理，把稻草变成适口性好、营养丰富、有利于消化吸收的优良饲料。

（3）小麦秸秆　小麦秸秆（图5-12）是一种重要的农业资源。小麦秸秆主要含纤维、木质素、淀粉、粗蛋白、酶等有机物，还含有氮、磷、钾等营养元素。秸秆除了作肥料，也可以作饲料。

秸秆饲料的特点是长、粗、硬，虽然可以直接用作草食动物的饲料，但适口性较差，采食量少，且消化率不高。可用浸泡法、氨化法、碱化法、发酵法对小麦秸秆进行调制，不仅使小麦秸秆得到合理利用，实现过腹还田，而且增加了牛的饲料来源，降低养殖成本。

图 5-12 小麦秸秆　　图 5-13 大豆秸秆

（4）大豆秸秆　大豆秸秆（图 5-13）来源广、数量大。大豆秸秆含有纤维素、半纤维素及戊聚糖，借助瘤胃微生物的发酵作用，可被牛羊消化利用，对草食家畜的饲养和增重、提高圈养存栏率、提高饲料报酬和经济效益均有良好的作用。

由于大豆秸中粗纤维含量高，质地坚硬，需要进行加工调制后才能被牛充分利用。经过加工处理后的大豆秸，可增加适口性、提高消化率和营养价值。大豆秸的加工方法有氨化、微贮和制作颗粒饲料。

（5）花生蔓　花生蔓（图 5-14）也叫花生秧，营养丰富，特别含有粗蛋白、粗脂肪、各种矿物质及维生素，而且适口性好，质地松软，是畜禽的优质饲料。多年来一直被用作牛、羊、兔等草食动物的粗饲料。用花生蔓喂畜禽是农村广辟饲料资源、减少投入、提高养殖效益、发展节粮型畜牧养殖业的重要途径。

花生蔓中的粗蛋白含量相当于豌豆秸的 1.6 倍、稻草的 16 倍、麦秸的 23 倍，花生蔓的能量、粗蛋白、钙含量较高，粗纤维含量适中，各种营养比较均衡。在众多作物秸秆中，花生蔓的综合营养价值仅次于苜蓿草粉，明显高于玉米秸、大豆秸。

图 5-14 花生蔓

图 5-15 甘薯蔓

（6）甘薯蔓 甘薯属一年生或多年生蔓生草本植物，又名山芋、红芋、番薯、红薯、白薯、地瓜、红苕等。

甘薯蔓（图5-15）营养价值高，仅次于苜蓿干草。盛夏至初秋，是甘薯蔓旺长的季节，这期间适口性好，容易消化，饲用价值高，是喂牛的好饲料。

甘薯蔓可以粉碎制成甘薯蔓粉，青贮、微贮和加工成颗粒饲料等。

3. 秕壳、荚壳、藤蔓类

（1）秕壳 秕壳是指农作物种子脱粒或清理种子时的残余副产品，包括种子的外壳和颖片等，如砻糠（即稻谷壳）、麦壳，也包括二类糠麸如统糠、清糠、三七糠和糠饼等。与其同种作物的秸秆相比，秕壳的蛋白质和矿物质含量较高，而粗纤维含量较低。秕壳的适口性很差，大量饲喂很容易引起动物消化道功能障碍，应该严格限制喂量。

（2）荚壳 荚壳类饲料是指豆科作物种子的外皮、荚皮，主要有大豆荚皮、蚕豆荚皮、豌豆荚皮和绿豆荚皮等。与秕壳类饲料相比，此类饲料的粗蛋白含量和营养价值相对较高，对牛羊的适口性也较好。

（3）藤蔓 主要包括甘薯藤、冬瓜藤、南瓜藤、西瓜藤、黄瓜藤等藤蔓类植物的茎叶。其中甘薯藤是常用的藤蔓饲料，具有相对较高的营养价值，可用作喂肉牛的饲料。

4. 其他非常规粗饲料

其他非常规粗饲料主要包括风干树叶类、糟渣等。可作为饲料使用的树叶类主要有松针、桑叶、槐树叶等，其中桑叶和松针的营养价值较高。糟渣饲料主要包括啤酒糟、白酒糟、玉米淀粉渣等，此类饲料的营养价值相对较高，其中的纤维物质易于被瘤胃微生物消化，属于易降解纤维，因此它们是反刍动物的良好饲料，常用于饲喂牛。

（1）啤酒糟 啤酒糟，是啤酒工业的主要副产品，是以大麦为原料，经发酵提取籽实中可溶性碳水化合物后的残渣。

啤酒糟干物质中含粗蛋白 25.13%、粗脂肪 7.13%、粗纤维 13.81%、灰分 3.64%、钙 0.4%、磷 0.57%；在氨基酸组成上，赖氨酸占 0.95%、蛋氨酸 0.51%、胱氨酸 0.30%、精氨酸

1.52％、异亮氨酸1.40％、亮氨酸1.67％、苯丙氨酸1.31％、酪氨酸1.15％；还含有丰富的锰、铁、铜等微量元素。

啤酒糟适口性好，过瘤胃蛋白质含量高，适用于反刍动物。饲喂量可达到混合精料的30％～35％。在肉牛饲料中可取代全部大豆饼粕作为蛋白源使用，还可改善胴体品质。在犊牛饲料中使用20％的啤酒糟不影响生长。肉牛饲料中使用20％的啤酒糟，产奶量和乳脂率一般不受影响。

啤酒糟含水量大，变质快，因此饲喂时一定要保证新鲜，对一时喂不完的要合理保存，如需要贮藏，则以窖贮的效果好于晒干贮藏。夏季啤酒糟应当日喂完，同时每日每头可添加150～200克小苏打。注意保持营养平衡，啤酒糟粗蛋白质含量虽然丰富，但钙磷含量低且比例不合适，因此饲喂时应提高日粮精料的营养浓度，同时注意补钙。

注意饲喂时期。对产后1个月内的泌乳牛应尽量不喂或喂少量啤酒糟以免加剧营养负平衡状态和延迟生殖系统的恢复，对发情配种产生不利影响。

中毒后及时处理。饲喂啤酒糟出现慢性中毒时，要立即减少喂量并及时对症治疗，尤其对蹄叶炎，必须作为急症处理，否则愈后不良。

（2）白酒糟　白酒生产中，以一种或几种谷物或者薯类为原料，以稻壳等为填充辅料，经固态发酵、蒸馏提取白酒后的残渣称为白酒糟，有湿酒糟和经烘干粉碎的干酒糟两种。

白酒糟不但富含蛋白质、微量元素、维生素等营养物质，而且适口性好、易消化，有增进食欲的作用，可用于饲喂牛。用酒糟育肥肉牛时，应对酒糟进行成分分析检测，然后按营养需要配合其他饲料饲喂肉牛。饲喂时应注意：必须用新鲜的酒糟，如果一时不能喂完，可把白酒糟做成青贮饲料。

（3）玉米淀粉渣　含有较多蛋白质及少量的淀粉和粗纤维，适口性较好，同时因加工时含有少量亚硫酸，易造成肉牛发生臌胀病和酸中毒，可在饲料中加入小苏打。玉米淀粉渣易酸败，应鲜喂或风干后保存，日喂量 10 ～ 15 千克。

（4）豆腐渣　豆腐渣是来自豆腐、豆奶工厂的加工副产品，为黄豆浸渍成豆乳后，部分蛋白质被提取、过滤所得的残渣。过去主要供食用，现多作饲料。

豆腐渣干物质、粗蛋白含量丰富，适口性好，是牛的良好饲料，由于含水量高，易酸败，最好鲜喂，日喂量为 2.5 ～ 5 千克，过量易腹泻。

（5）树叶嫩枝　用树叶嫩枝作饲料，在我国已较普遍。有的已形成工厂化生产，加工成各种叶粉。树叶饲料含有丰富的蛋白质、胡萝卜素和粗脂肪。营养价值随树种和季节不同而变化。树叶饲料常含有单宁物质，含量在 2％ 以下时，有健胃收敛作用；超过限量时，对消化不利。

（四）能量饲料

能量饲料是指天然水分含量在 45％ 以下，每千克干物质中粗纤维的含量在 18％ 以下，可消化能含量高于 10.46 兆焦 / 千克，蛋白质含量在 20％ 以下的饲料。其中消化能高于 12.55 兆焦 / 千克的成为高能量饲料。能量的基本来源为碳水化合物和脂肪。

能量饲料主要包括谷物籽实类饲料，如玉米、稻谷、大麦、小麦、高粱、燕麦等；谷物籽实类加工副产品，如米糠、小麦麸等；富含淀粉及糖类的根、茎、瓜类饲料等。谷实类、麸糠类是肉牛养殖最常用的能量饲料。

1. 玉米

玉米是最重要的能量饲料，是养牛精饲料中主要的能量饲料。与其他谷物饲料相比，玉米粗蛋白质水平低，但能量值最高。以干物质计，玉米中淀粉含量可达 70％。粗纤维含量低，玉米蛋白质含量为 7.8％ ～ 9.4％，可消化能含量与小麦相近，每千克约 14 兆焦。但是玉米所含蛋白质的质量差，缺少赖氨酸、蛋氨酸、色氨酸等必需氨基酸，使用中应注意与饼粕、鱼粉或合成氨基酸搭配。玉米所含淀粉具有良好的过瘤胃特性，消化率高，适口性好。玉米蛋白质中 50%～60% 为过瘤胃蛋白质，可过小肠而被消化吸收，其余 40%～45% 蛋白质可在瘤胃被微生物所降解。钙含量 0.02%，磷含量 0.27%。与其他谷物饲料相似，玉米钙少磷多，其他元素也不能满足家畜的营养需要，必须在配制日粮时给予补充。

用玉米喂牛时不宜粉碎太细，否则易引起瘤胃过酸。磨碎与压扁是最常用的提高玉米利用率的加工方法，压扁比磨碎的效果更好。有条件时可用热蒸汽软化压片则能被更好地消化利用。熟化玉米有利于提高其消化利用率，因此玉米经蒸汽处理后再压扁可能为最好的利用方式。北方冬季可将粗粉碎的玉米煮熟后喂牛，夏季直接喂即可。贮存时含水量控制在 14% 以下，可防发霉变质。

2. 大麦

大麦是裸大麦和皮大麦的总称。大麦的粗蛋白质含量高于玉米，为 11%～13%，粗蛋白含量在谷类籽实中是比较高的，粗纤维含量略高，可消化能值为每千克 13～13.5 兆焦，略低于玉米。大麦的蛋白质品质较好，其中赖氨酸含量高出玉米 1倍，矿物质含量也比较高。在欧洲及北美多以大麦作为主要的精饲料，尤其是肉牛理想的能量饲料。用大麦肥育的牛，胴体脂肪洁白、硬实，是优质肉的标志。发芽大麦是严寒冬季家畜的维生素补充饲料，用于补饲犊牛、种畜和商品肉牛。

大麦的无氮浸出物的含量也比较高（77.5% 左右），但由于大麦籽实外面包裹一层质地坚硬的硬壳，粗纤维含量较高（整粒大麦为 5.6%），为玉米的 2 倍左右，所以有效能值较低，一定程度上影响了大麦的营养价值。淀粉和糖类含量较玉米少。热能较低，代谢能仅为玉米的 89%。大麦矿物质中钾和磷含量丰富，其中 63% 的磷为植酸磷。其次还含有镁、钙及少量铁、铜、锰、锌等。大麦富含 B 族维生素，包括维生素 B_1、维生

素 B_2 和泛酸。虽然烟酸含量也较高，但利用率只有 10%。脂溶性维生素 A、维生素 D、维生素 K 含量较低，少量的维生素 E 存在于大麦胚芽中。

大麦蛋白在瘤胃的降解率与其他小颗粒谷物类饲料相似，过瘤胃蛋白质占 20%～30%，比玉米和高粱低。

大麦中含有一定量的抗营养因子，影响适口性和蛋白质消化率。大麦易被麦角菌感染致病，产生多种有毒的生物碱，轻者引起适口性下降，严重者发生中毒，表现为坏疽症、痉挛、繁殖障碍、咳嗽、呕吐等。各种加工处理，如蒸汽压扁、碾碎、颗粒化以及干扁压对饲喂效果都影响不大。

3. 高粱

高粱籽粒中蛋白质含量 9%～11%，亮氨酸和缬氨酸的含量略高于玉米，而精氨酸的含量又略低于玉米。其他各种氨基酸的含量与玉米大致相等。

高粱和其他谷实类一样，不仅蛋白质含量低，同时所有必需氨基酸都不能满足畜禽的营养需要。总磷中约有一半以上是植酸磷，同时还含有 0.2%～0.5% 的单宁，两者都属于抗营养因子，前者阻碍矿物质、微量元素的吸收利用，后者则影响蛋白质、氨基酸及能量的利用效率。

高粱的营养价值受品种影响大，其饲喂价值一般为玉米的 90%～95%。高粱在肉牛日粮中使用量的多少，与单宁含量高低有关，单宁含量高的用量不能超过 10%，含量低的使用量可达到 70%。高单宁高粱不宜在幼龄动物饲养中使用，以避免造成养分消化率的下降。

对于反刍动物来说，通过蒸汽压片、水浸、蒸煮和挤压膨化等方法，可以改善反刍动物对高粱的利用，提高利用率 10%～15%。

去掉高粱中的单宁可采用水浸或煮沸处理、氢氧化钠处理、氨化处理等，也可通过饲料中添加蛋氨酸或胆碱等含甲基的化合物来中和其不利影响。使用高单宁高粱时，可通过添加蛋氨酸、赖氨酸、胆碱等，来克服单宁的不利影响。

4. 燕麦

燕麦分为皮燕麦和裸燕麦两种，是营养价值很高的饲料作物，可用作能量饲料和青贮饲料。

燕麦壳比例高，一般占籽实总重的24％～30％。燕麦壳粗纤维含量高，可达11％或更高，去壳后粗纤维含量仅为2％。燕麦淀粉含量仅为玉米淀粉含量的1/3～1/2，在谷实类中最低，粗脂肪含量在3.75％～5.5％，能值较低。燕麦粗蛋白含量为11％～13％。燕麦籽实和干草中钾的含量比其他谷物。燕麦的钙比其他谷物略高，约占干物质的0.1％，磷占0.33％，其他矿物质与一般麦类比较接近。

燕麦因壳厚、粗纤维含量高，适宜饲喂反刍动物。

5. 小麦

小麦籽粒中主要养分含量：粗脂肪1.7％，粗蛋白13.9％，粗纤维1.9％，无氮浸出物67.6％，钙0.17％，磷0.41％。总的消化养分和代谢能均与玉米相似。与其他谷物相比，粗蛋白含量高。在麦类中，春小麦的蛋白质水平最高，而冬小麦略低。小麦钙少磷多。

对反刍动物来说，小麦可作为动物的精饲料。小麦淀粉消化速度快，消化率高，饲喂过量易引起瘤胃酸中毒。小麦的谷蛋白质含量高，易造成瘤胃内容物黏结，降低瘤胃内容物的流动性。若使用全小麦，在日粮中添加相应酶制剂，可消除谷蛋白质的不利影响。

6. 小麦麸和次粉

小麦麸和次粉是小麦加工副产品。小麦麸俗称麸皮，成分可因小麦面粉的加工要求不同而不同。小麦麸和次粉数量大，是我国畜禽常用的饲料原料。

麦麸和次粉的粗蛋白含量高，为12.5%～17%，而且质量较好。与玉米和小麦籽粒相比，小麦麸和次粉的氨基酸组成较平衡，其中赖氨酸、色氨酸和苏氨酸含量均较高，特别是赖氨酸含量较高（0.67%）；粗纤维含量高，脂肪含量约4%，其中不饱和脂肪酸含量高，易氧化酸败；维生素B族及维生素E含量高，矿物质含量丰富，但钙（0.13%）和磷（1.18%）比例极不平衡（钙：磷为1:9以上），磷多属植酸磷，约占75%，但含植酸酶，因此用这些饲料时要注意补钙；小麦麸的质地疏松，含有适量的硫酸盐类，有轻泻作用，可防止便秘。

小麦麸容积大，纤维含量高，适口性好，是肉牛、肉牛及羊等反刍家畜的优良饲料原料。母牛精料中使用10%～15%，可增加泌乳量，但用量太高反而失去效果。

7. 米糠

稻谷在加工成精米的过程中要去掉外壳和占总重10%左右的种皮和胚，米糠就是由种皮和胚加工制成的，是稻谷加工的主要副产品。

米糠的营养价值受稻米精制加工程度的影响，精制程度越高，则米糠中混入的胚乳就越多，其营养价值也就越高。蛋白质含量高（14%），氨基酸平衡情况较好，其中赖氨酸、色氨酸和苏氨酸含量高于玉米，但与动物需要相比仍然偏低；粗纤维含量不高，故有效能值较高；脂肪含量12%以上，其中主要是不饱和脂肪酸，易氧化酸败；维生素B族及维生素E含量高，是核黄素的良好来源，在糠麸饲料中仅次于麦麸。且含有肌醇，但维生素A、维生素D、维生素C含量少；矿物质含量丰富，钙少（0.08%）磷多（1.6%），钙磷比例不平衡，磷主要是植酸磷，利用率不高。米糠中锌、铁、锰、钾、镁、硅含量较高。米糠中脂肪酶活性较高，长期贮存易引起脂肪变质。

米糠用作反刍动物饲料并无不良反应，适口性好，能值高，在奶牛、肉牛精料中可用至20％。但喂量过多会影响牛乳和牛肉的品质，使体脂和乳脂变黄变软，尤其是酸败的米糠还会引起适口性降低和导致腹泻。

（五）蛋白质饲料

蛋白质饲料是指饲料天然水分含量在45％以下、干物质中粗纤维低于18％、粗蛋白含量不低于20％的饲料。蛋白质饲料包括植物性蛋白质饲料、动物性蛋白质饲料、单细胞蛋白质饲料和非蛋白氮饲料。

植物性蛋白质饲料主要是豆类及其加工副产品，常用的有豆类加工副产品饼（粕）类。饼（粕）类是豆类和油料籽实提取油脂后的副产品，是配合饲料的主要蛋白质补充料，使用广泛，用量较大。主要包括大豆饼（粕）、花生饼（粕）、棉籽饼（粕）、菜籽饼（粕）、向日葵饼（粕）、芝麻饼（粕）、亚麻饼（粕）等。这类饲料的突出特点是粗蛋白含量高（22％～40％）、品质好，而无氮浸出物含量一般比谷实类低。

由于原料和加工方法不同，饼（粕）类饲料的营养与饲用价值有较大的差异。饼（粕）类饲料多有毒，须经热处理或脱毒后才可以使用。

动物性蛋白质饲料主要指鱼类、肉类和乳品加工的副产品及其它动物产品的总称，常用的有鸡蛋、鱼粉、肉骨粉、血粉、羽毛粉、蚕蛹、全乳和脱脂乳等。动物性饲料是高蛋白质饲料，但近几年，在肉牛等反刍动物已禁止使用动物类饲料。

单细胞蛋白质饲料包括酵母、真菌和藻类。酵母饲料使用最普遍，其蛋白质含量在40％～60％，生物学效价高。酵母饲料在肉牛日粮中的用量以2％～5％为宜，不得超过10％。

非蛋白氮饲料包括尿素、缩二脲、铵盐等。由于瘤胃微生物可利用氨合成蛋白，因此饲料中可以添加一定量的非蛋白氮，但数量和使用方法需要严格控制。

（1）大豆饼（粕） 大豆饼和大豆粕是我国最常用的一种主要植物性蛋白质饲料，营养价值很高，粗纤维素含量为 10%～11%，粗蛋白含量在 40%～45%。大豆粕的粗蛋白含量高于饼，去皮大豆粕粗蛋白含量可达 50%。大豆饼（粕）的氨基酸组成较合理，尤其赖氨酸含量达 2.5%～3.0%，是所有饼粕类饲料中含量最高的。异亮氨酸、色氨酸含量都比较高，但蛋氨酸含量低，仅 0.5%～0.7%。大豆饼（粕）中钙少磷多，但磷多属难以利用的植酸磷。维生素 A、维生素 D 含量少，B 族维生素除维生素 B_2、维生素 B_{12} 外均较高。粗脂肪含量较低，尤其大豆粕的粗脂肪含量更低。大豆饼（粕）含有抗胰蛋白酶、尿素酶、血细胞凝集素、皂角苷、甲状腺肿诱发因子、抗凝固因子等有害物质。但这些物质大都不耐热，一般在饲用前，先经 100～110℃加热处理 3～5 分钟，即可去除这些不良物质。注意加热时间不宜太长、温度不能过高也不能过低，加热不足破坏不了毒素则蛋白质利用率低，加热过度可导致赖氨酸等必需氨基酸的变性反应，尤其是赖氨酸消化率降低，引起畜禽生产性能下降。

（2）棉籽饼（粕） 棉籽饼（粕）是棉花籽实提取棉籽油后的副产品，粗纤维素含量为 10%～11%，粗蛋白含量较高（一般为 36.3%～47%），是一种重要的蛋白质资源。

棉籽饼（粕）蛋白质组成不太理想，精氨酸含量过高，达 3.6%～3.8%，远高于豆粕，是菜籽饼（粕）的 2 倍，仅次于花生粕，而赖氨酸含量仅 1.3%～1.5%，只有大豆饼粕的一半。蛋氨酸也不足，约 0.4%，同时赖氨酸的利用率较低。维生素含量受热损失较多。矿物质中磷多，但多属植酸磷，利用率低。

棉籽饼（粕）中含有游离棉酚、环丙烯脂肪酸、单宁、植酸等抗营养因子，可对蛋白质、氨基酸和矿物质的有效利用产生严重影响。因此，应采用热处理法、硫酸亚铁法、碱处理、微生物发酵等方法进行脱毒处理。使用棉籽饼（粕）时，需搭配优质粗饲料。

一般牛对棉酚的耐受性较强，但长期过量使用棉籽饼（粕），同样会造成牛中毒。因此，只要不过量或独自饲喂，就不会有毒害作用。犊牛料中棉籽饼（粕）用量可占到精料的15%，肉牛料中通常用量为15%～20%（最高不超过20%），能够和玉米、豆饼、麸皮按一定比例组成配合全价饲料，在充分喂给优质粗饲料的同时，再补充胡萝卜素和钙，其增重效果更好。

（3）菜籽饼（粕）　菜籽饼（粕）是油菜籽经机械压榨或溶剂浸提制油后的残渣。菜籽饼（粕）具有产量高，能量、蛋白质、矿物质含量较高，价格便宜等优点。榨油后饼粕中油脂减少，粗蛋白含量达到37%左右。粗纤维素含量为10%～11%，在饼粕类中是粗纤维含量较高的一种。菜籽饼（粕）中氨基酸含量丰富且均衡，品质接近大豆饼水平。胡萝卜素和维生素D的含量不足，钙、磷含量高，所含磷的65%是利用率低的植酸磷，含硒量在常用植物性饲料中最高，是大豆饼的10倍、鱼粉的一半。

菜籽饼（粕）含毒素较高，主要源于芥子苷（或称含硫苷）（含量一般在6%以上），各种芥子苷在不同条件下水解，生成异硫氰酸酯，严重影响适口性。硫氰酸酯加热转变成氰酸酯，它和噁唑烷硫酮还会导致甲状腺肿大，一般经去毒处理，才能保证饲料安全。去毒方法有多种，主要有加水加热到100～110℃处理1小时；用冷水或温水40℃左右，浸泡2～4天，每天换水1次。

菜籽饼（粕）应限量使用，日喂量1～1.5千克，犊牛和怀孕母牛最好不喂。

（4）花生饼（粕）　花生饼（粕）是花生去壳后花生仁经榨（浸）油后的副产品，其营养价值仅次于豆饼（粕），粗蛋白含量在38%～48%之间，粗纤维含量为4%～7%，花生饼的粗脂肪含量为 4%～7%，而花生粕的粗脂肪含量为 1.4%～7.2%。菜籽饼（粕）中钙少磷多，钙含量为 0.25%～0.27%，磷含量为 0.53%～0.56%，但多以植酸磷的形式存在。

花生饼（粕）含赖氨酸含量为 1.3%～2.0%，蛋氨酸含量为 0.4%～0.5%，色氨酸含量为 0.3%～0.5%，含胡萝卜素和维生素 D 极少。花生饼（粕）本身虽无毒素，但因脂肪含量高，长时间贮存易变质，而且容易感染黄曲霉，产生黄曲霉毒素。黄曲霉毒素毒力强，对热稳定，经过加热也去除不掉，食用能致癌。因此，贮藏时应保持低温干燥的条件，防止发霉。一旦发霉，坚决不能使用。

（5）菜籽饼（粕）　菜籽饼（粕）是油菜籽脱油的副产品，为优良的蛋白质饲料。菜籽饼（粕）含粗蛋白质 35.7%～38.6%，氨基酸组成较平衡，蛋白质容易在瘤胃降解。菜籽饼的粗脂肪含量比菜籽粕高 6%左右，但粗蛋白质含量较菜籽粕低大约 3%。由于菜籽脱油时不能去皮，所以饼（粕）粗纤维含量高，可达 11.4%～11.8%。菜籽饼（粕）钙、磷水平均较高，微量矿物元素中硒和锰的含量较高。

油菜籽实中含有硫葡萄糖苷类化合物，在芥子酶作用下可水解成异硫氰酸酯等有毒物质。菜籽饼（粕）还含有芥子碱、植酸和单宁等有害成分。因此，应限量使用，并且需要进行去毒处理。

（6）向日葵饼（粕）　向日葵饼（粕）是向日葵榨油后的副产品。脱壳的向日葵饼（粕）粗蛋白质含量为 29%～36.5%，氨基酸组成不平衡，与大豆饼（粕）、棉籽饼（粕）、花生饼（粕）相比较，赖氨酸含量低，而蛋氨酸含量较高。向日葵饼（粕）中铜、铁、锰、锌含量都较高。

向日葵饼（粕）中不仅含有难消化的木质素，还含有可抑制胰蛋白酶、淀粉酶、脂肪酶活性的有毒物质绿原酸。向日葵饼（粕）可作为反刍动物的优质蛋白质饲料，适口性好，饲用价值与豆粕相当。

（7）亚麻饼（粕） 亚麻饼（粕）是亚麻籽实脱油后的副产品。亚麻饼（粕）的粗蛋白含量较高，为 35.7%～38.6%，但必需氨基酸含量较低，赖氨酸仅为大豆饼的 1/3～1/2，蛋氨酸和色氨酸则与大豆饼相近。故使用时可与赖氨酸含量高的饲料搭配使用。粗纤维含量高于大豆饼（粕），总可消化养分比大豆饼（粕）低。亚麻饼（粕）中微量元素硒的含量高，为 0.18%。

亚麻饼（粕）适口性好，可作为肉牛的蛋白质补充料，并可作为唯一蛋白质来源，也是很好的硒源。亚麻饼（粕）含有生氰糖苷，可分解生成氢氰酸，引起肉牛中毒。因此，饲喂前先用凉水浸泡，然后再高温蒸煮 1～2 小时。

（8）芝麻饼（粕） 芝麻饼（粕）是芝麻脱油后的副产品，略带苦味。芝麻饼（粕）的粗蛋白质含量为 39.2%，粗脂肪为 10.3%，粗纤维为 7.2%，无氮浸出物为 24.9%，钙为 2.24%，总磷为 1.19%，蛋氨酸含量为 0.82%，赖氨酸为 2.38%。蛋氨酸含量在各种饼（粕）类饲料中最高。因此，使用时可与大豆饼、菜子饼搭配。芝麻饼（粕）是反刍动物良好的蛋白质饲料来源。

（六）矿物质饲料

矿物质饲料在饲料分类系统中属第六大类，包括人工合成的、天然单一的和多种混合的矿物质饲料，以及配合有载体或赋形剂的痕量、微量、常量元素补充料。矿物质元素在各种动植物饲料中都有一定含量，虽多少有差别，但由于动物采食饲料的多样性，可在某种程度上满足对矿物质的需要。但在舍饲条件下或饲养高产动物时，动物对它们的需要量增多，这时就必须在动物饲粮中另行添加所需的矿物质。目前已知畜禽有明确需要的矿物元素有 14 种，其中常量元素 7 种：钙、磷、钠、氯、钾、镁和硫（硫仅对奶牛和绵羊）。饲料中常不足需要补充的有钙、磷、氯、钠 4 种。微量元素 7 种：铁、锌、铜、锰、碘、硒、钴。矿物质过量会造成元素间的拮抗作用，甚至有害。

钙是组成骨骼的一种重要矿物成分，其功能主要包括兴奋肌肉、泌乳等。母牛对钙的吸收受许多因素的影响，如维生素 D 和磷，日粮过多的钙会对其他元素如磷、锰、锌产生拮抗作用。成乳牛应在分娩前 10 天饲喂低钙日粮（40 ～ 50 克 / 日）和产后给予高钙日粮（148 ～ 197 克 / 日）。钙缺乏会导致犊牛佝偻病、成母牛产褥热等。

磷除参与组成骨骼外，还是体内物质代谢必不可少的物质。磷不足可影响生长速度和饲料利用率，出现乏情、产奶量减少等现象，补充磷时应考虑钙、磷比例，通常钙磷比为 (1.5 ～ 2)：1。

钠和氯在维持体液平衡、调节渗透压和酸碱平衡时发挥重要作用。泌乳牛日粮氯化钠需要量约占日粮总干物质的 0.46%，干奶牛日粮氯化钠的需要量约占日粮总干物质的 0.25%，高含量的盐可使奶牛产后乳房水肿加剧。钾是细胞内液的主要阳离子，与钠、氯共同维持细胞内渗透压和酸碱平衡，提高机体的抗应激能力。

硫对瘤胃微生物的功能非常重要，瘤胃微生物可利用无机硫合成氨基酸。当饲喂大量非蛋白氮或玉米青贮时，最可能发生的就是硫的缺乏，硫的需要量为日粮干物质的 0.2%。

碘参与许多物质的代谢过程，对动物健康、生产均有重要影响。日粮碘浓度应达到 0.6 毫克 / 千克（干物质）。同时有研究认为碘可预防牛的腐蹄病。

锰的功能是维持大量的酶的活性，可影响母牛的繁殖。需要量为 40 ～ 60 毫克 / 千克（干物质）。

硒与维生素 E 有协同作用，共同影响繁殖机能，对乳腺炎和乳成分都有影响。在缺硒的日粮中补加维生素 E 和硒可防止胎衣不下。合适添加量为 0.1 ～ 0.3 毫克 / 千克（干物质）。

锌是多种酶系统的激活剂和构成成分。锌的需要量为

30～80毫克/千克（干物质），在日粮中适当补锌，能提高增重、生产性能和饲料消化率，还可以预防蹄病。

在肉牛生产中常用的矿物质饲料有以下几类：

1. 食盐

食盐主要成分是氯化钠，是最常用又经济的钠、氯的补充物。植物性饲料大都含钠和氯的量较少，含钾丰富。为了保持生理上的平衡，对以植物性饲料为主的畜禽，应补饲食盐。食盐除了具有维持体液渗透压和酸碱平衡的作用外，还可刺激唾液分泌提高饲料适口性、增强动物食欲，具有调味剂的作用。

草食家畜需要钠和氯较多，对食盐的耐受量较大，很少有草食家畜食盐中毒的报道。食盐的供给量要根据家畜的种类、体重、生产能力、季节和饲粮组成等来考虑。一般食盐在风干饲粮中的用量为，牛、羊、马等草食家畜约为0.5%～1%，浓缩饲料中可添加1%～3%。当饮水充足时不易中毒。在饮水受到限制或盐碱地区水中含有食盐时，易导致食盐中毒，若水中含有较多的食盐，饲料中可不添加。

饲用食盐一般要求较细的粒度。美国饲料制造者协会（AFMA）建议，应100%通过30目筛。食盐吸湿性强，易结块，可在其中添加流动性好的二氧化硅等防结块剂。

在缺碘地区，为了人类健康现已供给碘盐，在这些地区的家畜同样也缺碘，故给饲食盐时也应采用碘化食盐。如无出售，可以自配，在食盐中混入碘化钾，用量为其中碘的含量达到0.007%为度。配合时，要注意使碘分布均匀，如配合不均，可引起碘中毒。另外碘易挥发，应注意密封保存。若是碘化钾则必须同时添加稳定剂，但碘酸钾（KIO_3）较稳定，可不加稳定剂。

补饲食盐时，除了直接拌在饲料中外，也可以食盐为载体，制成微量元素添加剂预混料。在缺硒、铜、锌地区，也可以分别制成含亚硒酸钠、硫酸铜、硫酸锌或氧化锌的食盐砖、食盐块供放牧家畜舔食，但要注意动物食后要使之充分饮水。由于食盐吸湿性强，在相对湿度75%以上时开始潮解，作为载体的食盐必须保持含水量在0.5%以下，并妥善保管。

2.含钙的矿物质饲料

常用的有石粉、贝壳粉、蛋壳粉等，其主要成分为碳酸钙，这类饲料来源广、价格低。石粉是最廉价的钙源，含钙38%左右。在母牛产犊后，为了防止钙不足，也可以添加乳酸钙。

3.含磷的矿物质饲料

单纯含磷的矿物质饲料并不多，且因其价格昂贵，一般不单独使用。这类饲料有磷酸二氢钠、磷酸氢二钠等。

4.含钙、磷的饲料

常用的有骨粉、磷酸钙、磷酸氢钙等，它们既含钙又含磷，消化利用率相对较高，且价格适中。故在家畜日粮中出现钙和磷同时不足的情况下，多以这类饲料补给。这类饲料来源广、价格低，但动物利用率不高。

5.其他

在某些特殊情况下，氯化钾、硫酸钠等也是可能用到的矿物质饲料。其他微量矿物质饲料通常以预混料的形式补充。

（七）饲料添加剂

为补充营养物质、提高生产性能和饲料利用率、改善饲料品质、促进生长繁殖、保障肉牛健康而掺入饲料中的少量或微量营养性或非营养性物质，称饲料添加剂。

肉牛常用的饲料添加剂主要有维生素添加剂、微量元素添加剂、氨基酸添加剂、瘤胃缓冲剂、调控剂、酶制剂、活性菌（益生素）制剂、防霉剂、抗氧化剂和非蛋白氮等。

1. 维生素添加剂

维生素添加剂对牛的健康、生长、繁殖及泌乳等都起重要作用，如维生素 A、维生素 D、维生素 E、烟酸等。农村粗饲料以秸秆为主的地区，维生素 A 含量普遍不足，这不仅影响了正常繁殖，而且犊牛先天性双目失明者日渐增多，因此，应补喂青绿多汁饲料或维生素 A。补喂维生素 A 每 100 千克体重按 7480 国际单位或胡萝卜素不低于 18 ～ 19 毫克计。

2. 微量元素（占体重 0.01%以下的元素）添加剂

用微量元素添加剂（如铁、铜、锌、锰、钴、硒、碘等）平衡日粮，可明显地提高肉牛生产水平。泌乳盛期母牛每天补喂碘化钾 15 毫克即可满足需要。日粮中加入 5%海带粉，产奶量可提高 1%左右，且可提高母牛的发情率和受胎率。

3. 氨基酸添加剂

氨基酸是构成蛋白质的基本单位，蛋白质营养的实质是氨基酸营养。氨基酸营养的核心是氨基酸之间的平衡。天然饲料的氨基酸平衡很差，氨基酸含量差异也很大，各不相同。由不同种类、不同配比天然饲料构成的全价配合饲料，虽然尽量根据氨基酸平衡的原则配合，但是它们的各种氨基酸含量和氨基酸之间的比例仍然是变化多端、各式各样的。因此，需要氨基酸添加剂来平衡或补足以达到某种特定生产目的所要求的量。

4. 瘤胃缓冲、调控剂

添加缓冲剂的目的是为改善瘤胃内环境，有利于微生物的生长繁殖，如碳酸氢钠、脲酶抑制剂等。农村养肉牛，为追求高产普遍加大精料喂量，导致肉牛瘤胃内酸性过度，瘤胃内微生物活动受到抑制，并患有多种疾病。据试验，日粮中精饲料占 60%，粗饲料占 40%，添加 1.5% 碳酸氢钠（小苏打）和 0.8% 的氧化镁混合喂母牛，每头日产奶量提高 3.8 千克。

5. 酶制剂

酶是活体细胞产生的具有特殊催化能力的蛋白质，是一种生物催化剂，对饲料养分消化起重要作用。可促进蛋白质、脂肪、淀粉和纤维素的水解，提高饲料利用率，促进动物生长，如淀粉酶、蛋白酶、脂肪酶、纤维素分解酶等。

6. 活性菌（益生素）制剂

活性菌制剂具有维持肠道菌群平衡、抗感染和提高免疫力、防治腹泻、提高饲料转化率、促进生长、消除环境恶臭、改善环境卫生的作用，常用的有乳酸菌、曲霉菌、酵母制剂等。

7. 饲料用防霉剂

饲料用防霉剂是指能降低饲料中微生物的数量、控制微生物的代谢和生长、抑制霉菌毒素的产生，预防饲料贮存期营养成分的损失，防止饲料发霉变质并延长贮存时间的饲料添加剂。

8. 抗氧化剂

高能饲料中的油脂或饲料中所含有的脂溶性维生素、胡萝卜素及类胡萝卜素等物质在存放过程中，与空气中的氧接触，易发生严重的自发氧化酸败，被氧化的这些成分之间还会相互作用，进一步导致多种成分的自动氧化，破坏脂溶性维生素及叶黄素，产生有毒物质醛和酮等，产生蛤喇味、褪色、褐变，轻则导致饲料品质下降，适口性变差，引起动物采食量下降、腹泻、肝肿大等危害，影响动物生长发育，重则造成中毒甚至死亡事故。抗氧化剂可延缓或防止饲料中物质的这种自动氧化作用，因此在饲料中添加抗氧化剂是必不可少的。常用的抗氧化剂有可减少苜蓿草粉胡萝卜素的损失的乙氧喹（山道喹），油脂抗氧化剂的二丁基羟基甲苯（BHT）和丁羟基茴香醚（BHA）。

9. 非蛋白氮

非蛋白氮（NPN）是指非蛋白质结构的含氮化合物，主要包括酰胺、氨基酸、铵盐、生物碱及配糖体等含氮化合物（氨化物）。非蛋白氮在反刍家畜饲养中的利用已有几十年的历史。利用较广泛的是尿素，其他如双缩脲、三缩脲等虽可溶性和分解比例比尿素低，毒性也比尿素弱，但价格比尿素高，故生产中应用不多。

10. 舔砖

舔砖是将牛羊所需的营养物质经科学配方加工成块状、供牛羊舔食的一种饲料，其形状不一，有的呈圆柱形，有的呈长方形不等。也称块状复合添加剂，通常简称"舔块"或"舔砖"。

舔砖完全是根据反刍动物喜爱舔食的习性而设计生产的，并在其中添加了反刍动物日常所需的矿物质元素、维生素、非蛋白氮、可溶性糖等易缺乏养分，能够对人工饲养的牛、羊等经济动物补充日粮中各种微量元素的不足，从而预防反刍动物异嗜癖、母牛乳腺炎、蹄病、胎衣不下等现象发生。随着我国养殖业的发展，舔砖也成了大多数集约化养殖场中必备的高效添加剂，享有牛、羊"保健品"的美誉。

在我国，舔砖的生产处于初始阶段，技术落后，没有统一的标准。舔砖的种类很多，叫法各异，一般根据舔砖所含成分占其比例的多少来命名。舔砖以矿物质元素为主的叫复合矿物舔砖，以尿素为主的叫尿素营养舔砖，以糖蜜为主的叫糖蜜营养舔砖，以糖蜜和尿素为主的叫糖蜜尿素营养舔砖。在我国现有的营养舔砖中，大多含有尿素、糖蜜、矿物质元素等成分，一般叫复合营养舔砖。

舔砖的生产方法是：配料、搅拌、压制成型、自然晾干后，包装为成品。配料由食盐、天然矿物质舔砖添加剂和水组成，天然矿物质舔砖含有钙、磷、钠和氯等常量元素以及铁、铜、锰、锌、硒等微量元素，能维持牛羊等反刍家畜机体的电解质平衡，防治家畜矿物质营养缺乏症，如异嗜癖、白肌病、高产牛产后瘫痪、幼畜佝偻病、营养性贫血等，提高采食量和饲料利用率。可吊挂或放置在牛羊等反刍家畜的食槽、水槽上方或牛羊等反刍家畜休息的地方，供其自由舔食。

需注意的几个问题：

（1）舔砖的硬度必须适中，使牛舔食量一定要在安全有效范围内。若舔食量过大，就需增大黏合剂（水泥）比例；若舔食量过小，就需增加填充物（糠麸类）并减少黏合剂的用量。

（2）每日舔食量的标准，要根据原料配方比例和原料的不同而有差异，主要以牛羊舔食入尿素量为标准，如成年牛每日进食尿素量为 80～110 克，青年牛 70～90 克。

（3）使用舔砖初期，要在砖上撒施少量食盐粉、玉米面或糠麸类，诱其舔食。一般要经过 5 天左右的训练，牛就会习惯自由舔食了。

（4）注意舔砖清洁，防止沾染粪便。下雪后扫除积雪，防止舔砖破碎成小块，避免牛一次食用量过多。

三、肉牛饲料配制的基本原则

　　肉牛日（饲）粮配合的合理与否，关系到牛健康和生产性能的发挥。还涉及饲料资源的合理利用，并且直接影响养肉牛的经济效益。

（一）满足营养需要

　　日粮配合必须以肉牛饲养标准为基础，处于不同生理阶段和不同生产性能的肉牛对营养物质的需要也不同，所配制的日粮既要满足肉牛的各种营养需要，又要注意各营养物质之间的合理比例。在生产实践中，牛所处环境千变万化，应针对各具体条件（如环境温度、饲养方式、饲料品质、加工条件等）对饲料配方加以调整，并在饲养实践中进行验证。

（二）营养平衡

　　配合牛日粮时，除应注意保持能量与蛋白，以及矿物质和维生素等营养平衡外，还应注意非结构性碳水化合物与中性洗涤纤维的平衡，以保证瘤胃的正常生理功能和代谢。

（三）多样化

在满足营养需要的前提下，配合日粮所使用的饲料种类应尽可能多样化，以提高营养的互补性和适口性，降低单一饲料中可能存在的有害物质的影响，提高饲料的利用率。饲草一定要有两种或两种以上，精料 3～5 种，使营养成分全面，且改善日粮的适口性和保持肉牛旺盛的食欲。

（四）优化饲料组合

在配合日粮时，应尽可能选用具有正组合效应的饲料搭配，减少或避免负组合效应，以提高饲料的可利用性。在满足营养需要的前提下尽量提高粗饲料在日粮中的比例。一般情况下日粮的精粗比不能低于 60∶40，日粮的粗纤维含量不低于 18％。牛常用饲料在精料中的最大用量一般为：米糠、麸皮 25％，谷实类 75％，饼、粕类 35％，甜菜渣 25％，尿素 1.5％～2％。

（五）体积适当

日粮的体积要符合肉牛消化道的容量。体积过大，牛因不能按定量食尽全部日粮，影响营养的摄入；体积过小，牛虽按定量食尽全部日粮，但因不能饱腹而经常处于不安状态，从而影响生长发育和生产性能的发挥。

（六）适口性

饲料的适口性直接影响采食量。日粮所选用的原料要有较好的适口性，肉牛爱吃，采食量大，才能生长快。通常影响混合饲料适口性的因素有：味道（例如甜味、某些芳香物质、谷氨酸钠等可提高饲料的适口性）、粒度（过细不好）、矿物质或粗纤维的多少。应选择适口性好、无异味的饲料。若采用营养价值虽高，但适口性差的饲料须限制其用量。如菜粕（饼）、棉粕（饼）、芝麻饼、葵花粕（饼）等，特别是为幼龄动物和妊娠动物设计饲料配方时更应注意。对味差的饲料也可采用适当搭配适口性好的饲料或加入调味剂以提高其适口性，促使动物增加采食量。饲料搭配必须有利于适口性的改善和消化率的提高，如酸性饲料（青贮、糟渣等）与碱性饲料（碱化或氨化秸秆等）搭配。

（七）对产品无不良影响

有些饲料对牛奶的味道、品质有不良影响，如葱、蒜类等应禁止配合到日粮中去。

（八）经济性

原料的选择必须考虑经济原则，即尽量因地制宜和因时制宜地选用原料，充分利用当地饲料资源。并注意同样的饲料原料比价值，同样的价格条件下比原料的质量，以便最大限度地控制饲用原料的成本，提高经济效益。

（九）保证安全卫生

配合饲料所用的原料及添加剂必须安全、卫生，其品质等级要符合国家标准，绝对不能应用发霉变质饲料，也不能使用含有大量有毒有害物质的饲料，对于那些对牛有一定不良影响的饲料应限制用量。饲料原料具有该品种应有的色、嗅、味和形态特征，无发霉、变质、结块及异嗅、异味。有毒有害物质及微生物允许量应符合 GB 13078—2017 的规定。不应在肉牛饲料中使用动物源性饲料和各种抗生素滤渣。棉籽饼、菜籽饼必须经过脱毒处理后才可以饲喂，且要限制饲喂量；保证饲料中无铁钉、铁丝等金属杂物，作物秸秆上的地膜要摘除干净，秸秆下部粗硬的部分和根须要尽量切掉不用；阴雨天气尽量将粗料切细。

（十）日粮成分应保持相对稳定

饲料的组成应相对稳定，如果必须改变饲料种类时，应逐步更换，突然改变日粮构成，会导致肉牛的消化系统疾病，影响瘤胃发酵，降低饲料消化率，引起消化不良或下痢等疾病，甚至影响肉牛的生产性能。

四、配制饲料时应注意的事项

（一）做到饲料原料的最佳组合

饲料配合不能仅根据饲养标准将饲料简单地按算术方式凑合，而应该是最基本的营养物质的组合，并要考虑这些饲料的生物学价值与其饲养特性。当饲料的营养物质组成接近于动物体组织或产品的组成时，其营养价值也就越高。在配合饲料时要考虑各种饲料的合理搭配，使其在营养上发挥生物学的互补作用。从本地实际出发，尽可能选用适口性好的饲料，并要考虑饲料的调养性，即饲料在肉牛的消化道内易于拌和、推进和消化，并使粪便畅通等特性。另外，配合饲料的容积要适当，利于肉牛采食和消化。

（二）注意饲料的含水量

同一种饲料，由于含水量不同，其营养价值相差很多。因此，在配制日粮时要特别注意各种饲料含水量的变化。

（三）注意原料质量

选择原料时一定要严把质量关，尽量选用新鲜、无毒、无霉变、无怪味、适口性好、含水量适宜、效价高、价格低的饲料，严防在饲料原料中掺杂使假，以劣充优；原料要贮藏在通风、干燥的地方，时间也不能过长，防止霉变。

（四）准确称量、搅拌均匀

按配方配制饲料吋，各种原料要称量准确，搅拌均匀，应采取逐级混合搅拌的办法。先加入复合微量元素添加剂，维生素次之，氯化胆碱应现拌现喂。各种微量成分要进行预扩散，即先少量拌匀，再扩散到全部饲料中去。

（五）注意各种饲料之间的相互关系

要注意各种饲料之间的相互关系。饲料之间除在营养上的互补作用外，还有相互制约的作用。在肉牛日粮中必须高度重视精粗比例，在适当搭配精料的同时还应供给较大量的青粗料才能满足其消化的需要。

（六）综合考虑各种影响因素

饲料配合时还应考虑室温、室内相对湿度、光照、通风，室内有害气体及饲料本身所遭受到的环境影响和有害因素的污染。这些均会直接影响饲料的质量与肉牛对饲料的采食量，从而影响饲料的利用效率。在环境因素中特别要考虑的是温度，因为高温影响肉牛的采食量，故高温时应提高饲料营养物质浓度及适口性和调养性。

五、饲料的加工与饲喂

（一）肉牛全混合日粮（TMR）调制饲喂技术

全混合日粮（Total Mixed Ration），英文缩写为 TMR。TMR 是根据牛在不同生长发育和泌乳阶段的营养需要，按营养专家设计的日粮配方，用特制的搅拌机对日粮各组分进行搅拌、切割、混合和饲喂的一种先进的饲养工艺。全混合日粮保证了肉牛所采食的每一口饲料都具有均衡的营养。全混合日粮可增加肉牛采食量，有效降低消化系统疾病，提高饲料转化率和肉牛日增重。试验结果表明：饲喂全混合日粮的育肥期牛，平均日增重提高11.4%。

1. 全混合日粮配方设计及原料选择

根据养殖场饲草资源和肉牛年龄、体重，设计日粮配方，原料种类可以多种多样。

2. 原料要求

饲料原料应保证优质、营养丰富、多样化，准确称量各种饲料原料，按日粮配方进行加工制作，控制日粮适宜的含水量。

3. 全混合日粮加工过程中原料添加顺序和搅拌时间

① 基本原则：遵循先干后湿，先长后短，先精后粗，先轻后重的原则。

② 添加顺序：精料 - 干草 - 粗饲料 - 青贮饲料 - 湿酒糟类等。

③ 如果是立式饲料搅拌车，应将精料和干草添加顺序颠倒。

④ 一般情况下，最后一种饲料加入后搅拌5～8分钟即可，一个工作循环总用时约在25～40分钟。掌握适宜搅拌时间的原则是确保搅拌后全混合日粮中至少有20%的粗饲料长度大于3.5厘米。

⑤ 全混合日粮人工加工制作。先将配制好的精饲料与定量的粗饲料（干草应铡短至2～3厘米）经过人工方法多次掺拌，至混合均匀。加工过程中，应视粗饲料的水分多少加入适量的水（最佳水分含量范围为35%～45%）。

在加工全混合日粮饲料时，家庭农场可根据场地堆放等情况，形成一套相对固定的加料顺序，目的是尽量保证理想的均匀混合和颗粒分布。

4. 全混合日粮的水分要求

牛对全混合日粮的干湿度非常敏感，只要超出适宜的干物质水平，牛就会出现挑食、厌食及不食的现象。另外，若全混合日粮太干，会造成精粗料混合不均匀，导致挑食及影响采食进度，进而使产奶量受到影响；若全混合日粮太湿，会出现日粮黏结现象，导致营养不均衡及干物质采食量（DMI）降低。由于水分较多，还会造成肉牛唾液分泌减少（因为唾液中含有一定量弱碱性的碳酸氢钠，通过吞咽进入瘤胃，起到调节瘤胃酸碱平衡的作用），持续一段时间会使牛瘤胃酸度升高，增加了瘤胃酸中毒发生的概率，从而给牛自身健康带来风险。

5. 使用全混合日粮饲料搅拌车应注意的事项

① 根据搅拌车的说明，掌握适宜的搅拌量，避免过多装载，影响搅拌效果。通常装载量占总容积的70%～80%为宜。

② 严格按日粮配方，保证各组分精确给量，定期校正计量控制器。

③ 根据青贮及粗饲料等的含水量，掌握控制全混合日粮水分。

④ 添加过程中，防止铁器、石块、包装绳等杂质混入搅拌车，造成车辆损伤。

6. 全混合日粮搅拌效果的好坏判断

从感官上，搅拌效果好的全混合日粮表现在：精粗饲料混合均匀，松散不分离，色泽均匀，新鲜不发热、无异味、不结块，水分最佳含量范围为35%～45%。

7. 全混合日粮的质量检测

要对每批次新进的原料予以现场检查，感官评估其质量，然后要采取适当样品送往化验室检测营养成分，重点检测干物质、蛋白质、能量、中性洗涤纤维（NDF）与酸性洗涤纤维（ADF）等常规指标，对霉菌指标也要予以检测，以确保原料无霉变。检测常可以通过以下三种方法：直接检查日粮、宾州筛过滤法和观察肉牛反刍。运用以上方法，坚持估测日粮中饲料粒度大小，保证日粮制作的稳定性，对改进饲养管理、提高肉牛健康状况、促进高产十分重要。

（1）直接检查日粮　随机从牛全混日粮中取出一些，用手捧起，再用眼观察，估测其总重量及不同粒度的比例。一般推荐可测得3.5厘米以上的粗饲料部分超过日粮总重量的15%为宜。有经验的牛场管理者通常采用该评定方法，同时结合牛只反刍及粪便观察，从而达到调控日粮适宜粒度的目的。

（2）宾州筛过滤法　美国宾夕法尼亚州立大学的研究者发明了一种简便、可在牛场用来估计日粮组分粒度大小的专用筛。这一专用筛由两个叠加式的筛子和底盘组成。上面的筛子的孔径是1.9厘米，下面的筛子的孔径是0.79厘米，最下面是底盘。这两层筛子不是用细铁丝，而是用粗糙的塑料做成，这样，使长的颗粒不至于斜着滑过筛孔。具体使用步骤：肉牛未采食前从日粮中随机取样，放在上部的筛子上，然后水平摇动两分钟，直到只有长的颗粒留在上面的筛子上，再也没有颗粒通过筛子。这样，日粮被筛分成粗、中、细三部分，分别对这三部分称重，计算它们在日粮中所占的比例。

另外，这种专用筛可用来检查搅拌设备运转是否正常，搅拌时间、上料次序等操作是否科学等问题，从而制定正确的全混合日粮调制程序。

养肉牛家庭农场致富指南

宾州筛过滤是一种数量化的评价法，但是到底各层应该保持什么比例比较适宜，与日粮组分、精饲料种类、加工方法、饲养管理条件等有直接关系。

（3）观察肉牛反刍　牛每天累计反刍大约 7～9 个小时，充足的反刍可保证牛瘤胃健康。粗饲料的品质与适宜切割长度对牛瘤胃健康至关重要，劣质粗饲料是牛干物质采食量的第一限制因素。同时，青贮或干草过长，会影响肉牛采食，造成饲喂过程中的浪费；切割过短、过细又会影响牛的正常反刍，使瘤胃 pH 值降低，出现一系列代谢疾病。观察肉牛反刍是间接评价日粮制作粒度的有效方法。记住有一点非常重要，那就是随时观察牛群时至少应有 50%～60% 的牛正在反刍。

（4）粪便筛检测　全混合日粮制作的好坏评价最主要的是被牛采食后的原料消化情况及对瘤胃功能的影响，换句话说，是全混合日粮的可利用程度。可以用专用的检测粪便工具（粪便分级筛）来检测全混合日粮消化情况及肉牛瘤胃功能。

（5）全混合日粮投喂方法　全混合日粮可使用移动式或固定式全混合日粮搅拌车投喂。移动式全混合日粮搅拌车有牵引式和自走式两种，可实现边行走边投喂。使用固定式全混合日粮搅拌车投喂的，要先用全混合日粮设备将各种原料混合好，再用农用车转运至牛舍饲喂，但应尽量减少转运次数。

饲喂时间：每日投料两次，可按照日饲喂量的 50% 分早、晚投喂，也可按照早 60%、晚 40% 的比例投喂。

8. 饲喂管理

牛舍建设应适合全混合车设计参数要求，根据牛不同生产目的、年龄、体重进行合理分群饲养。

混合好的饲料应保持新鲜，发热发霉的剩料应及时清出，并给予补饲；牛采食完饲料后，应及时将食槽清理干净，并给予充足、清洁的饮水。

> **小贴士：**
>
> 全混合日粮质量控制应特别注意做到各种原料的精准计量、混合机一次加料不要太满、控制好混合时间和饲料装入顺序等。
>
> 让人想不到的是，决定全混合日粮饲料的最终质量，很大程度上取决于饲料设备操作人员的责任心和技能。这一点应引起足够重视！

（二）全株玉米青贮加工利用技术

全株玉米青贮饲料是将适时收获的专用（兼用）青贮玉米整株切短装入青贮池中，在密封条件下厌氧发酵，制成的一种营养丰富、柔软多汁、气味酸香、适口性好、可长期保存的优质青绿饲料。全株玉米青贮因营养价值、生物产量等较高，得到国内外广泛的重视，畜牧业发达国家已有 100 多年的应用历史。

1. 技术要点

（1）青贮窖（池）建设　青贮窖应建在地势较高、地下水位低、排水条件好、靠近畜舍的地方，主要采用地下式、半地下式和地上式 3 种方式。青贮窖地面和围墙用混凝土浇筑，墙厚 40 厘米以上，地面厚 10 厘米以上。容积大小应根据饲养数量确定，成年牛每头需 6 ～ 8 立方米。形状以长方形为宜，高2 ～ 3 米，窖（池）宽小型 3 米左右、中型 3 ～ 8 米、大型 8 ～ 15

米，长度一般不小于宽度的 2 倍。

（2）适时收割　全株玉米在玉米籽实乳熟后期至蜡熟期（整株下部有 4 ～ 5 个叶片变成棕色）时刈割最佳。此时收获，干物质含量 30％～ 35％，可消化养分总量较高，效果最好。青贮玉米收获过早，原料含水量过高，籽粒淀粉含量少，糖分浓度低，青贮时易酸败（发臭发黏）。收获过晚，虽然淀粉含量增加，但纤维化程度高，消化率低，且装窖时不易压实，影响青贮质量。

（3）切碎　青贮玉米要及时收运、铡短、装窖，不宜晾晒、堆放过久，以免原料水分蒸发和营养损失。一般采用机械切碎至 1 ～ 2 厘米，不宜过长。

（4）装填、压实　每装填 30 ～ 50 厘米厚压实一次，排出空气，为青贮原料创造厌氧发酵条件。一般用四轮、链轨拖拉机或装载机来回碾压，边缘部分若机械碾压不到，应人工用脚踩实。青贮原料装填越紧实，空气排出越彻底，质量越好。如果不能一次装满，应立即在原料上盖上塑料薄膜，第二天再继续工作。

（5）密封　青贮原料装填完后，要立即密封。一般应将原料装填至高出窖面 50 厘米左右，窖顶呈馒头形或屋脊形，用塑料薄膜盖严后，用土覆盖 30 ～ 50 厘米（也可采用轮胎压实）。覆土时要从一端开始，逐渐压到另一端，以排出窖内空气。青贮窖封闭后要确保不漏气、不漏水。如果不及时封窖，会降低青贮饲料品质。

（6）管护　青贮窖封严后，在四周约 1 米处挖排水沟，以防雨水渗入。多雨地区，可在青贮窖上面搭棚。要经常检查，发现窖顶有破损时，应及时密封压实。青贮窖应严防鼠害，以避免把一些疾病传染给牛。

（7）开窖取料　青贮玉米一般贮存 40 ～ 50 天后可开窖取用。取料时用多少取多少，应从一端开启，由上到下垂直切取，不可全面打开或掏洞取料，尽量减小取料横截面，取料后要将窖内的青贮饲料重新踩实，并立即盖好。如果中途停喂，间隔较长，必须按原来封窖方法将青贮窖封严。

每天上、下午各取 1 次为宜，每次取用青贮饲料的厚度应不少于 10 厘米，保证青贮饲料新鲜，适口性好，营养损失降到最低，达到饲喂青贮饲料的最佳效果。取出的青贮饲料不能暴露在日光下，也不要散堆、散放，最好用袋装，放置在牛舍内阴凉处。注意冰冻青贮饲料不能饲喂牛，否则易引起孕牛流产。

（8）含水量判断　全株青贮适宜的含水量为 65%～70%。检测时用手紧握青贮料不出水，放开手后能够松散开来，结构松软，不形成块，握过青贮料后手上潮湿但不会有水珠。湿度不足可加适量的水，或与多水分青贮原料混贮，如甜菜叶、甜菜渣等。湿度过大，可将玉米秸秆适当晾晒或加入一些粉碎的干料，如麸皮、干草粉等。

（9）品质鉴定　上等青贮玉米秸秆呈绿色或黄绿色，有浓郁酒香味，质地柔软，疏松稍湿润，pH 值为 4～4.5。中等青贮玉米秸秆呈黄褐色或暗褐色，稍有酒味，柔软稍干。劣质青贮玉米秸秆呈黑褐色，干松散或黏结成块，有臭味，pH 值大于 5。

（10）饲喂　全株玉米青贮是优质多汁饲料，饲喂时应与其他饲草料搭配。经过短期适应后，肉牛一般均喜欢采食。成年牛每天可饲喂 5～10 千克，同时饲喂干草 2～3 千克。犊牛 6 月龄以后开始饲喂。饲喂时，初期应少喂一些，以后逐渐增加到足量，让牛有一个适应过程。切不可一次性足量饲喂，造成牛瘤胃内的青贮饲料过多、酸度过高，以致影响奶牛的正常采食。喂青贮饲料时牛瘤胃内的 pH 值降低，容易引起酸中毒，可在精饲料中添加 1.5% 的小苏打，这样可促进胃的蠕动，中和瘤胃内的酸性物质，增加采食量，提高消化率，促进生长。每次饲喂的青贮饲料应和干草搅拌均匀后，再饲喂给牛，避免牛挑食。有条件的养牛户，可将精饲料、青贮饲料和干草进行充分搅拌，制成全混合日粮饲喂，效果会更好。

青贮饲料或其它粗饲料，每天最好饲喂 3 次或 4 次，增加牛反刍的次数，促进微生物对饲料的消化利用。农村有很多养牛户，每天只饲喂两次，这是极不科学的。一是增加了牛瘤胃的负担，影响牛正常反刍的次数和时间，降低了饲料的转化率，长期下去易引起牛前胃的疾病。二是影响牛的消化率，若是奶牛会造成产奶量和乳脂率下降。

在饲喂过程中如发现牛有腹泻现象，应立即减量或停喂，检查青贮饲料中是否混进霉变物质或因其它疾病原因造成牛腹泻，待牛恢复正常后再继续饲喂。每天要及时清理饲槽，尤其是死角部位，把已变质的青贮饲料清理干净，再添加新鲜的青贮饲料。

2. 特点

（1）全株青贮玉米具有生物产量高、营养丰富、饲用价值高等优点，已成为畜牧业发达地区肉牛生产最重要的饲料来源。

（2）在密封厌氧环境下，可有效保存玉米籽实和茎叶营养物质，减少营养成分（维生素）的损失。同时，由于微生物发酵作用，产生大量乳酸和芳香物质，适口性好，采食量和消化利用率高。

（3）保存期长（2 ～ 3 年或更长），可解决冬季青饲料不足问题，实现青绿多汁饲料全年均衡供应。

3. 成效

全株青贮玉米采用密植方式，每亩 6000 ～ 8000 株，生物产量可达 5 ～ 8 吨，刈割期比籽实玉米提前 15 ～ 20 天，茎叶仍保持青绿多汁，适口性好、消化率高，收益比种植籽实玉米高 400 元以上。制作时秸秆和籽粒同时青贮，营养价值提高。

孙金艳等专家开展的"玉米全株青贮对肉牛增重效果研究"结果表明：育肥肉牛饲喂"混合精料＋青贮玉米＋干秸秆"日粮与饲喂"混合精料＋玉米秸秆"日粮相比，平均日增重提高0.383千克，经济效益提高56.65％。

（三）秸秆黄贮技术

农作物秸秆经过微生物发酵处理后，提高了饲料的转化效率，并将其贮存在一定设施内的技术称为秸秆微生物发酵贮存技术，简称黄贮或微贮技术。黄贮饲料的发酵过程是利用高活性微生物复合菌剂，在厌氧和一定温湿度及营养水平的条件下，进行秸秆难利用成分的降解和物质转化，从而提高农作物秸秆的营养价值。实践表明，3千克黄贮玉米秸秆与1千克玉米的营养价值相当。秸秆经过黄贮，可以改善秸秆的适口性，提高秸秆的营养价值和消化率，是肉牛的优质粗饲料。黄贮饲料主要用来饲喂牛、羊等反刍家畜。

秸秆黄贮主要包括秸秆铡短、入窖、封窖、发酵、出窖饲喂等过程。

1. 黄贮前的准备

黄贮的主要原料是玉米秸秆，还有乳酸发酵剂和尿素。黄贮的设备有黄贮窖或黄贮壕、拖拉机、切碎机、塑料薄膜、水管等。使用过的贮窖、贮壕要提前进行彻底清理，将杂物、污水和剩余的黄贮料彻底清除，晒干后再进行贮料。没有建设黄贮窖的可以人工挖掘土窖，宽度6～8米为宜，长度根据黄贮量而定，铺上塑料布即可进行黄贮。

2. 黄贮时机及原料要求

用于黄贮的秸秆以玉米秸秆为最多。一般要求玉米籽实成熟后尽早进行收获，并立即将秸秆进行黄贮。北方地区一般在10月初贮完。玉米秸秆应边收边贮，尽量避免暴晒和减少堆积发热，保证新鲜。尽量不要在雨天进行收割、运输和贮存，以减少泥土的污染。

3. 玉米秸秆的切碎

玉米秸秆黄贮前必须切碎，一般以长 1 ～ 2 厘米为宜。切碎的目的是使玉米秸秆的汁液渗出，湿润表面，以利乳酸菌迅速发酵，也便于压实，提高贮量。

4. 玉米秸秆的装填

为了及时将玉米秸秆进行黄贮，除用联合收割机收割外，切碎机应设置在贮料窖或贮壕的附近，尽量避免秸秆暴晒。贮窖或贮壕内应由专人或设备将原料摊平。当切碎的玉米秸秆装填至距窖或壕口 40 ～ 50 厘米时，紧贴窖或壕壁围上一圈塑料薄膜，剩余的薄膜待密封时用。贮料要高出窖或壕口 50 厘米。装填的期限不能过长，最好在短时间内装填完并密封。玉米秸秆装填的时间一般在 3 天左右，最好不超过 7 天。为了提高玉米秸秆黄贮的质量，如贮料过干、含糖量较低，可逐层添加 0.5% ～ 1% 玉米面或麸皮，为乳酸菌发酵提供充足的糖原；或添加乳酸发酵剂，1 吨贮料中添加乳酸培养物 450 克或纯乳酸菌剂 1 克，可促进乳酸菌的大量繁殖，添加乳酸菌时贮窖或贮壕的边角需多洒些乳酸菌培养物或纯乳酸菌剂；或按每吨黄贮原料添加 25% 氨水 7 ～ 8 升；或按每吨黄贮原料添加尿素 3 ～ 5 千克，添加尿素可提高黄贮玉米秸秆的蛋白质含量；也可每吨贮料中添加量 3.6 千克甲醛，甲醛有抑制贮料发霉和改善贮料风味等作用。黄贮饲料还以可添加适量的食盐。

5. 补加水分

玉米秸秆黄贮成败的关键在于加水。如果玉米秸秆含水量较高，在装窖或壕的前段时间可不加水，装填到距窖口50～70厘米处开始加少量水。如果玉米秸秆不太干，其所需补加的水量较少，应在贮料装填到一半左右时开始逐渐加水。如果玉米秸秆十分干燥，在贮料厚达50厘米时就应逐渐加水。加水要先少后多、边装边加边压实，加水量要根据原料实际水分含量而定，以贮料的总含水量达65%～75%为宜。感官判定以贮料手握成团有水渗出，但指缝内不滴水，松开手后慢慢散开为宜。

6. 贮料要压实

贮料在窖或壕内要装匀和压实，压得越实越好。特别要注意靠近窖壁和拐角的地方不能留有空隙。小型贮窖或贮壕可用人力踩踏压实，大型贮窖和贮壕宜用履带式拖拉机压实，注意不要让拖拉机将泥土、油污、金属等污染物带进贮料当中。在用拖拉机进行压实时，仍需人工踩实拖拉机压不到的边角等处。贮料是否压实，主要取决于贮料的长短、含水量和压实的方法。将原料压实的目的在于最大限度地排出空气，使之处于缺氧状态，为乳酸菌的繁殖提供有利的条件，并把原料中的汁液挤压出来，为乳酸菌的繁殖提供养分。此外，压实贮料还可有效利用贮窖或贮壕，提高贮存量。

7. 贮窖或贮壕的密封和覆盖

贮窖或贮壕装满后，必须马上进行密封和覆盖。一般应将原料装至高出窖面30厘米左右，可先盖上一层细软的青草，然后将围在窖或壕四周余下的塑料膜铺盖在贮料上面，再盖上一层塑料薄膜，并用泥土压在贮窖或贮壕的四周，上面再覆盖一层厚30～50厘米的泥土。做到不漏气、不漏水。贮窖或贮壕的顶部必须高出窖或壕的边缘，并呈圆形，以防雨水流入窖或壕内，引起贮料发霉变质。

8. 管护

贮窖贮好封严后，在四周约 1 米处挖沟排水，以防雨水渗入。多雨地区，应在黄贮窖上面搭棚，随时注意检查，发现窖顶有裂缝时，应及时覆土压实。

9. 开窖

黄贮玉米、高粱等禾本科牧草一般 30 ～ 40 天可开窖取用；豆科牧草一般在 2 ～ 3 个月开窖取用。

10. 取料与饲喂

开窖取料时应从一头开挖，由上到下分层垂直切取，不可全面打开或掏洞取料，尽量减小取料横截面。当天用多少取多少，取后立即盖好。取料后，如果中途停喂，间隔较长，必须按原来封窖方法将青贮窖盖好封严，保证黄贮窖不透气和不漏水。

黄贮饲料是优质多汁饲料，开始饲喂家畜时最初少喂，逐步增多，然后再喂草料，使其逐渐适应。秸秆黄贮过程中若在原料中添加了食盐，饲喂牛时应注意从日粮中扣除相应部分食盐的含量。

（四）秸秆氨化处理的技术要点

秸秆氨化就是利用液氨、尿素、碳铵、氨水和人畜尿等含氮物质对秸秆进行氨化处理，破坏连接秸秆木质素与多糖之间的酯键，提高秸秆的消化率。同时，氨是一种碱性物质，可使秸秆的木质化纤维膨胀，提高渗透性，使消化酶更易与之接触，提高秸秆的营养价值。

1. 操作方法

处理方法主要有堆垛法，窖、池容器氨化法和塑料袋氨化法等三种。用作氨化处理秸秆的氨源物质常用的是尿素。

（1）堆垛法　堆垛法是指在平地上，将秸秆堆成长方形垛，用塑料薄膜覆盖，注入氨源进行氨化的方法。其优点是不需建造基本设施、投资较少、适于大量制作、堆放与取用方便，适于夏季气温较高的季节采用。主要缺点是塑料薄膜容易破损，使氨气逸出，影响氨化效果。秸秆堆垛氨化的地址，要选地势高燥、平整，排水良好，雨季不积水，地方较宽敞且距畜舍较近处，有围墙或围栏保护，能防止牲畜危害。麦秸和稻草是比较柔软的秸秆，可以铡成 2～3 厘米，也可以整秸堆垛。但玉米秸秆高大、粗硬，体积太大，不易压实，应铡成 1 厘米左右碎秸。边堆垛边调整秸秆含水量。如用液氨作氨源，含水量可调整到 20％左右；若用尿素、碳酸铵作氨源，含水量应调整到 40％～50％。水与秸秆要搅拌均匀，堆垛法适宜用液氨作氨源。

（2）窖、池容器氨化法　建造永久性的氨化窖、池，可以与青贮饲料池换使用，即夏、秋季氨化，冬、春季青贮。也可以 2～3 窖、池轮换制作氨化饲料。采用窖、池容器氨化秸秆，首先把秸秆铡碎，麦秸、稻草较柔软，可铡成 2～3 厘米的碎草，玉米秸秆较粗硬，应以 1 厘米左右为宜。用尿素氨化秸秆，每吨秸秆需尿素 40～50 千克，溶于 400～500 千克清水中，待充分溶解后，用喷雾器或水瓢泼洒，与秸秆搅拌均匀后，分批装入窖内，摊平、踩实。原料要高出窖口 30～40 厘米，长方形窖呈鱼脊背式，圆形窖呈馒头状，再覆盖塑料薄膜。盖膜要大于窖口，封闭严实，先在四周填压泥土，再逐渐向上均匀填压湿润的碎土，轻轻盖上，切勿将塑料薄膜打破，造成氨气泄出。

（3）塑料袋氨化法　塑料袋要求是无毒的聚乙烯薄膜，厚度在 0.12 毫米以上，韧性好，抗老化，黑颜色。袋口直径 1～1.2 米，长 1.3～1.5 米。用烙铁粘缝，装满饲料后，袋口用绳子扎紧，放在向阳背风、距地面 1 米以上的棚架或房顶上，以防老鼠咬破塑料袋。氨化方法：可用相当于干秸秆风干重量3%～4%的尿素或6%～8%的碳酸铵，溶在相当于秸秆重量40%～50%的清水中，充分溶解后与秸秆搅拌均匀装入袋内。昼夜气温平均在20℃以上时，经15～20天即可喂用。此法的缺点是氨化数量少，塑料袋一般只能用2～3次，成本相对较高。塑料袋易破损，需经常检查粘补。

2. 氨化时间

秸秆氨化一定时间后，就可开窖饲用。氨化时间的长短要根据气温而定。气温低于5℃，要56天以上；气温为5～10℃，需28～56天；气温为10～20℃，需14～28天；气温为20～30℃，需7～14天；气温高于30℃，只需5～7天。

3. 品质鉴定

氨化秸秆在饲喂牲畜之前应进行品质鉴定，一般来说，经氨化的秸秆颜色应为杏黄色；氨化的玉米秸为褐色。氨化的秸秆有糊香味和刺鼻的氨味；氨化的玉米秸的气味略有不同，既有青贮的酸香味，又有刺鼻的氨味。若发现氨化秸秆大部分已发霉时，则不能用于饲喂家畜。

4. 饲喂方法

秸秆氨化处理完成后，将塑料膜全部取掉，使秸秆全部暴露在空气中晾晒，干燥后放入草棚或房舍内备用。开始时应少量饲喂，待牲畜适应氨化秸秆后逐渐加大喂量，使其自由采食，亦可以与其他饲草混合饲喂。日粮要搭配合理，基础料中要少加蛋白质饲料，最好能连续饲喂。如果停喂，则要采取逐渐减少氨化饲料饲喂量的办法。

直接从氨化池取出秸秆饲喂的，在按需要的数量取出氨化饲料后，要放置 10 ～ 20 小时，在阴凉处摊开散尽氨气，至没有刺激的氨味方可饲喂。剩余的仍要封严，防止氨气损失或进水腐烂变质。

（五）酒糟发酵技术要点

酒糟就是酿酒副产品，资源丰富，价格低廉，有啤酒糟、谷酒糟、米酒糟、白酒糟、酒糟粉等。各种酒糟中以啤酒糟的营养价值最高，粗蛋白含量可达到 25％左右，将其当作牛饲料是一个很好的选择。但是，直接用酒糟喂牛不但营养价值得不到充分利用，而且口感还差。所以，最好用专业的饲料发酵剂发酵后再喂牛，这样的饲料营养才更全，口感才更佳，牛更爱吃，生长速度快。

酒糟发酵的操作方法及注意事项：

（1）准备物料　酒糟、玉米粉、麸皮或米糠，饲料发酵剂（市场上有多种）。

（2）稀释菌种　先将饲料发酵剂用米糠、玉米粉或麸皮按 1：（5 ～ 10）的比例，不加水稀释混合均匀后备用。

（3）混合物料　将备好的酒糟、玉米粉、麸皮及预先稀释好的饲料发酵剂混合在一起，一定要搅拌均匀。如果发酵的物料比较多，可以先将稀释好的饲料发酵剂与部分物料混匀，然后再撒入发酵的物料中，目的是使物料和发酵剂混合更均匀。

（4）水分要求　配好的物料含水量控制在 65％左右，判断办法：手抓一把物料能成团，指缝见水不滴水，落地即散为宜，水多不易升温，水少难发酵；加水时，注意先少加，如水分不够，再补加到合适为止。

（5）密封要求　发酵物料可装入筒、缸、池子、塑料袋等发酵容器中，物料发酵过程中应完全密封，但不能将物料压得太紧；当使用密封性不严的容器发酵时，外面应加套一层塑料薄膜或袋子，再用橡皮筋扎紧，确保密封。

（6）发酵完全　在自然气温（启动温度最好在 15℃以上）下密封发酵 3 天左右，有酒香气时说明发酵完成。

（7）保存方法　发酵后的酒糟物料，如果要长期保存，则要密封严格，并压紧压实处理，尽量排出包装袋中的空气，这样不仅可以长期保存，而且在保存的过程中，降解还会进行，时间较长后，消化吸收率更好，营养更佳。其他固体发酵糟渣也是这个原理。

发酵好的饲料也可以直接造粒、晾干、成品检验、装袋、成品入库。

（8）注意事项

① 确保密封严格，不漏一点空气进入料中，则时间越长，质量越好，营养更佳。发酵过程中不能拆开翻倒，发酵后的成品在每次取料饲喂后应注意立即密封；成品可另行采用小袋密封保存或晾干脱水、低温烘干，或造粒等方式保存。

② 发酵各种原料的添加比例按照饲料发酵剂的使用说明执行，不可随意增减，否则将影响发酵效果和饲喂效果。不能使用霉烂变质的酒糟。

③ 如果添加农作物秸秆粉、树叶杂草粉、瓜藤粉、水果渣、干蔗渣、谷壳粉、统糠、食用菌渣、鸡粪等，其合计不超过发酵原料总量的 30%。

④ 多种发酵原料混合发酵优于单一发酵原料发酵，发酵能量饲料（玉米粉、麦麸、米糠）时可以将一种物料单独发酵，也可将两三种物料按任意比例混合发酵。

（9）饲喂方法

① 喂养的时候要添加 4% 的预混料或者自己添加微量元素。

② 饲喂比例要采取先少量、慢慢增加的原则，开始饲喂时可以先采用 5%，再慢慢递增到 30%；因为发酵酒糟为湿料，因此在实际配制饲料时重量要乘以 2 倍，如配制比例为 30% 时，实际使用重量为 60%。将其他饲料混合，添加适量的水混合拌

匀直接饲喂，如果进行打堆覆盖 1 小时以上，利用发酵饲料中的微生物和酶对其他饲料再进行降解一下，饲喂效果更好。

（六）大豆渣发酵技术要点

大豆渣具有丰富的营养价值，其中的营养成分与大豆类似，含粗纤维 8％左右、蛋白质 28％左右、脂肪 12.40％左右，其营养高于众多糟渣。但是大豆渣不宜直接生喂，直接作为饲料其营养和能量的利用率很低，不到 20％，失去了它潜在的营养价值和经济价值。生喂时易腹泻，因为大豆渣含有多种抗营养因子，还影响肉牛的生长和健康等，生大豆渣容易发霉变质，不易保存。所以大豆渣喂牛需要事先进行加工处理，简单的处理方法是加热，最好的办法是使用饲料发酵菌液进行发酵处理。

1. 大豆渣发酵的优点

（1）便于较长时间保存　不发酵的大豆渣最多能存放 3 天，经过发酵后的豆渣一般可存放一个月以上，如果能做到严格密封，压紧压实或烘干，则可以保存半年以上甚至一年。

（2）改善了饲料的适口性　降低了粗纤维三分之一以上，动物更爱吃食，促进了食欲和消化液的分泌。

（3）丰富了营养成分　烘干后干物质中消化能提高13.17％、代谢能提高 16％、可消化蛋白提高 29.59％、粗纤维降低 30％左右，并且是一种益生菌的载体，含有大量的有益微生物和乳酸等酸化剂，维生素也大幅度增加，尤其是 B 族维生素往往是成几倍地增加。

（4）大大降解了抗营养因子，提高抗病力　发酵后能显著增加大豆渣消化吸收率和降解抗营养因子，并含大量有益因子提高了抗病性能。

（5）节省饲料成本，提高经济效益　发酵以后可以代替很大一部分饲料，把饲料成本节省了，并且牛少得病，出栏提前，总之经济效益提高了。

2. 发酵豆渣的方法

原料主要有：大豆渣、发酵菌液（市场出售的饲料发酵菌液均可，如 EM 菌液）、麦麸（或者玉米粉、统糠等）、红糖、水等。

操作步骤如下。

第一步：首先将饲料发酵菌液用水稀释，然后和麦麸搅拌均匀，湿度在 50％左右，判断标准是用手抓一把，用力握成坨，指缝间感觉是湿的，但是没有水滴下来为合适。

第二步：用水融化红糖，具体用水量多少要根据大豆渣的干湿度而定。

第三步：把拌好的麦麸均匀撒在大豆渣中，一边撒一边喷洒已经融化好的红糖水。如果有条件的话，可以用人工搅拌或者搅拌机搅拌均匀即可。

第四步：搅拌均匀后放在密封容器里（大塑料袋、缸、桶、发酵池等）压实密封发酵 3 ～ 5 天即可。

注意：以上各原料的具体稀释比例和用量要按照发酵菌液的说明要求，不可随意增减。

3. 饲喂方法

（1）饲喂比例　要采取先少量、慢慢增加的原则，开始饲喂时可以先采用 10％，慢慢递增到 30％；因为发酵豆渣为湿料，因此在实际配制饲料时的重量要乘以 2 倍，如配制比例为 30％时，实际使用重量为 60％。将其他饲料混合，添加适量的水混合拌匀直接饲喂，如果进行打堆覆盖 1 小时以上，利用发酵饲料中的微生物和酶对其他饲料再进行降解一下，饲喂效果更好。

（2）将发酵大豆渣混合后至少要等 30 分钟后再饲喂，主要是让发酵大豆渣的一些气体挥发。

第六章

肉牛的饲养管理

只有在肉牛生长发育的各个阶段都施以科学的饲养管理，才能真正发挥出品种的遗传潜力，充分激发出肉牛高水平的生产潜能。

一、犊牛的饲养管理

犊牛一般是指 3 ～ 6 月龄的初生小牛，也指出生至断奶这一阶段的牛。

（一）新生犊牛的护理

犊牛出生后立即与母牛分开，清理口腔和鼻腔内的黏液，确保犊牛呼吸。发现犊牛出生后不呼吸时，放置其身体时头部应低于其他部位，或者倒提起犊牛使黏液流出，但不要时间过长，也可用稻草搔挠鼻孔刺激新生犊牛呼吸（视频 6-1）。

视频 6-1 正确
接生犊牛

一旦呼吸正常应处理犊牛脐带部位，必须将脐带内的血液顺脐带挤回犊牛腹腔内，在距离犊牛腹部 5 厘米左右处结扎后用消毒剪刀剪断脐带，然后用 5%～10% 的碘酊浸泡消毒 1～2 分钟或涂抹在脐带断端，30 分钟后再对脐带断端消毒 次。以后每天消毒一次，连续 2 天。

去除软蹄：用手剥去犊牛蹄子上附着的软组织，避免犊牛蹄部发炎，牛蹄不敢着地（视频 6-2）。

然后采取让母牛舔干或自然干燥（环境温度好的季节）或人工擦干新生犊牛体表黏液，也可用吹风机吹干牛体等方法。最后母子分开，将犊牛送入犊牛栏或犊牛岛中饲喂。

新生犊牛应打上耳标做永久性标记，然后对其进行称重，填写产犊登记表并输入管理系统。

（二）尽早吃足初乳

初乳是指母牛产后 5～7 天内所产的乳汁。初乳中含有丰富的免疫球蛋白，营养浓度高，易消化吸收，及早吃上初乳，新生犊牛可获得免疫力，减少疾病。吃上初乳是犊牛饲养成功的关键。

刚出生的犊牛吃初乳越早、越多、越容易成活，特别是在夏秋高温潮湿，病菌、病毒极易生长繁殖的季节更为重要。

饲喂洁净的初乳是减少犊牛下痢的一个方法。要在细菌进入犊牛体内繁殖前，将一定数量的初乳 1 个小时内喂给犊牛，然后进行多次喂服。因此在犊牛出生一小时内饲喂合格的初乳 4 千克左右，吃完初乳后让其休息和吸收，禁止翻动犊牛，6～12 小时内再次饲喂初乳 2 千克左右，保证犊牛出生后 12 小时内必须吃到 6 千克以上的初乳，然后改为常乳。

犊牛喂奶可采用奶嘴和奶桶两种喂奶法。奶嘴喂奶的方法是：用奶瓶套上橡皮乳头喂奶。与自然吮吸相比，使用带有奶嘴的奶瓶饲喂初乳能够更好地控制饲喂量。这种饲喂方法很容易调教，因为犊牛天生头向上吮吸乳头。

奶桶喂奶的方法是：将初乳倒入奶桶中，让犊牛直接把头伸入奶桶中吸奶。但这种方法与犊牛天生抬头吮吸的本能相反。犊牛头朝下从奶桶中吸奶需要训练和引导几次，方法是用手指沾一些牛奶然后慢慢引导犊牛头朝下从奶桶中吸奶。

对不吸奶汁的犊牛，可将手指浸入奶汁中，然后塞入牛犊嘴里进行诱导，如此反复诱导 2～3 次，犊牛便可自行吸奶。

新鲜的初乳要马上饲喂犊牛。饲喂时初乳温度必须保持在 38～39℃。每次饲喂后，奶瓶以及所有用具都必须彻底清洗干净，从而最大限度地减少细菌的生长和病原菌的传播。

剩余的初乳可以在 4℃冰箱内保存几天。

（三）创造舒适环境

犊牛的生活环境要求做到安静、清洁卫生、通风干燥、冬暖夏凉、阳光充足，防贼风、防潮湿。由于初生犊牛体温调节机能不完善，对低温或高温抵抗力都很弱，因此牛舍冬季要注意保暖防寒，夏季要注意防暑降温防潮湿。0～3 天犊牛由于抗寒能力较差，应保持环境温度不低于 18℃。新生犊牛适宜饲养在室内高床犊牛笼内，并采取保暖措施。哺乳期犊牛应一牛一栏单独饲养，犊牛从舍内转移至舍外时，应采取适当措施减少应激。

（四）供给充足清洁饮水

母牛所产的乳中虽然含有较多的水分，但是犊牛每天的喂乳量有限，从乳中吸取的水分，不能满足正常代谢的需要。所以，即使是在哺乳期，在饲养中除喂乳和适当的饲料外，也要给犊牛供给充足的饮水。冬季、早春、晚秋还要给犊牛供应温水。

（五）去角

犊牛去角要早，一般在生后的 5～7 天内，使用电烙铁或去角灵涂抹去角，这样牛的痛苦较小。电烙铁去角是将电烙器加热到一定的温度后，牢牢地按压在角基部直到其下部组织烧灼，注意不宜太深太久以防烧伤下层组织，烫完角后上药处理（一般为外伤用的消炎粉、青霉素粉或土霉素粉），并观察烫角后的感染情况，如果发现有感染情况，应及时对感染部位进行清洗消毒、上药治疗。

去角灵的使用方法参照说明书执行。

（六）副乳头的剪除

犊牛出生后去副乳头的最佳时机在 2～4 周龄。去除方法是使用手术直剪，先对副乳头周围清洗消毒，再轻拉副乳头，用消毒剪刀从副乳头基部剪除，然后用 5% 碘酒消毒即可。剪除时应避免损伤乳腺，并进行严格的消毒，剪除后伤口部位应及时上药（一般为外伤用的消炎粉、青霉素粉、土霉素粉、7% 碘酊）。如果剪副乳头过程有出血情况必须跟踪治疗。

（七）日常管理要点

哺乳期犊牛日常管理要做到"五定""五勤""三不"和"两防"。"五定"即定质、定量、定时、定温、定人；"五勤"是勤观察、勤消毒、勤换褥草、勤添料、勤刷拭；"三不"指不混群饲养、不喂发酵饲料、不喂饮冰水；"两防"即防误食、防乱舔。

定质：劣质或变质的牛奶、含抗生素的牛奶、发霉变质的开食料以及被污染的饮水禁止饲喂；发霉、潮湿、坚硬、含有农药残留的褥草禁止使用。

定量：每日每次的喂量按饲喂计划进行合理分配，同时按犊牛的个体大小、健康状况灵活掌握。饲料变量和变更要循序渐进。

定时：犊牛每天可喂 2～4 次，一旦喂奶时间和次数固定下来，就要严格执行，不可随意更改。饲喂制度要稳定，使犊牛消化器官形成规律性反射。

定温：喂奶的温度要控制在 35 ～ 40℃，一般夏天控制在 34 ～ 36℃，冬天控制在 38 ～ 40℃，奶温不可忽冷忽热。

定人：固定的饲养人员熟悉犊牛的食量和习性，频繁更换会产生较大应激，影响犊牛发育。生产实践中，犊牛饲养要由有经验和有责任心的人员担任。

勤观察：饲养人员应每天三次观察犊牛的采食、饮水、排便及精神状态。发现异常及时采取相应对策。

勤消毒：犊牛的抵抗力较弱，忽视消毒将给病菌创造入侵之机。因此，犊牛出生后，应用氢氧化钠、石灰水对地面、墙壁、栏杆、食槽等进行全面消毒（视频 6-3）。冬季每月 1 次，夏季每月 2 ～ 3 次。犊牛转出后，应彻底消毒牛床、牛栏及用具，并空置一周以上方可再次投入使用。如果发现传染病，则应对病、死牛接触过的环境和用具进行彻底消毒。

视频 6-3　养殖场常规消毒方法

饲养人员应每天对奶具、水槽、料槽和地面进行清理、刷洗和消毒。牛舍粪便要及时清除。

勤换褥草：褥草必须保持干净、干燥、足量，否则立即添加和更换。

勤添料：饲料按犊牛实际采食量分多次添加，确保随时吃到新鲜饲料。做到每天人工清槽一次。

勤刷拭：每天刷拭牛体 1 ～ 2 次，保证犊牛清洁。

不混群饲养：犊牛混群饲养会增加水平传染疾病的风险，所以犊牛应单独饲养。

不喂发酵饲料：在犊牛断奶之前，胃肠道生物菌群不健全，对粗饲料的消化能力很差，故不准饲喂青贮、酒糟等发酵饲料。

不喂饮冰水：犊牛在任何时候都不能饲喂冰水，尤其是哺乳犊牛，很容易引起消化不良和腹泻，特别是天气寒冷的冬季一定要让犊牛饮温水（视频 6-4）。

视频 6-4　北方冬季让牛喝上温水的办法

防误食：运动场和饲料舍中严禁有布条、绳条等异物，以防犊牛误食，使胃发生机能性障碍而死亡。

防乱舔：犊牛每次喂奶完毕，应将口鼻擦拭干净，以免引起自行舔鼻，造成舔癖。犊牛吃奶后如果相互吸吮，常使被吮部位发炎或变形，并可能会将牛毛等杂质咽到胃肠中缠成毛团，堵塞肠管，危及生命。对于已形成舔癖的犊牛，可在鼻梁前套一个小木板来纠正。

（八）加强运动

1周龄内的犊牛对外界环境不利因素的抵抗力很弱，通常不要让犊牛到户外活动，7天以后到20天内，可逐渐增加其户外活动时间，让犊牛接触阳光和新鲜空气。20天以后可让犊牛整日在运动场内运动，当其身体强壮时可加大运动量，每日驱赶运动2～3次，每次30分钟。犊牛正处在生长发育阶段，增加运动量可以增强犊牛的体质。不要因惧怕犊牛会乱跑乱闯而限止其运动。

（九）提早训练犊牛采食饲料、饲草

随哺乳犊牛的生长发育、日龄增加，所需要的营养物质量不断增加，而肉用母牛产后2～3个月产奶量趋减，单纯靠哺乳获得的营养不能满足犊牛的营养需要。同时，犊牛一般在10日龄时出现反刍，15日龄就可以采食一点柔软的干草，30日龄时其胃肠机能已基本发育健全。可见提早训练犊牛采食饲料、饲草是非常必要的，犊牛补饲不仅能满足犊牛的营养需要，而且可以促进牛瘤胃的发育，提高犊牛的消化机能。

一般于犊牛生后7天开始诱食和补饲麦麸，如果犊牛不吃，可将麦麸抹在犊牛嘴的四周，经2～3天反复几次，犊牛便可适应采食。10日龄左右供给犊牛精饲料补充料（可以结合当地饲料资源的情况，参照肉用犊牛营养标准，配制适口性好、营养丰富的犊牛精料。参考的配方为：玉米50％，豆饼

30％，麦麸 11％，酵母粉 5％，碳酸钙 1％，食盐 1％，磷酸氢钙 1％，1％牛用微量元素和维生素添加剂。），逐步再添加切碎的胡萝卜、南瓜和饲用甜菜等多汁饲料；14 ～ 21 日龄时用草架或悬吊干草诱导犊牛采食优质干草；3 月龄时，可在犊牛饲草中添加优质的青贮饲料。待犊牛每天可以吃进 1 千克干饲料时，就具备断奶条件了。

（十）加强对病弱犊牛的护理

防犊牛便秘，发现犊牛便秘要及时用肥皂水灌肠，使粪便软化，以便排出。直肠灌注植物油或石蜡油 300 毫升，也可热敷及按摩腹部，或用大毛巾等包扎犊牛腹部保暖减轻腹痛。

初产犊牛如瘦弱无力，体温偏低，吃奶少或食欲废绝，应采取以下护理措施：立即置于温暖室中，用干布擦干其被毛，盖好保温棉被，尽早喂给初乳；肌内注射维丁胶性钙注射液 2.5 毫升，隔日再注射 1 次；静脉输入右旋糖酐 250 毫升、生理盐水 250 毫升、维生素 C0.5 克，混合后缓慢输入。

弱犊经以上方法治疗无效时可静脉输复方全血 100 ～ 500 毫升，其成分为弱犊母血 100 毫升、10％葡萄糖液 150 毫升、复方生理盐水 100 毫升。每周输 1 ～ 3 次，可连续输 1 ～ 2 周。

对病弱犊牛还要经常测量体温（视频 6-5）。

视频 6-5 如何给
犊牛测量体温

（十一）公牛犊去势

小公牛宜在 3 ～ 6 月龄进行去势（即阉割）。去势手术时犊牛好保定，术后恢复快，不需特殊护理。去势后的犊牛，在育肥过程中性情温顺。与 2 岁时去势相比，生长速度快，而且生产的牛肉质量好，故应提倡公牛在犊牛期去势。

去势的方法可以采用手术法、去势钳去势法、锤砸法，亦可采用去势专用药物注入牛的睾丸组织，使其在一定的条件下变性、坏死、萎缩，最后被机体吸收。

也有的肉牛生产者不再对公犊牛进行去势，前提是饲养水平适当，在公犊牛没有表现出性别特征以前就可以达到市场收购体重。

（十二）犊牛断奶

犊牛断奶通常有正常时间断奶和早期断奶两种方式。

1. 正常时间断奶

肉用犊牛一般在出生后 5 ～ 6 月龄时断奶，在应用人工哺乳技术的情况下，犊牛出生后断奶的时间可以灵活选择，一般当犊牛能采食 1 ～ 1.5 千克全价犊牛精饲料补充料时，就可断奶。

犊牛断奶的方法，根据犊牛哺乳方式的不同可以采用不同的方法。对随母哺乳犊牛断奶，在犊牛准备断奶前 7 天，首先对哺乳母牛停喂精饲料，只给干草等粗饲料，使产奶量减少；然后将母牛和犊牛分离，放到各自牛舍饲养。

对人工哺乳犊牛的断奶，主要是逐渐减少奶的喂量，增加补充料和优质饲草的供给，最后过渡到全部用补充料和优质饲草饲喂。

2. 早期断奶

肉用犊牛早期断奶，是将肉用犊牛跟随母牛哺乳或人工饲喂全乳的时间由 6 个月缩短到 1.5 ～ 2 个月，可以显著提高母牛的繁殖效率和养殖效益。

犊牛早期断奶时间的确定，一般在犊牛日采食犊牛料达 1 ～ 1.5 千克以上就可断奶。犊牛出生时间不同，在犊牛早期断奶的时间选择上也有差异，通常上半年出生的犊牛早期断奶的时间可以在出生后 45 天，下半年出生犊牛应在出生后 60 天。

3. 断奶后犊牛管理

断奶时不要改变犊牛原来的生活环境，一个月内不要改变犊牛料，断奶后最好 6 ～ 12 头小群饲养。

（十三）预防疾病

生产中，对犊牛危害最大的两种病是脐带炎和白痢病，因此，要高度重视这两种病的防治工作。主要是在日常管理上做好牛舍环境和犊牛体的卫生和消毒管理，即可避免这两种疾病的发生。

同时，根据本地区疫病发生的种类和特点，做好预防相应疫病的免疫接种工作。

小贴士：

犊牛是肉牛场的后备主力军，犊牛的饲养管理关系着牛群未来的生产性能，关系着肉牛场未来的盈利，因此，养好犊牛至关重要。

犊牛生长发育较快，也容易生病死亡，饲养管理的重点是吃初乳、尽早使犊牛瘤胃发育、创造舒适的环境、减少应激、提高成活率。

二、育成牛的饲养管理

育成牛即青年牛，是指断奶后到性成熟配种前的小母牛，或做种用之前的公犊牛，在年龄上一般为 7 ～ 18 月龄。

（一）牛舍要求

此阶段牛舍建筑设计及其饲养管理也相对简单粗放，大多采用单坡单列敞开式牛舍。每头牛占地面积 6～7 平方米，跨度 5～6 米。牛床长 1.4～1.6 米，宽 80～100 厘米，斜度 1%～1.5%。

牛舍应该能够方便地进行治疗、配种等工作，容易观察牛，实现快捷便利地饲喂、垫草添加和清除粪污等工作。

牛舍应防风、防潮，冬季寒冷地区能防寒和夏季能防暑。

（二）分群饲养

断奶后进入育成期的母牛应按年龄组群饲养，分群的原则是将年龄及体重大小相近的牛分在一起，最好是月龄差异不超过 1.5～2 个月，活重差异不超过 25～30 千克。也可以将 7～12 月龄的育成牛分为一群，13～18 月龄分为一群。每群 20～30 头，不宜过多，如果一个栏内牛群的头数较多，而体重和年龄的差异很大，就会产生一些吃得过好的肥牛和吃不饱的弱牛。观察牛群的大小及群内个体年龄和体重的差异，适时进行调整。

一般在 12 月龄、18 月龄、初配定胎后进行 3 次转群。

（三）饲喂管理

确保牛群有足够的采食槽位，投放草料时按饲槽长度撒满，从而能够为每头牛提供平等的采食机会。保持饲槽经常有草，每天空槽时间不超过 2 小时。

更换饲料时逐步进行，要有缓冲期。牛瘤胃微生物区系对饲料的适应需要 20～30 天，而过渡期应在 10 天以上，以免影响生长发育及增重。

饲料清筛，防止异物，以免造成网胃 - 心包创伤。另外要保持饲料新鲜、清洁、无霉烂变质、无农药污染。

（四）饲料营养要求

1. 育成母牛的营养要求

从断乳到周岁前，育成母牛的日粮一般以粗饲料为主，补充少量精料即可，育成母牛日增重保持 0.4～0.5 千克。在舍饲条件下，粗饲料应以优质青干草为主，搭配部分青饲料，适当补充混合精料。青粗饲料喂量一般为体重的 1.2%～2.5%，要求品质良好；混合精料参考配方为：玉米 50%～55%，麸皮 20%～25%，豆饼 5%～15%，棉籽饼或花生饼 10%～15%，磷酸氢钙 1.8%，食盐 1.2%，添加剂 2%。日喂量为体重的 0.8%～1.0%。在不同的年龄阶段，其生长发育特点和消化能力都有所不同。因此，在饲养方法上也有所区别。

（1）6～12 月龄　是性成熟期，性器官及第二性征发育很快，体躯急剧生长。同时其前胃已相当发达，容积扩大 1 倍左右。因此在饲养上要求供给足够的营养物质。同时日粮要有一定的容积以刺激前胃的继续发育。此时的育成牛除给予优质的牧草、干草和多汁饲料外，还必须给予一定的精料。按 100 千克活重计算，玉米青贮 5～6 千克、干草 1.5～2 千克、秸秆 1～2 千克、精料 1～1.5 千克。

（2）13～18 月龄　12 月龄后育成牛的消化器官发育已经接近成熟，加之无妊娠配种负担，日粮应以粗饲料和多汁饲料为主，如能吃到优质粗饲料即可满足需要。日粮应以粗饲料和多汁饲料为主，其比例为粗饲料占 75%，配（混）合料占 25%，以补充能量和蛋白质的不足。此期可采用的日粮配方为混合料 2～2.5 千克、秸秆 5～6 千克（或青干草 1.5～3.5 千克，玉米青贮 15～20 千克）。夏季有放牧条件的，以放牧为主。

（3）19～24 月龄　母牛已配种受胎，生长缓慢下来，在此期间，应以优质干草、青干草、青贮料作为基本饲料，精料可以少喂甚至不喂。但是到妊娠后期，由于体内胎儿生长迅速，则需补充精料，日喂量为 2 ~ 3 千克。如有放牧条件，则应以放牧为主。在良好的放牧地上放牧，精料可减少 30% ~ 50%，放牧回来后，如未吃饱，仍应补喂一些干草或青绿多汁饲料。

2. 育成公牛的营养要求

对育成公牛的饲养，应在满足一定量精料的基础上，能自由采食优质的精、粗饲料。6 ~ 12 月龄，粗饲料以青草为主时，精、粗饲料在饲料干物质中的比例为 55 : 45；以干草为主时，其比例为 60 : 40。在饲喂豆科或禾本科优质牧草的情况下，对于周岁以上育成公牛，混合精料中粗蛋白质的含量以 12% 左右为宜。在管理上，肉用商品公牛运动量不宜过大，以免因体力消耗太大影响育肥效果。

（五）保证充足饮水

此期间应保证供给足够的饮水，采食的粗饲料越多相应水的消耗量就大。6 月龄时每日 15 升，18 月龄时约 40 升（因地区气候条件不同会有增或减）。

（六）加强运动

在舍饲条件下，保持适当运动，对育成母牛的健康很重要，每天至少要有 2 小时以上的驱赶运动，在放牧和野营管理的时候，每天需要运动 4 ~ 6 小时。其次还要经常让牛晒阳光，阳光除了促进钙吸收外，还可以促使体表皮垢的自然脱落。

（七）牛体刷拭按摩

在管理中应及时除掉皮肤代谢物，否则牛会产生"痒感"。长期会影响牛的发育，造成牛舍设施的破坏。所以为了保持牛体清洁，促进皮肤代谢和养成温驯的气质，提高牛福利，可采取在牛舍中装牛刷体设备，保证每天刷拭 1 ～ 2 次，每次约 5 分钟。

为了刺激乳腺的发育和促进产后泌乳量提高，对 12 ～ 18 月龄育成母牛每天按摩 1 次乳房，18 月龄妊娠母牛每天按摩 2 次，每次按摩时用热毛巾敷擦乳房。产前 1 个月停止按摩。

（八）定期修蹄

从 10 月龄开始，在每年春、秋两季各修蹄一次（视频 6-6）。每周清理一次蹄叉。

视频 6-6　修蹄

（九）定期称重

育成母牛的性成熟与体重关系极大，当体重达到成年母牛体重的 40% ～ 50% 时，即进入性成熟期。体重达到成年母牛体重的 60% ～ 70% 时，即可进行配种。育成牛日增重不足 350 克，性成熟会延迟至 18 ～ 20 月龄，影响初配时间。而这些指标是否达到都要以定期称重的结果来判断。

个体之间出现差异的，在饲养过程中应及时采取措施加以调整以便使其同步发育、同期配种。

（十）卫生管理

及时清除粪便，牛床保持干燥，每天定时清洗食槽、水槽，工具和工作服要专用。

（十一）做好记录

记录每头牛的初次发情情况，对长期不发情的应进行检查治疗，或淘汰生殖器官异常的牛。

育成牛这一阶段，牛处于生长最强烈、代谢最旺盛的时期，生长发育最快，体重的增加呈直线上升。这一时期饲养管理的好坏与母牛的繁育和未来的生产潜力关系极大。

饲养管理的重点是按本品种不同年龄的发育特点和所需营养物质进行正确饲养，以保证母牛正常生长发育、健康体壮和适时配种。

三、育成公牛的饲养管理

育成公牛是指断奶后至第一次配种时期的公牛。公、母犊牛在饲养管理上几乎相同，但进入育成期后，二者在饲养管理上有所不同，必须按不同年龄和发育特点予以区别对待。

育成公牛的生长比育成母牛快，因而需要的营养物质较多，特别需要以补饲精料的形式提供营养，以促进其生长发育和性欲的发展。对育成公牛的饲养，应在满足一定量精料供应的基础上，令其自由采食优质的精、粗饲料，避免种公牛腹部膨大下垂，变成草腹，影响采精、配种。

6～12月龄，粗饲料以青草为主时，精、粗饲料在饲料干物质中的比例为 55∶45；以干草为主时，其比例为 60∶40。在饲喂豆科或禾本科优质牧草的情况下，对于周岁以上育成公牛，混合精料中粗蛋白的含量以 12% 左右为宜。

要保证种公牛有充足而清洁的饮水，但在配种或采精前后、运动前后的 30 分钟内不要饮水。

四、母牛的饲养管理

母牛的饲养管理分为空怀期、妊娠期和哺乳期。

（一）空怀期饲养管理

空怀期母牛包括后备母牛（18～24月龄的母牛）和经产母牛。饲养管理的目标是提高受配率及受胎率，充分利用粗饲料，降低饲养成本。

1. 保持适宜体况

繁殖母牛在配种前应具有中上等膘情，过肥或过瘦均影响母牛繁殖。为防止母牛体内沉积大量脂肪，这一阶段的口粮既不能过于丰富，也不能过于贫乏，能够满足正常配种需要即可。

如果日常饲养时，喂给过多的精料而又运动不足，极易造成母牛过肥，导致不发情。而饲料缺乏、营养不全，母牛瘦弱也会造成母牛不发情而影响繁殖。一般母牛产后1～3个情期，发情排卵比较正常，随着时间的推移，犊牛体重增大，消耗增多，如果不能及时补饲，往往母牛膘情下降，发情排卵受到影响。实践证明，如果经产母牛在前一个泌乳期内给予足够的平衡日粮，同时较轻使役，管理周到，能提高母牛的受胎率。瘦弱母牛配种前1～2个月，加强饲养，适当补饲精料，也能提高受胎率。

空怀母牛日粮应以品质优良的干草、青草、青贮料和根茎类为主，精料可以少喂或不喂。

2. 做好发情鉴定

常用的鉴定方法有外部观察法、试情法、阴道检查法、直肠检查法等。一般根据外部检查就能确定。牛的发情持续时间一般是 30 ～ 36 小时，排卵发生在发情开始后的 20 ～ 24 小时，此时发情的外部表现停止，性欲开始消失，拒绝爬跨，外阴部红肿消退，黏液变稠，此时是最佳输精时间。

经产母牛产犊后 3 周要注意其发情状况，如果产后多次错过发情期，则情期受胎率会越来越低。对发情不正常或不发情者，要及时采取措施。

3. 适时配种

母牛发情，应及时予以配种，防止漏配和失配。对初配母牛，应加强管理，防止野交早配。配种应采用人工授精技术。

4. 及时检查防止空怀

母牛配种后，不再表现发情，性情温顺，食欲增强，膘肥毛亮，一般可认定为怀孕了。如果母牛配种后一个月阴道检查，当开膣器插入阴道时，阻力明显，干涩，阴道黏膜苍白、无光泽，子宫口偏向一侧，呈闭锁状态，上面被灰暗浓稠的黏液所封固即为怀孕；母牛配种后 20 天，采用乙烯雌酚注射液 10 毫克，一次肌内注射，已妊娠牛无发情表现，而未妊娠母牛第 2 天明显发情；采用直肠检查法，隔肠抚摸子宫无反应，或右子宫角有收缩，孕角略大于空角，此时母牛已妊娠一个月；如子宫角变为短粗，柔软如睡袋，卵巢内存有明显的黄体，此时妊娠 40 ～ 50 天。

5. 及时查找空怀原因

母牛出现空怀，应根据不同情况加以处理。一般造成母牛空怀的原因有先天性和后天性两个方面。先天性不孕一般是由于母牛生殖器官发育异常，如子宫颈位置不正、阴道狭窄、幼稚病、异性孪生的母犊和两性畸形等。先天性不孕的情况较少，在育种工作中淘汰那些隐性基因的携带者，就能加以解决；后天性不孕主要是由于营养缺乏、饲养管理不到位、使役不当及母牛生殖器官疾病所致。成年母牛因饲养管理不当造成不孕，在恢复正常营养水平后，大多能够自愈。在犊牛时期由于营养不良导致生长发育受阻，影响生殖器官正常发育而造成的不孕，很难用饲养方法补救。若育成母牛长期营养不足，则往往导致初情期推迟，初产时出现难产或死胎，并且影响以后的繁殖力。

患生殖器官疾病应及时治疗。如对于子宫壁无显著变化、黏液中有絮状物的母牛，采用青霉素 80 万单位、链霉素 100 万单位，溶于 100～200 毫升无菌蒸馏水中，一次性注入子宫内；对于炎症比较严重的母牛，当子宫壁肥厚，黏液中混有脓汁或脓块时，以 0.1％的碘甘油溶液 200 毫升注入子宫内。

6. 加强日常管理

运动和日光浴与增强牛群体质、提高牛的生殖机能有密切关系。牛舍内通风不良、空气污浊、夏季闷热、冬季寒冷、过度潮湿等恶劣环境极易危害牛体健康，敏感的个体很快停止发情。因此，改善饲养条件十分重要。

（二）妊娠期饲养管理

妊娠期饲养管理的目标是精心饲养和科学管理，以保证胎儿在母牛体内得到正常生长发育，防止流产和死胎，产出身体健康、大小匀称和初生重正常的犊牛，并保持母牛有良好的体况，为产后泌乳打下良好的基础。

1. 营养供给

妊娠母牛所取得的营养物质，首先满足胎儿的生长发育，然后再用来供本身的需要，并为将来泌乳贮备部分营养物质。妊娠母牛饲养有两个关键时期，第一个关键时期是配种后第三周前后的时间，这几天受精卵处于游离状，不牢固；第二个关键时期是妊娠后期，为胎儿迅速发育阶段，尤其在最后20天内，胎儿的增重最重要，母牛食欲旺盛。如果在妊娠期营养不足，胎儿得不到良好的发育，连母牛本身的发育也受到影响，以后加强饲养也难以补偿，产出的犊牛体质差、发育迟缓、多病。在日粮中要根据各阶段的营养需要供给适当的能量、蛋白质、矿物质、维生素、常量元素和微量元素。特别是蛋白质（饼类和鱼粉等）要保证供应，要补充维生素A和维生素E；冬春季节缺乏青绿饲料，可补喂麦芽或青贮饲料；还要补喂骨粉，防止母牛和犊牛软骨症。

（1）妊娠前期　胎儿增长不快，发育较慢，营养需要不多，但要喂给含蛋白质、维生素丰富的饲料，适当搭配青绿饲料，使饲料多样化、适口性好，以满足母牛的营养需要。但断奶后体瘦的经产母牛，初期要加强营养，使其迅速恢复繁殖体况，应加喂精料，特别是含蛋白质的饲料，待体况恢复后再以原有的饲养标准饲喂；而体况过肥的母牛要进行适当的限饲，使胚胎能够顺利着床。初产母牛和哺乳期配种的母牛，精料和青粗饲料按比例混合，并且增加蛋白质和矿物质饲料；体况比较好的经产母牛，应按照配种前的营养需要在日粮中多喂给青粗饲料。粗饲料品种要多样化，防止单一化。做到定时、定量饲喂，避免浪费。要按照先精饲料后粗饲料的顺序饲喂。

（2）妊娠中期　此时胎儿发育较快，母牛胸围逐渐增大。营养除维持母牛自身需要外，全部供给胎儿，因此应提高日粮的营养水平，满足胎儿生长发育的营养需要，为培育出优良健壮的犊牛提供物质基础。精饲料参考配方为玉米63%、豆粕18%、麦麸15%、食盐1%、磷酸氢钙2%、预混料添加剂1%，每头每天饲喂1.4～1.5千克，每天饲喂3次。日粮中必须具有一定的体积，使母牛有饱感，也不觉得压迫胎儿；且应带有轻泻性，防止便秘，因为便秘可以引起流产。

（3）妊娠后期　胎儿增长快，绝对增重也比较快，这个时期供应充足的营养物质，保证胎儿正常发育，因此，这时需要的营养物质较多，适当增加精料、减少粗料并补足钙磷。妊娠后期的饲养方法要有灵活性，由于胎儿迅速发育，占据一定的容积，使胃的容积变小，限制采食量，有时导致营养不足，势必会动用前期贮积的脂肪。因此，必须注意饲料的质量，要以精料为主，保证营养水平，不使其消瘦，少食多餐。

2. 日常管理

日常主要做好保胎工作，促进胎儿正常发育，避免机械性损伤，防止流产和死胎。创造优良的环境卫生，为产后减少疾病、使母牛顺利生产做好一切产前准备工作。

（1）保持牛舍及周围环境清洁卫生　牛舍及周围环境定期消毒（视频6-7），保持空气新鲜。

视频6-7　牛舍带牛消毒

（2）注意搞好圈舍保暖　孕牛最适宜的舍温为8～15℃，这对孕牛预防流产和保胎很有利。冬养孕牛要搞好圈舍保暖，以减少牛体热量散失，确保孕牛能够安全过冬。关闭牛舍的门窗，堵塞漏洞，防止贼风侵入；地面要干燥，不上冻，防止阴冷潮湿；做到墙不透风，舍不上冻，棚不挂霜，让孕牛有一个好的越冬环境。

（3）预防霜冻危害孕牛　秋季牧牛有节省饲料又肥牛的双重功效，但出现霜冻后的早晨不能放牧，以防止霜冻对孕牛造成危害。因为早晨牛饥饿，肚子空，贪食，常因吃得过急过饱而胀肚，甚至会胀死。孕牛更容易出现胎动、不安或流产。秋季牧牛注意：早上太阳出来后，无露水时放牧；不能给转入舍饲的孕牛喂霜露草或冰冻的草料。

（4）每天按摩和刷拭牛体　对牛体每天上下午各刷拭1次，以便清除母牛皮肤上的皮垢，促进牛体血液循环。为了提高母牛产后的泌乳能力，有条件时常按摩乳房，有利于刺激母牛泌乳。训练母牛两侧卧的习惯，这有利于母牛产后对犊牛的哺乳，同时使牛有机会多接近人，尤其是头胎母牛，擦拭可培养母牛温顺的性格，便于分娩时的接产和护理工作。

（5）禁喂菜籽饼、棉籽饼、酒糟等饲料，禁喂发霉、变质、冰冻、带有毒性和强烈刺激性的饲料，防止流产。饮水应事先加温，温度要求不低于 10℃。

（6）饲喂疏松可口的饲料　孕牛接近妊娠后期，胎儿快速生长发育，子宫膨胀增大，对各种脏器的挤压力度增强，从而影响母牛和胎儿的生长发育。这就要求给孕牛饲喂一些糠麸类的疏松饲料，同时减少粗硬饲料喂量，以保护胎儿正常生长和发育，减轻对脏器压迫，保障血液循环顺畅，防止流产。对临产期的孕牛，应注意饲喂体积小、质量好、易消化可口的饲料。

（7）给予孕牛充足的饮水　水是一切生命活动中的第一需要。冬季，牛多数以吃干草干料为主，如果饮水不足，就会造成唾液减少，消化减弱，使牛瘤胃蠕动减慢，甚至积食，致使瓣胃阻塞。因此，要给牛喝大量水，但给牛饮冷水，会使牛子宫收缩，可能导致流产。所以，冬季要给孕牛温水，减少热能散失，避免造成不必要的损失。

（8）坚持适当运动　妊娠后的牛营养消耗过大，容易造成体弱，抵抗力下降。因此，要抓好孕牛妊娠期间的饲养管理，坚持有规律的适当运动。由于冬季天寒路滑，要防止急走和跑跳。在妊娠后期，不要爬山，不走陡坡和险路，不走冰滑道，防止滑倒。孕牛要与其他牲畜分开饲养，单独管理，在放牧运动时禁止与发情母牛、公牛混合。以防止撕咬、顶架、挤压，以保证孕牛安全，避免流产。

（9）减少应激　孕牛要与其他牛分开饲养，单独组群饲养。母牛饲喂形成固定模式后，不能随意更改。日常避免人为惊吓，造成人为的不良应激反应，此外，妊娠母牛不宜长途运输。对妊娠母牛不得追赶、鞭打、惊吓、冲冷水浴、滑跌、挤撞，减轻使役，产前一个月要停止使役，单厩饲养，随时准备接产。

（10）预防牛胎动性疝痛的发生　牛妊娠后期，由于子宫内容过大，过度扩张，加之本身体质差，敏感性强，易导致胎动性肚子痛，表现为常起卧不安、哞叫、举尾努责、阴道流出血水、回头望腹、频频做排尿姿势，触诊胎儿活动增强。有效做法是：保持孕牛充分休息和安静，同时应用药物进行对症治疗，可用安乃近注射液30～40毫升肌内注射或静脉注射，或用溴化钾20～40克内服，用以镇静安胎；也可用黄体酮1～2克肌内注射，1次/天，连用3天，均能收到良好保胎的效果。

（11）做好临产观察和助产工作　临产前注意观察，保证安全分娩。应在预产期前1～2周进入产房，专人护理。纯种肉牛难产率较高，尤其初产母牛较高，需要做好助产准备工作。产房要求清洁、干燥、环境安静，并在母牛进入产房前用10%石灰水粉刷消毒，干后在地面铺以清洁、干燥、卫生（日光晒过）的柔软垫草。

（三）哺乳期饲养管理

哺乳母牛就是产犊后用乳汁哺育犊牛的母牛，哺乳母牛的饲养要求是多产乳，满足犊牛生长发育的需要，及时恢复体况和发情配种，为下一个妊娠期做好准备。

1. 分娩预兆与助产

临产母牛阴唇在分娩前1周开始逐渐松弛、肿大、充血，阴唇表面皱纹逐渐展开。在分娩前1～2天阴门有透明黏液流出。分娩前1～2周骨盆韧带开始软化，产前12～36小时荐坐骨韧带后缘变得非常松软，尾根两侧凹陷。临产前母牛食欲减退或不食，表现不安，常回顾腹部，排粪排尿次数增多，但每次排出量少，另外乳房从分娩前10天开始膨大，分娩前2天极度膨胀，皮肤发红，乳头饱满。妊娠母牛如有以上表现，表明母牛即将分娩，需要立即为母牛做好接产的各项准备工作。

2. 分娩

在母牛正常分娩的情况下，母牛可将胎儿顺利产出，不需要人工辅助。但是对初产母牛、胎儿过大、倒生、过了产出期（3～4 小时）后、胎位异常及分娩过程较长的母牛要及时进行助产，以缩短分娩过程并保证母牛的安全和胎儿的成活。

助产的原则是尽力保全母牛和犊牛，不得已应舍子保母，还要注意避免产道感染和损伤，保护母牛正常的繁殖力。助产时母牛如能站立应采取站立保定，呈头低后高，如不能站立，采取左侧卧，垫高后躯。

如果母牛出现难产，要请兽医处置。

3. 分娩后的护理

母牛正常分娩后，尽量让母牛站立，并用高锰酸钾溶液清洗母牛生殖器官和乳房，让产下的牛犊及时吃上初乳。分娩后排出的胎衣要及时拿走，防止母牛吃掉。由于分娩母牛体力消耗大，应让其安静休息，并及时喂给温热的麦麸钙盐汤（将1500～2000 克麦麸、50～150 克食盐、50 克碳酸钙、500 克益母草和 250～500 克红糖，加入 10～20 千克温水中混合而成），以便于母牛恢复体力，顺利排出胎衣。

4. 观察母牛

要经常观察母牛状况，发现异常及时处置。观察母牛产后易发生的胎衣不下、食滞、乳腺炎和产褥热等症，发现病牛及时对症治疗；观察母牛的乳房、食欲、反刍、粪便，发现异常情况及时治疗。

分娩后 40～80 天，观察母牛是否发情，便于适时配种。配种后的两个情期，还应观察母牛是否有返情现象。

5. 充足营养供给

母牛在哺乳期能量饲料的需要比妊娠期奶牛高出 50%，蛋白质、钙、磷的需要量加倍，每产 1 千克奶相当于消耗 0.3～0.4 千克精饲料。一头大型西杂肉用母牛在自然哺乳时，平均日产奶量可达 6～7 千克，产后 2～3 个月达到泌乳高峰；本地黄牛产后平均日产奶 2～4 千克，泌乳高峰多在产后 1 个月出现，此时若不给母牛增加营养，就会使其泌乳量下降，并会损害母牛健康，影响犊牛生长。早春产犊母牛正处于牧地青草供应不足的时期，为保证母牛的产奶量，要特别注意泌乳早期（产后 70 天内）的补饲。哺乳母牛混合精料中玉米 55%～65%、糠麸类 10%～20%、石粉 2%、磷酸氢钙 1%、食盐 2%，除补饲作物秸秆、青干草、青贮料和玉米外，每天最好补喂饼粕类蛋白质饲料 0.5～1 千克，还应补充微量元素和维生素等，有利于母牛的产后发情与配种。头胎泌乳的母牛除泌乳需要外，还要使其继续生长。营养不足对繁殖力影响明显，所以一定要饲喂品质优良的禾本科及豆科牧草，精料搭配多样化，但也不要大量饲喂精料。

6. 日常管理

此期，产房管理尤为重要。产房确保清洁卫生，定期更换褥草，必须经过彻底消毒后的产房，方可让母牛进住。母牛进住产房后，周边要保持安静。没有条件配置产房的，应在预产期前 1 周，及时清扫牛床，铲除周边粪便，彻底消毒后铺设褥草，保证舍内清洁、卫生、干燥。

产后母牛，注意适量运动。舍饲母牛保证每天让其自由活动 3～4 小时，或驱赶活动 1～2 小时，以增强牛的体质，增进食欲，保证正常发情。尤其在康复期，将其牵出舍外，晒晒太阳，适量日光浴，更有利于母牛康复。

每天刷拭牛体一次，刷遍牛体全身，保护牛体清洁，预防疾病。每年修蹄两次，保持肢体正常。

五、育肥与饲养管理

肉牛育肥是在不影响肉牛的健康和消化的前提下，用符合增重需要的配合饲料催肥，以达到提高牛肉产量、改善牛肉的品质。其目的是应用科学饲养管理技术，以较少的饲料消耗获得较高的日增重，取得最大的经济效益。

（一）育肥牛品种的选择

我国目前用于育肥的牛主要有引进肉牛品种、我国地方黄牛品种和我国培育品种三大类。肉牛品种不同，育肥期的增重速度也不一样，如肉用品种的增重速度比本地黄牛快。目前生产上饲养数量最多的是利用引进肉牛品种和我国地方品种母牛杂交产生的改良牛，这类牛的生长速度、饲料利用率和肉的品质都超过本地品种。如我国地方品种用引进品种西门塔尔牛改良，产肉产奶效果都很好。用安格斯牛改良，能提高早熟性，后代抗逆性强，牛肉品质好；用利木赞牛改良，牛肉的大理石花纹明显改善；用夏洛莱牛或皮埃蒙特牛改良，后代的生长速度快，瘦肉率、屠宰率和净肉率高，肉质好。

另外，公牛育肥与阉牛育肥比较，对 24 月龄以内育肥屠宰的公牛，以不去势为好。

（二）育肥的适宜年（月）龄

肉牛的增重与饲料转化效率和年龄关系很大。一般年龄越大，增重速度越慢，饲料报酬率越低。

根据生长规律，增重速度上，肉牛在出生第一年增重最快，第二年增重仅为第一年增重的 70%，第三年增重仅为第二年增重的 50%。

屠宰时间上，国外一般肉牛多在 1.5 岁左右屠宰，最迟不超过 2 岁。我国地方品种牛成熟较晚，一般 1.5 ～ 2 岁间增重较快，适于屠宰的时间在 2 岁左右。过晚屠宰，肉的品质下降，饲料转化率低，成本提高。

根据以上规律，1 ～ 2 岁的牛最适合育肥。集中在出售或屠宰前的一定时期（3 ～ 5 个月）开始育肥最合适。

（三）育肥的适宜季节

一般来说，在气温 5 ～ 21℃环境中，最适宜牛的生长。在四季分明的地区，选择在春、秋季节育肥效果最好，此时气候温和、蚊蝇少，适宜肉牛的生长，牛采食量大、生长快。夏季天气炎热，食欲下降，不利于牛的增重，而冬季由于气温低，牛体用于维持需要的热能多，增重缓慢，因此冬季育肥饲料消耗多、饲料报酬低、经济上不合算；而且冬季青饲料缺乏，用于贮备草料的费用增加，也提高了饲养成本。

为了避免在冬季育肥肉牛，可调节配种产犊季节，进行季节性育肥。调整的方法是集中在 4 ～ 5 月份配种，第二年的早春 2 ～ 3 月份产犊，18 ～ 20 月龄进入冬季前出栏。

当然，对于规模化舍饲育肥的家庭农场，只要建设保温隔热条件好的牛舍，准备充足廉价的青贮饲料或酒糟等饲草料，完全可以实行冬季育肥，也同样能取得较好的经济效益。

（四）饲养方法

我国牧区主要采取草原放牧饲养肉牛，很少补饲精料。农区普遍采用秸秆、人工牧草、青贮饲料和精饲料，以舍饲肉牛为主。也有采取放牧加补饲的方法，利用草场放牧，归牧后大量给予糟渣类、秸秆类及谷实类饲料，育肥效果也比较理想。

放牧一般不会有非常理想的育肥效果，却是一种非常经济的饲养方式，凡有荒山草地的地方，在牧草丰盛的季节都可以选择这种饲养方法。其他季节如果以放牧结合舍饲方法则会有较好的效果，但要注意补充矿物质如食盐、石粉、磷酸氢钙等，多以舔砖的形式供给。

与放牧相比，舍饲可根据牛的体重、健康状况、生理状况给予不同的饲养，使牛生长发育均匀，减少饲草料浪费，不受气候等自然条件的影响，减少行走、气候变化等的营养消耗，提高饲料利用率。但舍饲会加大设备、人工、饲草料加工、疾病防治等的支出，使饲养成本加大。

（五）育肥方式

根据育肥形式和目的，及饲料资源情况，育肥牛的育肥方式有持续性育肥（直线育肥）和吊架子育肥。

1. 直线育肥

直线育肥也称为持续强度育肥、一贯育肥，就是犊牛断奶后不吊架子，直接转入生长育肥阶段。采用舍饲与全价日粮饲喂等"高精料"饲喂的方法，使犊牛一直保持很高的日增重，直到达到屠宰体重时为止。一般 12～15 个月时，体重可达 500 千克以上，日增重可达 0.8 千克以上，平均每千克增重消耗精饲料 2 千克。

乳用公犊牛经过全乳或代乳品直接育肥生产白牛肉，及用较多数量的牛乳和精饲料饲喂至 7～8 月龄断乳时体重达 250 千克左右即屠宰的犊牛育肥，也属于直线育肥的范围。

肉牛直线育肥的优点是缩短了生产周期，较好地提高了出栏率；改善了肉质，满足市场高档牛肉的需求，提高了肉牛生产的经济效益。

2. 吊架子育肥

吊架子育肥也称后期集中育肥。就是利用犊牛断奶后利用廉价饲草使牛的骨架和消化器官得到充分的发育。然后利用牛的补偿生长特性，在后期提高营养水平，在出售或屠宰前进行 2～3 个月的短期强度肥育，是我国农牧区传统的饲养肉牛方式。

不宜留作种（役）用的老残牛育肥也属于此育肥范围。

吊架子育肥的优点是适用范围广，精料用量较少，经济效益较好；特别是适合山区以放牧或农区以秸秆为主的小规模饲养。

（六）肉牛持续育肥

持续育肥是指肉牛犊断奶后，立即转入育肥阶段进行育肥，一直到 18 月龄左右、体重达到 500 千克以上时出栏。持续育肥技术是肉牛育肥采用最多的方式之一，应用持续育肥技术的育肥牛生长发育速度快、肉质细嫩鲜美、脂肪含量少、适口性好、牛肉商品率高，同时，牛场也增加了资金周转次数、提高了牛舍的利用率，经济效益明显。持续育肥主要有放牧持续育肥法、放牧加补饲持续育肥法和舍饲持续育肥法 3 种。

1. 放牧持续育肥法

放牧持续育肥法适合草质优良的地区，通过合理调整豆科牧草和禾本科牧草的比例，不仅能满足牛的生理需要，还可以提供充足的营养，不用补充精饲料也可以使牛日增重保持 1 千克以上，但需定期补充定量的食盐、钙、磷和微量元素。放牧持续育肥法的优点是可以节省大量精饲料、降低饲养成本，缺点是育肥时间相对较长。

（1）选择合适的放牧草场　牧草质量要好，牧草生长高度要适合牛采食，牧草在 12～18 厘米高时采食最快，10 厘米以下牛难以采食。因此，牧草低于 12 厘米时不宜放牧，否则，牛不容易吃饱，造成"跑青"现象。北方草场以牧草结籽期为最适合育肥季节。

（2）保证放牧时间　牛的放牧时间每天不能少于 12 小时，以保证牛有充足的吃草时间。当天气炎热时，应早出晚归，中午多休息。

（3）合理分群　做到以草定群，即以草原的载畜量确定牛群规模的大小。草场资源丰富的，牛群一般 30 ～ 50 头一群为好，120 ～ 150 千克活重的牛，每头牛应占有 1.33 ～ 2 公顷草场；300 ～ 400 千克活重的牛，每头牛应占有 2.67 ～ 4 公顷草场。

（4）补充精料　育肥肉牛必须根据牛的采食情况补充精料。应在放牧期夜间补饲混合精料。在收牧后补料，出牧前不宜补料，以免影响放牧时牛的采食。

（5）补充食盐　在牛的饮水中添加食盐或者给牛准备食盐舔砖，任其舔食。

（6）添加促生长剂　放牧的肉牛饲喂瘤胃素可以起到提高日增重的效果。据资料介绍，每日每头饲喂 150 ～ 200 毫克瘤胃素，可以提高日增重 23％～ 45％。以粗饲料为主的肉牛，每日每头饲喂 150 ～ 200 毫克瘤胃素，也可以提高日增重13.5％～ 15％。

（7）驱虫和防疫　放牧育肥牛要定期注射倍硫磷，以防牛皮蝇的侵入，损坏牛皮。定期药浴或使用驱虫药物驱除体内外寄生虫，定期进行口蹄疫、牛布氏杆菌病等的防疫。

2. 放牧加补饲持续育肥法

放牧加补饲持续育肥法适合牧草条件较好的地区，犊牛断奶后，以放牧为主，根据草场情况，适当补充精料或干草。放牧加舍饲的方法又分为白天放牧、夜间补饲和盛草季节放牧、枯草季节舍饲两种方式。放牧时要根据草场情况合理分群，每群 50 头左右，分群轮放。我国 1 头体重 120～150 千克的牛需 1.5～2 公顷草场。放牧时要注意牛的休息和补盐，夏季防暑，抓好秋膘。放牧加补饲持续育肥法优点是可以节省一部分精饲料，降低饲养成本。缺点是育肥时间相对较长。

具体做法：放牧部分参照放牧持续育肥法，舍饲部分参照舍饲持续育肥法。

3. 舍饲持续育肥

舍饲持续育肥适用于专业化的育肥场。犊牛断奶后即进行持续育肥，犊牛的饲养取决于育肥强度和屠宰时月龄，强度育肥到 14 月龄左右屠宰时，需要提供较高的营养水平，以使育肥牛平均日增重达到 1 千克以上。在制订育肥生产计划时，要综合考虑市场需求、饲养成本、牛场的条件、品种、育肥强度及屠宰上市的月龄等，以期获得最大的经济效益。

育肥牛日粮主要由粗料和精料组成，平均每头牛每天采食日粮干物质约为牛活重的 2% 左右。舍饲持续育肥一般分为适应期、增肉期和催肥期 3 个阶段。

（1）适应期 断奶犊牛一般有 1 个月左右的适应期。刚进舍的断奶犊牛，对新环境不适应，要让其自由活动，充分饮水，少量饲喂优质青草或干草，精料由少到多逐渐增加喂量，当进食 1～2 千克时，就应逐步更换为正常的育肥饲料。在适应期每天可喂酒糟 5～10 千克、切短的干草 15～20 千克（如喂青草，用量可增 3 倍）、麸皮 1～1.5 千克、食盐 30～35 克。如发现牛消化不良，可每头每天饲喂干酵母 20～30 片。如粪便干燥，可每头每天饲喂多种维生素 2～2.5 克。

（2）增肉期 一般 7～8 个月，此期可大致分成前、后两期。前期以粗料为主，精料每日每头 2 千克左右，后期粗料减半，精料增至每日每头 4 千克左右，自由采食青干草。前期每日可喂酒糟 10～20 千克，切短的干草 5～10 千克，麸皮、玉米粗粉、饼类各 0.5 ～ 1 千克，尿素 50 ～ 70 克，食盐 40 ～ 50 克。喂尿素时要将其溶解在少量水中，拌在酒糟或精料中喂给，切忌放在水中让牛直接饮用，以免引起中毒。后期每日可喂酒糟 20 ～ 25 千克、切短的干草 2.5 ～ 5 千克、麸皮 0.5 ～ 1 千克、玉米粗粉 2 ～ 3 千克、饼渣类 1 ～ 1.25 千克、尿素 100 ～ 125 克、食盐 50 ～ 60 克。

（3）催肥期　一般 2 个月，主要是促进牛体膘肉丰满，沉积脂肪。日喂混合精料 4 ～ 5 千克，粗饲料自由采食。每日可饲喂酒糟 25 ～ 30 千克、切短的干草 1.5 ～ 2 千克、麸皮 1 ～ 1.5 千克、玉米粗粉 3 ～ 3.5 千克、饼渣类 1.25 ～ 1.5 千克、尿素 150 ～ 170 克、食盐 70 ～ 80 克。催肥期每头牛每日可饲喂瘤胃素 200 毫克，混于精料中喂给效果更好，体重可增加 10%～ 15%。

在饲喂过程中要掌握先喂草料，再喂精料，最后饮水的原则，定时定量进行饲喂，一般每日喂 2 ～ 3 次，饮水 2 ～ 3 次。每次喂料后 1 小时左右饮水，要保持饮水清洁，水温 15 ～ 25℃。每次喂精料时先取干酒糟用水拌湿，或干、湿酒糟各半混匀，再加麸皮、玉米粗粉和食盐等拌匀。牛吃到最后时，拌入少许玉米粉，使牛把料槽内的食物吃干净。

（4）舍饲持续育肥的管理

① 进行消毒和驱虫。用 0.3% 的过氧乙酸或其他高效消毒液逐头进行 1 次喷体消毒。育肥牛在育肥之前应该进行体内外驱虫工作。体外寄生虫可以使得牛采食量减少、抑制增重和肥育期增长。体内寄生虫会吸收肠道食糜中的营养物质，从而影响到育肥牛的生长和育肥效果。

通常可以选用虫克星、左旋咪唑或者阿维菌素等药物，育肥前 2 次用药，同时将体内外多种寄生虫驱杀掉。

② 提供良好的生活环境。牛舍在建筑上不一定要求造价很高，但是应该防雨、雪以及防晒，要有冬暖夏凉的环境条件，并保持通风干燥。在寒冷地区，牛舍温度应保持在 0℃ 以

上，以加速牛的生长和提高饲料利用率。工具每天应清洗干净，清粪、喂料工具应严格分开，定期消毒。洗刷牛床，保持牛床清洁卫生，随时清粪和勤更换牛床的垫草，定期大扫除、清理粪尿沟。牛舍及设备常检修。注意牛缰绳松紧，以防绞索和牛只跑出，确保牛群安全。

③饲养管理上坚持五定、六看、五净的原则。

五定即定时、定量、定人、定刷拭以及定期称重。

定时就是饲喂时间固定。一般是早上5时、上午10时、下午5时，分3次上槽，夜间最好能补喂1次，按规定顺序喂料、喂水，每次上槽前先喂少量干草，然后再拌料，2小时后再饮水，夏季可稍加些盐，以防脱水。

定量就是定喂料数量，不能忽多忽少。先喂料，后饮水。喂料后必须饮足清洁水；晚间增加饮水1次；炎热夏季要保持槽内有充足的饮水；饲料中添加尿素时，喂料前后0.5～1小时杜绝饮水。

定人就是固定专人负责饲养管理。饲养员在饲喂、清扫牛舍等工作过程中对牛进行观察，了解采食、饮水、排粪和精神状态，异常情况及时报告兽医，兽医每班至少巡视一次。发情牛及时报告配种员，有利于及早采取措施。

定刷拭就是每天固定刷拭牛体2次，上下午各一次，每次15分钟。经常刷拭牛体，能保持牛体卫生，促进血液循环，多增膘，预防体内、外寄生虫病的发生。

定期称重是为合理分群和及时掌握育肥效果，要进行肥育前称重、肥育期称重及出栏称重。肥育期最好每月称重1次。称重一般要在早晨饲喂前空腹时进行，每次称重的时间和顺序应基本相同，以检验育肥效果，查找不足。生产中多采用估测法估测体重。

六看即看采食、看排粪、看排尿、看反刍、看鼻镜、看精神状态是否正常。

看采食就是看牛的食欲。食欲旺盛是牛健康的最可靠特征。健康牛有旺盛的食欲，吃草料的速度也较快，吃饱后开始反刍（俗称倒沫）。一般情况下，只要生病，首先就会影响牛的食欲。在草料新鲜、无霉变的情况下，如果发现奶牛对草料只是嗅嗅，不愿吃或吃得少，即为有病的表现。每天早上给料时注意看一下饲槽是否有剩料，对于早期发现牛的疾病是十分重要的。

看排粪就是看牛的排粪状况，包括排粪的姿势、排粪数量、粪便形状及颜色等。正常牛在排粪时，背部微弓起，后肢稍微开张并略往前伸。每天排粪 10～18 次。健康牛的粪便呈圆形，边缘高、中心凹，并散发出新鲜的牛粪味。排粪带痛，在排粪时表现疼痛不安，弓腰努责，常见于腹膜炎、直肠损伤和创伤性网胃炎等。牛不断地做排粪动作，但排不出粪或仅排出很少量，见于直肠炎。病牛不采取排粪姿势，就不自主地排出粪便，见于持续性腹泻和腰荐部脊髓损伤。排粪次数增多，不断排出粥样或水样便，即为腹泻，见于肠炎、肠结核、副结核及犊牛副伤寒等。排粪次数减少、排粪量减少，粪便干硬、色暗，外表有黏液，见于便秘、前胃病和热性病等。如果分辨不出，可以取样送正规单位检测。

看排尿就是观察牛在排尿过程中的行为与姿势是否异常以及尿量和颜色等。正常牛每日排粪 10～15 次，排尿 8～10 次。健康牛的粪便有适当硬度，排泄的牛粪为一节一节的，但肥育牛粪稍软，排泄次数一般也稍多，尿一般透明，略带黄色。牛排尿异常有多尿、少尿、频尿、无尿、尿失禁、尿淋漓和排尿疼痛。

看反刍。牛反刍的好坏能很好地反映牛的健康状况。健康牛每日反刍 8 小时左右，特别是晚间反刍较多。一般情况下病牛只要开始反刍，就说明病情有所好转。健康牛一般在喂后半个小时开始反刍，通常在安静或休息状态下进行。每天反刍 4～10 次，每次持续时间 20～40 分钟，有时到 1 小时，反刍时返回口腔的每个食团大约进行 40～70 次咀嚼，然后再咽下。

有时也要根据牛饲料来分析，情形不固定，但是一般是这样的情况。

看鼻镜（图6-1）。健康的奶牛不管天气冷热，鼻镜总有汗珠，颜色红润。如鼻镜干燥、无汗珠，就是有病的表现。

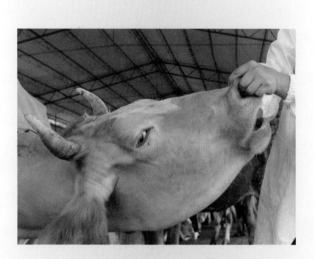

图 6-1　牛体检查——看鼻镜

看精神状态（图6-2）。健康牛动作敏捷，眼睛灵活，尾巴不时摇摆，皮毛光亮。如果发现牛眼睛无神，皮毛粗乱、拱背、呆立，甚至颤抖摇晃，尾巴也不摇动，就是有病的表现。

五净即草料净、饲槽净、饮水净、牛体净和圈舍净。

草料净：草料不能含沙石、泥土、铁 、塑料等异物，没有有毒有害物质。

饲槽净：牛下槽要及时清扫饲槽，防止发霉、发酵、变质。

饮水净：供清洁卫生的饮水，避免有毒有污染的饮水。

牛体净：每天刷拭 1～2 次，方法是从左到右、从上到下、从前到后顺毛刷梳，特别注意背线、腹侧的刷梳，清理臀部污物。注意牛体有无外伤、肿胀和寄生虫。保持牛体卫生，防止寄生虫发生。

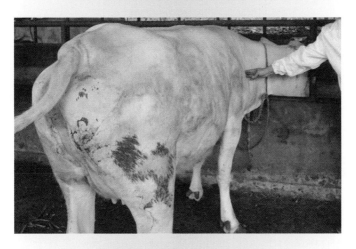

图6-2　牛体检查——看精神状态

圈舍净：圈舍要勤打扫、勤除粪，牛床要干燥，室内空气清洁，冬暖夏凉。

④ 分群管理。应按年龄、品种、体重分群，体重差异不超过 30 千克，相同品种分成一群，3 岁以上的牛可以合并一起饲喂，便于饲养管理。

⑤ 减少活动。育肥牛应相应地减少活动；对于舍饲育肥

牛，拴牛绳要短，在每次饲喂完成之后应该一牛拴一桩或者在休息栏内。

⑥ 添加必要的中药和促生长剂。在育肥牛驱虫后要饲喂健胃散，每天饲喂 1 次，每次每头 500 克；给育肥牛添加瘤胃素，可以起到提高日增重的效果。具体的添加方法是，在精料中按每千克精料 60 毫克瘤胃素的标准添加。对大便干燥、小便赤黄的牛，用牛黄清火丸调理肠胃。

⑦ 做好防疫。肉牛必须做好牛口蹄疫疫苗的注射工作，并做好免疫标识的佩带。有条件的还可以进行牛巴氏杆菌疫苗的注射。

（七）奶公牛犊直线育肥

奶公牛直线育肥即奶公牛持续强度育肥，即犊牛断奶后直接转入育肥阶段，给予高水平营养，不用吊架子。采用舍饲与以谷物为主全价日粮饲喂的方法，经过 16 ～ 18 月龄的饲喂期，体重达到 500 千克以上出栏。奶公牛直线育肥饲养可分为犊牛期、育肥期和催肥期等 3 个时期。

1. 犊牛期饲养管理

犊牛是指出生到 6 月龄的牛。一般按月龄和断奶情况分群管理，可分为哺乳犊牛（0 ～ 3 月龄）、断奶后犊牛（3 ～ 6 月龄）。根据犊牛的来源不同，分为外购奶公犊和自产奶公犊。

（1）外购奶公犊管理

① 犊牛的选购。选择 60 日龄以内已经断奶、健康、无病、膘情良好的奶公犊，观察腹部已经下垂，说明瘤胃已经开始发育；并且眼大而有神，鼻镜湿润，尾部及肛门附近无粘连的粪便。如果尾部有粘连的粪便，即使肛门附近干净也说明不久前曾发生过腹泻。脐带干净。最好从规模大的标准化奶牛场集中购买犊牛，一方面便于采取统一的饲养方案进行饲喂，一方面

防止因为犊牛来自不同的奶牛场而导致交叉感染。

② 入场后过渡期。2～3月龄的犊牛运输距离以300千米以内为宜，不建议长途运输。要从原奶牛场购买5天的饲料用于过渡。购买犊牛运输到场后，先休息半个小时，一个小时后提供清洁饮水。首次提供的饲料为原先饲养场采食的饲料。

过渡饲养时间一般是15天，按照一定比例使用原奶牛场的犊牛饲料和本场饲料。按1～3天8∶2、4～6天6∶4、7～9天4∶6、10～12天2∶8、13～15天全部为新日粮的规律逐渐替换。饲喂过程中注意观察犊牛的采食情况和粪便形状。对于出现腹泻或者肺炎症状的犊牛要及早采取相应的治疗措施。

过渡完成后，饲养管理参照本场自产犊牛饲养方法进行。推荐精饲料配方：

育肥前期（%）：配方一——玉米65、麸皮5、豆粕25、预混料5；配方二——玉米60、麸皮8、豆粕5、棉粕15、DDGS 8、石粉1、食盐1、小苏打1、预混料1。

育肥后期（%）：配方一——玉米70、麸皮2、豆粕23、预混料5；配方二——玉米70、豆粕5、棉粕15、DDGS 6、石粉1、食盐1、小苏打1、预混料1。

精粗饲料按照精粗比（干物质基础）混合饲喂，最好采用TMR日粮。粗饲料可以是玉米秸秆青贮+酒糟（每天每头3～6千克），也可以单独使用青贮料或干草。每天饲喂2次，自由采食。

（2）自产奶公犊管理

① 新生犊牛护理

适宜环境：犊牛生活环境应清洁、干燥、宽敞、阳光充足、冬暖夏凉，最适宜温度为15℃。

清除黏膜：犊牛出生后首先清除口鼻中的黏液，方法是使小牛头部低于身体其他部位或倒提几秒钟使黏液流出，然后用人为方法诱导呼吸。用布擦净身上黏液，然后从母牛身边移开。

断脐带：挤出脐内污物，用7%碘液消毒肚脐并在离肚脐5厘米处打结脐带或用夹子夹住，出生几天后应检查小牛是否有感染。

喂初乳：犊牛出生1小时之内要保证首次吃上初乳，饲喂量为犊牛体重的10%，用胃管灌服或自由哺乳均可，初乳适宜温度约38℃，12小时后再饲喂一次10%体重的初乳。

补充营养：要适当补充一些维生素A、维生素D、维生素E、亚硒酸钠和牲血素。犊牛料中可适当添加生长素0.26%、腐殖酸钠1.03%。

打耳标和做记录：犊牛出生10日内，打耳号、去角、照相、登记谱系。标准化的耳号书写形式为上面是场号、下面是牛号。牛谱系要求填写清楚、血统清晰。

去角：2周内去角，采用苛性钠或电烙铁方法。如遇蚊蝇较多的季节，应在伤口处涂上油膏以防蚊蝇。

② 犊牛饲养

营养需要：哺乳期60～90天，全期哺乳量300～400千克，精料喂量185千克，干草喂量170千克。期末体重达155～170千克。

喂常乳、开食料：犊牛提早饲喂初乳，7日龄后转喂常乳，并开始饲喂开食料，料、奶、水需分开饲喂。

断奶：犊牛10日龄开始采食干草，随着日龄增长，开食料也相应增加，3月龄精料日采食量逐渐增加到1～1.5千克，可以断奶。断奶后，按犊牛月龄、体重进行分群，把年龄、体重相近的犊牛放在同群中。6月龄以前精料日采食量增至2～2.5千克。60日龄开始加喂青贮饲料，首次日喂量0.1～0.15千克，5～6月龄青贮饲料日喂量3～4千克，优质干草1～2千克。日粮钙磷比例不超过2:1。

饮水：早期断奶犊牛饮水量是干物质采食量的6～7倍。除了喂奶后需给予饮用水外，还应设水槽供水，早期（1～2

月龄）要供温水，水质应符合无公害食品·畜禽饮用水水质要求。

卫生：犊牛饲养用具及环境要保持干净。奶桶喂奶后，用40℃高锰酸钾溶液（0.5％）浸泡毛巾，将犊牛嘴鼻周围残留的乳汁及时擦净。哺乳用具每次用完后应清洗、消毒。犊牛围栏、牛床等应保持干燥，定期消毒。

运动：犊牛出生1周后可在圈内或笼内自由运动，10天后可到舍外的运动场上做短时间的运动。一般开始时每次运动半小时，一天运动1～2次，随着日龄的增加可延长运动时间。

转群：犊牛断奶后需进行布病和结核病检疫，并进行口蹄疫疫苗和炭疽芽孢苗免疫接种。满6月龄时称体重、测体尺，转入育成牛群饲养。

疾病预防：每日仔细观察犊牛精神状态、食欲、生长发育、粪便等。定期进行体温、呼吸及血尿常规检查，预防疾病发生。如发现异常，及时进行处置。

2. 育肥期和催肥期饲养管理

（1）饲养　奶公犊育肥常用的饲料原料有：玉米、DDGS、豆粕、玉米胚芽粕、玉米纤维、油糠、甜菜粕、棉籽粕等。饲料配方见表6-1，育肥各阶段日粮参考配方二。

① 育肥各阶段日粮参考配方一

表6-1　育肥各阶段日粮参考配方一　单位：千克/（头·日）

阶段	玉米	豆饼	酒糟	干草	食盐	1%复合添加剂
适应期（6月龄）	2	0.34	1.66	1.66	0.02	0.05
增肥期（7～16月龄）	2.5	0.42	2.08	2.08	0.02	0.07
育肥期（17～18月龄）	3	0.50	2.50	2.50	0.02	0.08

② 育肥各阶段日粮参考配方二

适合2月龄断奶后直线育肥。豆粕12.5％，DDGS 63％，玉米15％，石粉2.63％，碳酸氢钙4.04％，食盐0.60％，微量矿物质 0.25%，20%莫能霉素 0.02%，小苏打 1.50%，糖蜜 0.40%（黑龙江省农科院畜牧所配方）。

（2）管理

转群：犊牛 6 月龄后转入育肥舍饲养。牛只转入前，育肥舍地而、墙壁可用 2%火碱溶液喷洒，器具用 1%的新洁尔灭溶液或 0.1%的高锰酸钾溶液消毒。

驱虫：6 月龄犊牛使用伊维菌素进行驱虫处理，用量为每千克体重 0.2 克。注射后 2～5 小时要注意观察牛只情况，如有异常，及时进行处理。

饲喂：日饲喂 3 次，早、中、晚各 1 次。经常观察牛采食、反刍、排便和精神状况。禁止饲喂冰冻的饲料。

饮水：保证充足饮水，一般在饲喂后 1 小时内饮水，冬季饮温水。

出栏：当奶公牛（奶牛所产的公犊，习称奶公牛）16～18 月龄、体重达 500 千克、全身肌肉丰满时，即可出栏。

（八）架子牛育肥技术

架子牛一般是指 3～4 岁，生长发育已完全结束，骨架与体型已定型，经 150 天以上的高精料、高能量日粮的强度催肥，体重达到 550～650 千克的牛，具有加工牛肉熟制品的成品率高、饲养期短、周期快和经济效益明显的特点。

1. 架子牛的选择

（1）选择 1.5 岁左右的牛育肥，能生产出高档优质牛肉。牛体重的估算方法参见视频 6-8。6 岁以上阉牛、淘汰的基础母牛等老残牛由于育肥效果差、效益低，不宜用于生产中高端牛肉育肥，只能生产普通育肥牛。

视频 6-8　牛体重的估算方法

（2）头短额宽、嘴大颈粗、体躯宽深而长、前躯开张良好、皮薄松软、体格较大、棱角明显、背尻宽平的牛，具有育肥潜力。体高 137 厘米，体斜长 150 厘米，体重 350 千克以上。体躯过短、窄背弓腰、尖尻、体况瘦弱者不宜。

（3）育肥时间应选择春、秋季节最佳。在 6 ～ 8 月份高温季节，应采用水帘、屋顶淋雨和风扇等措施防暑降温，减缓热应激；冬季应采取保温措施，肉牛育肥最适宜环境温度为 4 ～ 20℃。

2. 饲喂技术

采用高能量日粮，净能达到 30 兆焦 / 日以上，精料比例逐渐增加到 70%，不用青绿多汁和青贮饲料，能量饲料应以大麦为主。

（1）恢复期（10 ～ 15 天）　由于运输、环境和管理方式等因素的应激，牛疲劳且体重下降 5% ～ 15%，需要一段时间恢复，以便适应新环境、组群和饲养管理方式。日粮以优质青干草、麦草为主，给予充足饮水，第一天不给精料，第二天给少量麸皮，3 天后精料维持原农户或场的喂量。并完成检疫、防疫、驱虫和隔离观察。

（2）过渡期（15 ～ 20 天）　逐步实现由原粗料型向精料型转变。待架子牛恢复体况并适应后，减少青干草，增加麦草，日喂粗饲料 4 ～ 6 千克 / 头；精料中粗蛋白保持 13% ～ 15%，喂量逐渐增加到 4 千克 / 日，保证每头净能 37 ～ 52 兆焦 / 日。

（3）催肥期　在此阶段停喂青干草，禁喂青绿多汁饲料，以麦草、稻草为主，日喂量 3 ～ 4 千克 / 头，逐渐增加精料，以每周增加精料 2 千克 / 头左右、粗蛋白保持 8% ～ 10%、日喂精料稳定在 6 ～ 8 千克 / 头直至出栏。

3. 饲养管理

（1）充分饮水　应采取自由饮水或每日饮水不少于 3 次，冬季饮温水。

（2）驱虫、健胃　在恢复期用丙硫咪唑一次口服，剂量为10毫克/千克体重；体外寄生虫可用2%～4%的杀灭菊酯，在天气晴朗时，淋浴杀虫，既可杀死体表蜱等寄生虫，亦有避蚊蝇作用。驱虫3天后，用大黄苏打片50～80片/次，2次/天，连用2天，然后用中草药健胃散500克/头，连用2天健胃，促进消化。

（3）分群　按体格大小、强弱的不同分群围栏饲养，育肥期最多每群15头，以6～8头组小群为最佳，并相对稳定，在育肥期每小群只能出，不再进牛，围栏面积12～18平方米。

（4）饲喂次数　育肥前期日喂2～3次，中间隔6小时，后期可自由采食。

（5）卫生保持　牛舍干燥卫生，进牛前牛舍必须清扫干净，用2%～4%烧碱彻底喷洒消毒，待干燥后进牛。

（6）观察与称重　在育肥期要观察每头牛的反刍、精神和粪便等情况，病牛应及时隔离，单独饲养治疗；有臌气、粪稀恶臭且有未消化精料，应减少或停止增加精料。育肥期每30天称重一次，方法是在早晨空腹时，连续称重两次，取其平均值为一次称重，推算日增重，并根据日增调整日粮配方，使日增重保持0.8～1.2千克。

（九）淘汰牛短期育肥技术

淘汰牛短期育肥主要是指未去势公牛、3岁以上的去势牛和各类淘汰母牛的短期育肥，这类牛无法生产优质高档牛肉，以追求出栏时牛的架子和体重大、出售育肥活牛为主，供应中低市场。育肥期120～150天。

1.淘汰牛的选择

（1）年龄　年龄选择余地不大，当然愈小愈好。在年龄相当时，母牛、阉割牛比未去势公牛育肥效果好。

（2）健康检查　认真检查口腔、牙齿是否完好；仔细观察咀嚼、粪便、排尿、四肢等，而体躯过短，窄背弓腰，尖尻，体况瘦弱者不宜。

（3）妊娠检查　对淘汰母牛应进行妊娠检查，确定是否怀孕，再决定是否采购。

2. 饲喂技术

采用玉米秸秆青贮、酒糟等为主。补充精料等高能量日粮，能量饲料以玉米为主，以提高日增重和改善体型。

（1）使用玉米秸秆青贮育肥　具体分三个阶段育肥：

① 恢复期（10～15天）。日粮以优质青干草、麦草为主，少量的青贮草，充足饮水，第一天不给精料，第二天给少量麸皮，3天后精料维持原来场的喂量。并完成防疫、驱虫和隔离观察。

② 过渡期（15～20天）。逐步实现由原粗料型向精料型转变。待架子牛恢复体况并适应后，减少青干草，增加青贮和酒糟，日喂粗饲料15千克左右；精料中粗蛋白保持10％～12％，添加0.5％碳酸氢钠，精饲料喂量逐渐增加到4千克／（头·日）。

③ 催肥期。在此阶段停喂青干草，节省成本，以青绿多汁青贮、酒糟为主，不限制采食，后期酒糟最大饲喂量可达20千克／（日·头），青贮保持8～15千克／（日·头），并给少量麦草、稻草，日喂量3千克／头，起到调节胃肠酸碱度和刺激胃肠蠕动作用；逐渐增加精料，每周增加1～2千克／头左右，精料中粗蛋白保持8％～10％，添加1.0％碳酸氢钠，日喂精料逐渐稳定在4～6千克／头至出栏。

（2）使用酒糟育肥　具体分三个阶段育肥。

① 第一阶段：30天（第一个月），前10～15天为恢复期，日粮以优质青干草、麦草为主，少量的青贮草，充足饮水，第一天不给精料，第二天给少量麸皮，3天后精料维持原来场的

喂量。并完成防疫、驱虫和隔离观察。后 15 天每天饲喂酒糟 10 ～ 15 千克，玉米秸粉 3 千克，配合饲料 1 ～ 1.5 千克，食盐 20 克。

② 第二阶段：30 天（第二个月），每天饲喂酒糟 15 ～ 20 千克，玉米秸粉或青干草 6.5 千克，配合饲料 1.5 ～ 2.0 千克，食盐 30 克。

③ 第三阶段：40 ～ 60 天（第 3 ～ 4 个月），每天喂酒糟 20 ～ 25 千克，青干草或玉米秸粉 6.5 ～ 7 千克，配合饲料 2.5 ～ 3 千克，食盐 50 克。

使用鲜酒糟的，为了防止鲜酒糟发霉变质，可建一水泥池，池深 1.2 米左右，大小根据酒糟量确定。把酒糟放入池内，然后加水至漫过酒糟 10 厘米。这样可使酒糟保存 10 ～ 15 天。

酒糟以新鲜为好，发霉变质的酒糟不能使用。如需贮藏，窖贮效果好于晒干贮藏。酒糟类饲料应拌匀后再喂。

3. 饲养管理

（1）充分饮水　应采取自由饮水或每日饮水不少于 3 次，冬季饮温水，忌饮冰水。拴养时在白天饲喂结束后，清扫饲草，加满饮水。

（2）驱虫、健胃　牛体内大都寄生有线虫、绦虫、蛔虫、血吸虫、囊尾蚴等多种寄生虫，严重影响牛的生长发育，在育肥前必须先驱除体内外寄生虫。可选用广谱、高效、低毒的丙硫咪唑一次口服，剂量为 10 毫克 / 千克体重，阿维菌素肌注 0.2 毫克 / 千克体重；间隔一周再驱虫一次。或用 1% ～ 3% 的敌百虫水溶液涂擦患部，驱除体外寄生虫。

健胃用大黄碳酸氢钠片或中草药。中药健脾开胃，可以用茶叶 400 克、金银花 200 克煎汁喂牛；或用姜黄 3 ～ 4 千克分 4 次与米酒混合喂牛；或用香附 75 克、陈皮 50 克、莱菔子 75 克、枳壳 75 克、茯苓 75 克、山楂 100 克、六神曲 100 克、麦芽 100 克、槟榔 50 克、青皮 50 克、乌药 50 克、甘草 50 克，水煎一次内服，每头每天一剂，连用两天。

（3）分群、定槽　按品种、体格大小、强弱的不同分群围栏饲养，育肥期最多每群15头，以6头组小群为最佳，并相对稳定，在育肥期每小群只能出，不再进牛，围栏面积12～18平方米。对拴养的牛，固定槽位，缰绳长35厘米。

（4）饲喂次数　育肥前期日喂2～3次，中间隔6小时，后期可自由采食。拴养育肥在夜间21：00添槽，保持夜间牛有饲草采食。

（5）对拴养牛，特别是育肥未去势牛，夜间必须有人值班，防止脱缰、打斗，造成伤害、应激，以及不必要的事故。

（6）勤观察　防止牛缰绳缠住牛腿，或缰绳拉损牛头皮肤，造成感染。

（7）饲喂秸秆、酒糟为主的饲草必须注意添加维生素A、维生素D和矿物质、微量元素。

（十）高档牛肉生产技术

高档牛肉是指通过选用适宜的肉牛品种，采用特定的育肥技术和分割加工工艺，生产出肉质细嫩多汁、肌肉内含有一定量脂肪、营养价值高、风味佳的优质牛肉。虽然高档牛肉占胴体的比例约12%，但价格比普通牛肉高10倍以上。因此，生产高档牛肉是提高养牛业生产水平、增加经济效益的重要途径。

肉牛的产肉性能受遗传基因、饲养环境等因素影响，要想培育出优质高档肉牛，需要选择优良的品种、创造舒适的饲养环境、遵循肉牛生长发育规律，进行分期饲养、强度育肥、适龄出栏，最后经独特的屠宰、加工、分割处理工艺，方可生产出优质高档牛肉。

1.生产高档牛肉必须具备的条件

① 有稳定的销售渠道，牛肉售价较高。

②有优良的架子牛来源（或牛源基地）。

③具备肉牛自由采食、自由饮水或拴系舍饲的科学饲养设备。

④有较高水平的技术人员。

⑤有优良丰富的草料资源。

⑥有配套的屠宰、胴体处理、分割包装贮藏设施。

2.技术要点

（1）育肥牛的选择

① 品种选择。我国一些地方良种如秦川牛、鲁西黄牛、南阳牛、晋南牛、延边牛、复州牛等具有耐粗饲、成熟早、繁殖性能强、肉质细嫩多汁、脂肪分布均匀、大理石纹明显等特点，具备生产高档牛肉的潜力。以上述品种为母本与引进的国外肉牛品种杂交（通常采用国外优良公牛的冻精与我国地方良种母牛杂交），杂交一代经强度育肥，具有较强的杂种优势，体格大、生长快、增重高、牛肉品质优良、优质肉块比例较高，是目前我国高档肉牛生产普遍采用的品种组合方式。但是，具体选择哪种杂交组合，还应根据消费市场决定。若生产脂肪含量适中的高档红肉，可选用西门塔尔、夏洛莱、利木赞、短角牛和皮埃蒙特等增重速度快、出肉率高的肉牛品种与国内地方品种进行杂交繁育；若生产符合肥牛型市场需求的雪花牛肉，则可选择安格斯或日本和牛等作父本，与早熟、肌纤维细腻、胴体脂肪分布均匀、大理石花纹明显的国内优秀地方品种，如秦川牛、鲁西牛、延边牛、渤海黑牛、复州牛等进行杂交繁育。

② 年龄与体重。选购育肥后备牛年龄不宜太大，用于生产高档红肉的后备牛年龄一般在 7～8 月龄，膘情适中，体重在 200～300 千克较适宜。用于生产高档雪花牛肉的后备牛年龄一般在 4～6 月龄，膘情适中，体重在 130～200 千克比较适宜。如果选择年龄偏大、体况较差的牛育肥，按照肉牛体重

的补偿生长规律，虽然在饲养期结束时也能够达到体重要求，但最后体组织生长会受到一定影响，屠宰时骨骼成分较高，脂肪成分较低，牛肉品质不理想。

③ 性别要求。公牛体内含有雄性激素是影响生长速度的重要因素，公牛去势前的雄性激素含量明显高于去势后，其增重速度显著高于阉牛。一般认为，公牛的日增重高于阉牛10%～15%，而阉牛高于母牛10%。就普通肉牛生产来讲，应首选公牛育肥，其次为阉牛和母牛。但雄性激素又强烈影响牛肉的品质，体内雄性激素越少，肌肉就越细腻，嫩度越好，脂肪就越容易沉积到肌肉中，而且牛性情变得温顺，便于饲养管理。因此，综合考虑增重速度和牛肉品质等因素，用于生产高档红肉的后备牛应选择去势公牛；用于生产高档雪花牛肉的后备牛应首选去势公牛，母牛次之。

（2）育肥后备牛培育

① 犊牛隔栏补饲。犊牛出生后要尽快让其吃上初乳。出生7日龄后，在牛舍内增设小牛活动栏与母牛隔栏饲养，在小犊牛活动栏内设饲料槽和水槽，补饲专用颗粒料、铡短的优质青干草和清洁饮水；每天定时让犊牛吃奶并逐渐增加饲草料量，逐步减少犊牛吃奶次数。

② 早期断奶。犊牛4月龄左右，每天能吃精饲料2千克时，可与母牛彻底分开，实施断奶。

③ 育成期饲养。犊牛断奶后，停止使用颗粒饲料，逐渐增加精料、优质牧草及秸秆的饲喂量。充分饲喂优质粗饲料对促进内脏、骨骼和肌肉的发育十分重要。每天可饲喂优质青干草2千克、精饲料2千克。6月龄开始可以每天饲喂青贮饲料0.5千克，以后逐步增加饲喂量。

（3）高档肉牛饲养

① 育肥前准备。从外地选购的犊牛，育肥前应有7～10天的恢复适应期。育肥牛进场前应对牛舍及场地清扫消毒，进场后先喂点干草，再及时饮用新鲜的井水或温水，日饮2～3

次，切忌暴饮。按每头牛在水中加 0.1 千克人工盐或掺些麸皮效果较好。恢复适应后，可对后备牛进行驱虫、健胃、防疫。用虫克星或左旋咪唑驱虫 1 次。虫克星每头牛口服剂量为每千克体重 0.1 克；左旋咪唑每头牛口服剂量为每千克体重 8 毫克。

去势。用于生产高档红肉的后备牛去势时间以 10 ～ 12 月龄为宜，用于生产高档雪花牛肉的后备牛去势时间以 4 ～ 6 月龄为宜。应选择无风、晴朗的天气，采取切开去势法去势。手术前后碘酊消毒，术后补加一针抗生素。

称重、分群。按性别、品种、月龄、体重等情况进行合理分群，佩戴统一编号的耳标，做好个体记录。

② 育肥。高档红肉生产育肥：饲养分前期和后期两个阶段。

前期（6 ～ 14 月龄）。推荐日粮：粗蛋白质为 14％～ 16％，可消化能 3.2 ～ 3.3 兆卡 / 千克，精料干物质饲喂占体重的 1％～ 1.3％，粗饲料种类不受限制，以当地饲草资源为主，在保证限定的精饲料采食量的条件下，最大限度供给粗饲料。

后期（15 ～ 18 月龄）。推荐日粮：粗蛋白质为 11％～ 13％，可消化能 3.3 ～ 3.6 兆卡 / 千克，精料干物质饲喂量占体重的 1.3％～ 1.5％，粗饲料以当地饲草资源为主，自由采食。为保证肉品风味，后期出栏前 2 月内的精饲料中玉米应占 40％以上，大豆粕或炒制大豆应占 5％以上，棉粕（饼）不超过 3％，不使用菜籽饼（粕）。

大理石花纹牛肉生产育肥：饲养分前期、中期和后期 3 个阶段。

前期（7 ～ 13 月龄）。此期主要保证骨骼和瘤胃发育。推荐日粮：粗蛋白质 12％～ 14％，可消化能 3 ～ 3.2 兆卡 / 千克，钙 0.5％，磷 0.25％，维生素 A2000 国际单位 / 千克。精料采食量占体重 1％～ 1.2％，自由采食优质粗饲料（青绿饲料、青贮等），粗饲料长度不低于 5 厘米。此阶段末期牛的理想体型是无多余脂肪、肋骨开张。

中期（14～22月龄）。此期主要促进肌肉生长和脂肪发育。推荐日粮：粗蛋白质14%～16%，可消化能3.3～3.5兆卡/千克，钙0.4%，磷0.25%。精料采食量占体重1.2%～1.4%，粗饲料宜以黄中略带绿色的干秸秆（麦秸、玉米秸、稻草、采种后的干牧草等）为主，日采食量在2～3千克/头，长度3～5厘米。不饲喂青贮玉米、苜蓿干草。此阶段牛外貌的显著特点是身体呈长方形，阴囊、胸垂、下腹部脂肪呈浑圆态势发展。

后期（23～28月龄）。此期主要促脂肪沉积。推荐日粮：粗蛋白质11%～13%，可消化能3.3～3.5兆卡/千克，钙0.3%，磷0.27%。精料采食量占体重1.3%～1.5%，粗饲料以黄色干秸秆（麦秸、玉米秸、稻草、采种后的干牧草等）为主，日采食量在1.5～2千克/头，长度3～5厘米。为了保证肉品风味、脂肪颜色和肉色，后期精饲料原料中应含25%以上的麦类、8%以上的大豆粕或炒制大豆，棉粕（饼）不超过3%，不使用菜籽饼（粕）。此阶段牛体呈现出被毛光亮、胸垂、下腹部脂肪浑圆饱满的状态。

③育肥期管理

小围栏散养。牛在不拴系、无固定床位的牛舍中自由活动。根据实际情况每栏可设定70～80平方米，饲养6～8头牛，每头牛占有6～8平方米的活动空间。牛舍地面用水泥抹成凹槽形状以防滑，深度1厘米，间距3～5厘米；床面铺垫锯末或稻草等廉价农作物秸秆，厚度10厘米，形成软床，躺卧舒适，垫料根据污染程度1个月左右更换1次。也可根据当地条件采用干沙土地面。

自由饮水。牛舍内安装自动饮水器或设置水槽，让牛自由饮水。饮水设备一般安装在料槽的对面，存栏6～10头的栏舍可安装两套，距离地面高度为0.7米左右。冬季寒冷地区要防止饮水器结冰，注意增设防寒保温设施，有条件的牛场可安装电加热管，冬天气温低时给水加温，保证流水畅通。

自由采食。育肥牛日饲喂 2 ~ 3 次，分早、中、晚 3 次或早、晚 2 次投料，每次喂料量以每头牛都能充分采食，而到下次投料时料槽内有少量剩料为宜。因此，要求饲养人员平时仔细观察育肥牛采食情况，并根据具体采食情况来确定下一次饲料投入量。精饲料与粗饲料可以分别饲喂，一般先喂粗饲料，后喂精饲料；有条件的也可以采用全混合日粮（TMR）饲养技术，使用专门的全混合日粮加工机械或人工掺拌方法，将精粗饲料进行充分混合，配制成精、粗比例稳定和营养浓度一致的全价饲料进行喂饲。

通风降温。牛舍建造应根据肉牛喜干怕湿、耐冷怕热的特点，并考虑南方和北方地区的具体情况，因地制宜设计。一般跨度与高度要足够大，以保证空气充分流通，同时兼顾保温需要，建议单列舍跨度 7 米以上，双列舍跨度 12 米以上，牛舍屋檐高度达到 3.5 米。牛舍顶棚开设通气孔，直径 0.5 米、间距 10 米左右，通气孔上面设有活门，可以自由关闭；夏季牛舍温度高，可安装大功率电风扇，风机安装的间距一般为 10 倍扇叶直径，高度为 2.4 ~ 2.7 米，外框平面与立柱夹角 30° ~ 40°，要求距风机最远牛体风速能达到约 1.5 米 / 秒。南方炎热地区可结合使用舍内喷雾技术，夏季防暑降温效果更佳。

刷拭、按摩牛体。坚持每天刷拭牛体 1 次。刷拭方法是饲养员先站在左侧用毛刷由颈部开始，从前向后、从上到下依次刷拭，中后躯刷完后再刷头部、四肢和尾部，然后再刷右侧。每次 3 ~ 5 分钟。刷下的牛毛应及时收集起来，以免让牛舔食而影响牛的消化。有条件的可在相邻两圈牛舍隔栏中间位置安装自动万向按摩装置，高度为 1.4 米，可根据牛只喜好随时自动按摩，省工省时省力。

④ 适时出栏。用于高档红肉生产的肉牛一般育肥 10 ~ 12 个月、体重在 500 千克以上时出栏。用于高档雪花牛肉生产的肉牛一般育肥 25 个月以上、体重在 700 千克以上时出栏。高

档肉牛出栏时间的判断方法主要有两种。

一是从肉牛采食量来判断。育肥牛采食量开始下降，达到正常采食量的 10%～20%；增重停滞不前。

二是从肉牛体型外貌来判断。通过观察和触摸肉牛的膘情进行判断，体膘丰满，看不到外露骨头；背部平宽而厚实，尾根两侧可以看到明显的脂肪突起；臀部丰满平坦，圆而突出；前胸丰满，圆而大；阴囊周边脂肪沉积明显；躯体体积大，体态臃肿；走动迟缓，四肢高度张开；触摸牛背部、腰部时感到厚实，柔软有弹性，尾根两侧柔软，充满脂肪。

高档雪花肉牛屠宰后胴体表覆盖的脂肪颜色洁白，胴体表脂覆盖率 80%以上，胴体外形无严重缺损，脂肪坚挺，前 6～7 肋间切开，眼肌中脂肪沉积均匀。

第七章

肉牛的疾病防治

预防为主

一、养肉牛场的生物安全管理

　　牛场的生物安全包括控制疫病在牛场中的传播、减少和消除疫病发生。因此，对一个牛场而言，生物安全包括两个方面：一是外部生物安全，防止病原菌水平传入，将场外病原微生物带入场内的可能降至最低；二是内部生物安全，防止病原菌水平传播，降低病原微生物在牛场内从病牛向易感牛传播的可能。

　　牛场生物安全要特别注重生物安全体系的建立和细节的落实到位。具体包括：封闭式饲养，不引进其他牛，杜绝和场外牛接触。如果一定要引进牛，要对引进牛实施严格的隔离检测。确保牛场所用的饲料和饮水免受污染，控制其他人员和车辆进入牛场，制定相应规章制度，减少因人员和车辆进出牛场而引起的病原体传播。控制牛和野生动物之间的直接传播与间接接触，特别是啮齿动物和禽类。明确和监测牛群健康状况，制定并执行一致的疾病控制方案或生物安全计划等。

（一）牛场环境控制和设施建设

牛场应选择在地势开阔、高燥向阳，通风、排水良好，坡度宜小于25°，有足够的面积，隔离条件好的区域。

水源稳定、取用方便。水质应符合 NY 5027—2008 无公害食品 畜禽饮用水水质的要求。电力供应充足可靠，符合 GB 50052—2009 供配电系统设计规范的要求。通讯基础设施良好。

肉牛育肥场按功能分为生活办公区、生产区（育肥区和隔离区）、饲料加工和粪污处理区，在生产区入口处设人员消毒更衣室。牛场周围及各区之间应设防疫隔离带。生活办公区设在场区常年主导风向的上风向及地势较高区域，隔离区设在场区下风向或侧风向及地势较低区域，饲料区与生产区分离。粪污处理区与病死牛处理区按夏季主导风向设于生产区的下风向或侧风向处。场内净道和污道严格分开。各区整洁，且有明显标识。牛场四周建有围墙或防疫沟，并配有绿化隔离带设施。场内应有消毒设备。牛场大门入口处设车辆强制消毒设施。

牛场应按照牛的生长阶段进行牛舍结构设计，牛舍布局符合实行分阶段饲养方式的要求。牛舍应具备防寒、防暑、通风和采光等基本条件。牛舍有足够的饲养空间，具有饲喂、饮水及清粪设施设备。有防暑降温的风机等环境控制设备。牛舍建筑布局符合卫生和饲养工艺的要求，具有良好的防鼠、防蚊蝇、防虫和防鸟设施。

有配套的青贮窖池、干草棚、精料库等饲料储存设施。

牛场设有粉碎机、搅拌机或者肉牛全混合日粮调制及饲喂等设备。

应配备生产所需要的兽医诊断等基本仪器设备。设有称重装置、保定架和装卸牛台等设施。有与养殖规模相适应的粪污储存与处理设施。

（二）引种与购入牛要求

对于很多牛场来说，由于饲养管理的局限，完全自繁自育是很难做到的，绝大部分牛场要从外部购买种牛或架子牛。由于引入的牛可能带有某些传染性病原体，引起本地牛群发病。这就要求购牛时，要将传染病传播的危险性降低到最小程度。

需要引进新牛时，要提前做好相关工作。这些工作包括了解新引进牛来源地的详细情况，隔离设施的提供与管理，制订检测、治疗和疫苗接种计划，以及引进牛不符合健康标准时的后续工作。牛场兽医部门应根据新引进牛的转运过程，可对某些传染病发生的危险给出相应的评估。

引进种牛要严格执行《种畜禽管理条例》有关种畜禽品种资源保护的规定，并按照有关种畜禽调运检疫要求进行检疫。不从有疫病发生的国家和地区引进牛只、胚胎、精液。如不从有牛海绵状脑病及高风险的国家和地区引进牛只、胚胎/卵。应从非疫区引进牛只，并有当地检疫部门出具的动物检疫合格证明。牛只在装运过程中不能接触其他偶蹄动物，运输车辆应做过彻底清洗消毒。购入牛要在隔离场（区）观察不少于30天，在此期间进行观察、检疫，经兽医检查确定为健康合格，再经驱虫、预防接种后，方可转入生产群。

（三）加强消毒，净化环境

养牛场应备有健全的清洗消毒设施和设备，以及制定和执行严格的消毒制度，减少环境中的病原微生物，防止疫病传播。在牛场入口、生产区入口、牛舍入口设置合乎防疫规定的长度和深度的消毒池。每批牛只调出后，应彻底清扫干净，用水冲洗，然后进行喷雾消毒。定期对饲喂用具、饲料车等进行消毒。牛场采用人工清扫、冲洗、交替使用化学消毒药物消毒。选用的消毒剂应符合"无公害食品 畜禽饲养兽药使用准则（NY 5030—2006）"的规定。选择对人和牛安全、没有残留毒性、对设备没有破坏、不会在牛体内产生有害积累的高效消毒剂。

对清洗完毕后的牛舍、带牛环境、牛场道路和周围以及进入场区的车辆等用规定浓度的次氯酸盐、有机碘混合物、过氧乙酸、新洁尔灭、煤酚等进行喷雾消毒。用规定浓度的新洁尔灭、有机碘混合物或煤酚等的水溶液洗手、洗工作服或胶靴。人员入口处设紫外线灯照射至少5分钟。在牛舍周围、入口、产床和牛床下面撒生石灰、2%火碱等进行消毒。在牛只经常出入的产房、培育舍等地方用喷灯的火焰依次瞬间喷射消毒。定期用0.1%新洁尔灭、0.3%过氧乙酸、0.1%次氯酸钠等对牛体进行消毒。用甲醛等对饲喂用具和器械在密闭的室内或容器内进行熏蒸。牛舍周围环境每2～3周用2%火碱或撒生石灰消毒1次；场周围及场内污染地、排粪坑、下水道出口，每月用漂白粉消毒1次。在牛场、牛舍入口设消毒池，定期更换消毒液。工作人员进入生产区净道和牛舍要更换工作服和工作鞋，经紫外线消毒。外来人员必须进入生产区时，应更换场区工作服和工作鞋，经紫外线消毒，并遵守场内防疫制度，按指定路线行走。

（四）饲料管理

饲料原料和添加剂的感官应符合要求，即具有该饲料应有的色泽、嗅、味及组织形态特征，质地均匀。无发霉、变质、结块、虫蛀及异味、异嗅、异物。饲料和饲料添加剂的生产、使用，应安全、有效、不污染环境。禁止饲喂动物源性肉骨粉。不应在牛体内埋植或在饲料中添加镇静剂、激素类等违禁药物。使用含抗生素的添加剂时，应按照《饲料和饲料添加剂管理条例》执行休药期。符合单一饲料、饲料添加剂、配合饲料、浓缩饲料和添加剂预混合产品的饲料质量标准规定。饲料应符合"无公害食品 畜禽饲料和饲料添加剂使用准则（NY 5032—2006）"的要求，所有饲料和饲料添加剂的卫生指标应符合"饲料卫生标准（GB 13078—2017）和饲料卫生标准 饲料中赭曲霉毒素 A 和玉米赤霉烯酮的允许量（GB 13078.2—2006）"的规定。

饲料和饲料添加剂应在稳定的条件下取得，各种原料和产品标识清楚，在洁净、干燥、无污染源的储存仓内储存，确保饲料和饲料添加剂在生产加工、贮存和运输过程中免受虫害，化学、物理、微生物或其他不期望物质的污染。

使用优质原料，依据不同生长时期和生理阶段牛群的营养需要和采食量，制定科学合理、实用、低成本的饲料配方，并根据牛群饲喂效果和饲料原料来源情况及时进行检测和调整，使营养全面化、成本最低化、实用可行化。对不能保证青绿饲料充足供应的，要注意维生素和微量元素的补充供给。禁止在饲料中添加违禁药物及药物添加剂。使用含有抗生素的添加剂时，在肉牛出栏前，按有关准则执行休药期。不使用变质、霉败、生虫或被污染的饲料。

（五）病死牛无害化处理

病死牛无害化处理是指用物理、化学等方法处理病死牛尸体及相关牛产品、消灭牛所携带的病原体、消除牛尸体危害的过程。无害化处理方法包括焚烧法、化制法、掩埋法和发酵法。注意因重大动物疫病及人畜共患病死亡的牛尸体和相关牛产品不得使用发酵法进行处理。牛场不应出售病牛、死牛。需要处死的病牛，应在指定地点进行扑杀，传染病牛尸体要按照《病害动物和病害动物产品生物安全处理规程》（GB 16548—2006）进行处理。有使用价值的病牛应隔离饲养、治病病愈后归群。

（六）实施群体预防

养牛场应根据《中华人民共和国动物防疫法》及其配套法规的要求，结合当地疫病流行的实际情况，制定免疫计划，有选择地进行疫病的预防接种工作；对国家兽医行政管理部门规定不同时期需强制免疫的疫病，疫苗的免疫密度应达到100%，选用的疫苗应符合《中华人民共和国兽用生物制品质量标准》，并注意选择科学的免疫程序和免疫方法。通常养牛场的免疫疫病种类有口蹄疫、炭疽、破伤风、结核病、副结核病和布氏杆菌病等。

进行预防、治疗和诊断疾病所用的兽药应是来自具有《兽药生产许可证》，并获得农业农村部颁发《中华人民共和国兽药GMP证书》的兽药生产企业，或农业农村部批准注册进口的兽药，其质量均应符合相关的兽药国家质量标准。使用拟肾上腺素药、平喘药、抗胆碱药与拟胆碱药、糖肾上腺皮质激素类药和解热镇痛药，应严格按国务院兽医行政管理部门规定的用途和用法用量使用。使用饲料药物添加剂应符合农业农村部《饲料药物添加剂使用规范》的规定。禁止将原料药直接添加到饲料及饮用水中或直接饲喂。

肉牛育肥后期使用药物时，应根据"无公害食品 畜禽饲养兽药使用准则（NY 5030—2006）"执行休药期。发生疾病的种公牛、种母牛及后备牛必须使用药物治疗时，在治疗期或达不到休药期的不应作为食用淘汰牛出售。牛场还要认真做好用药记录。

（七）防止应激

应激是作用于动物机体的一切异常刺激，引起机体内部发生一系列非特异性反应或紧张状态的统称。对于牛来说，任何让牛只不舒服的动作都是应激。应激对牛的危害很大，可造成机体免疫力、抗病力下降，抑制免疫、诱发疾病，条件性疾病就会发生。可以说，应激是百病之源。

防止和减少应激的办法很多，在饲养管理上要做到"以牛为本"，精心饲喂，供应营养平衡的饲料，控制牛群的密度，做好牛舍的通风换气，控制好温度、湿度和噪声，勤更换垫料，随时供应清洁、温度适宜的饮水等。

（八）疫病监测

肉牛饲养场应积极配合当地畜牧兽医行政管理部门，严格依照《中华人民共和国动物防疫法》及其配套法规的要求，进行疫病监测。

肉牛饲养场常规监测的疾病至少应包括口蹄疫、结核病、布鲁氏菌病。不应检出的疫病有牛瘟、牛传染性胸膜肺炎、牛海绵状脑病。除上述疫病外，还应根据当地实际情况，选择其他一些必要的疫病进行监测。

（九）疫病控制和扑灭

肉牛饲养场发生或怀疑发生一类疫病时，应依据《中华人民共和国动物防疫法》及时采取以下措施：立即封锁现场，驻场兽医应及时进行诊断，采集病料由权威部门确诊，并尽快向当地动物防疫监督机构报告疫情。当确诊发生口蹄疫、蓝舌病、牛瘟、牛传染性胸膜肺炎时，肉牛饲养场应配合当地畜牧兽医管理部门，对牛群实施严格的隔离、检疫、扑杀措施。当发生牛海绵状脑病时，除了对牛群实施严格的隔离、扑灭措施外，还需追踪调查病牛的亲代和子代。对全场进行彻底的清洗消毒，病死或淘汰牛的尸体进行无害化处理。发生炭疽时，焚毁病牛，对可能的污染点彻底消毒。发生牛白血病、结核病、布鲁氏菌病等疫病，发现蓝舌病血清学阳性牛时，应对牛群实施清群和净化措施。

（十）建立各项生物安全制度

建立生物安全制度就是将有关牛场生物安全方面的要求、技术操作规程加以制度化，以便全体员工共同遵守和执行。如牛场之间不能进行牛的租借或出租；出场展览或市场销售的牛不能再返回牛场；放牧时，不同牛场的牛应避免接触。

在员工管理方面要求对新参加工作及临时参加工作的人员进行上岗卫生安全培训。定期对全体职工进行各种卫生规范、操作规程的培训。

生产人员和生产相关管理人员至少每年进行一次健康检查，新参加工作和临时参加工作的人员，应进行过身体检查取得健康合格证后方可上岗，并建立职工健康档案。

进生产区必须穿工作服、工作鞋，戴工作帽，工作服必须定期清洗和消毒。每次牛群周转完毕，所有参加周转人员的工作服应进行清洗和消毒。各牛舍专人专职管理。

严格执行换衣消毒制度，员工外出回场时（休假或外出超过 4 小时回场者，要在隔离区隔离 24 小时），要经严格消毒、洗澡，更换场内工作服才能进入生产区，换下的场外衣物存放在生活区的更衣室内，行李、箱包等大件物品需打开照射 30 分钟以上，衣物、行李、箱包等均不得带入生产区。

外来人员管理方面规定禁止外来人员随便进入牛场。如发现外人入场所有员工有义务及时制止，请出防疫区。本场员工不得将外人带入牛场。外来参观人员必须严格遵守本场防疫、消毒制度。

工具管理方面做到工具专舍专用，各舍设备和工具不得串用，工具严禁借给场外人员使用。

每栋牛舍门口设消毒池、盆，并定期更换消毒液，保持有效浓度。严禁在防疫区内饲养猫、狗和其他偶蹄动物等，养牛场应配备对害虫和啮齿动物等的生物防护设施，杜绝使用发霉变质饲料等。

每群肉牛都要有相关的资料记录，内容包括肉牛来源、饲料消耗情况、发病率、死亡率及发病死亡原因、消毒情况、无害化处理情况、实验室检查及其结果、用药及免疫接种情况和肉牛去向。所有记录必须妥善保存。

对牛粪、垃圾废物采用沼气发酵法或堆粪法进行无害化处理。对废弃的药品、生物制品包装物进行无害化处理。

小贴士：

生物安全是近年来国外提出的有关集约化生产过程中保护和提高畜禽群体健康状况的新理论。生物安全的中心思想是隔离、消毒和防疫。关键控制点是对人和环境的控制，最后达到建立防止病原入侵的多层屏障的目的。因此，每个牛场和饲养人员都必须认识到，做好生物安全是避免疾病发生的最佳方法。一个好的生物安全体系将发现并控制疾病侵入养殖场的各种最可能途径。

二、肉牛群免疫接种

免疫接种是指用人工方法将有效疫苗引入动物体内使其产生特异性免疫力、由易感状态变为不易感状态的一种疫病预防措施。有组织、有计划的免疫接种，是预防和控制动物传染病的重要措施之一。在某些传染病如口蹄疫、布氏杆菌病、牛结核、牛病毒性腹泻、牛传染性鼻气管炎等疫病的防控措施中，免疫接种更具有关键性的作用，根据免疫接种的时机不同，可将其分为预防接种和紧急接种两大类。

（一）预防接种

在经常发生某些传染病的地区，或有某些传染病潜在的地区，或经常受到临近地区某些传染病威胁的地区，为了防患于未然，在平时有计划地给健康肉牛进行的免疫接种，称为预防免疫。

1. 制定科学的免疫计划

制定科学、合理的免疫程序，是做好免疫工作的前提，对保证肉牛的健康起到关键作用，养牛场必须根据国家规定的强制免疫疾病的种类和农业农村部疫病免疫推荐方案的要求，并结合本地疫病实际流行情况，牛群健康状况和不同疫苗特性，科学地制定和设计一个适合于本场的免疫程序。

（1）农业农村部2017年国家动物疫病强制免疫计划　根据《2017年国家动物疫病强制免疫计划》规定：牛的免疫病种为口蹄疫，在布鲁氏菌病一类地区免疫布鲁氏菌病，在包虫病流行区免疫包虫病。

免疫区域对所有牛进行O型和亚洲I型口蹄疫免疫，对所有奶牛和种公牛进行A型口蹄疫免疫。此外，内蒙古、云南、西藏、新疆和新疆生产建设兵团对所有牛进行A型口蹄疫免疫；广西对边境地区牛羊进行A型口蹄疫免疫，吉林、青海、宁夏对所有牛进行A型口蹄疫免疫，辽宁、四川对重点地区的牛进行A型口蹄疫免疫。

在布鲁氏菌病一类地区，对牛羊（不包括种畜）进行布鲁氏菌病免疫；种畜禁止免疫；奶畜原则上不免疫，确需实施免疫的，按照《国家布鲁氏菌病防治计划》要求执行。在布鲁氏菌病二类地区，原则上禁止对牛羊免疫；确需实施免疫的，按照《国家布鲁氏菌病防治计划》要求执行。

免疫要求是：对口蹄疫和规定免疫区域的布鲁氏菌病、包虫病，群体免疫密度应常年保持在 90% 以上，其中应免畜禽免疫密度应达到 100%；口蹄疫免疫抗体合格率全年保持在 70% 以上。

使用疫苗种类为根据监测结果，自行选择经国家批准使用的口蹄疫、布鲁菌病、包虫病疫苗。疫苗产品具体信息可在中国兽药信息网"国家兽药基础信息查询"平台"兽药产品批准文号数据"中查询。

强制免疫主体是饲养动物的单位和个人，应当依据《动物防疫法》承担强制免疫主体责任，切实履行强制免疫义务。对规模养殖的动物，应实施程序化免疫；对散养动物，采用春秋两季集中免疫与定期补免相结合的方式进行，有条件的地方可实施程序化免疫。

（2）农业农村部疫病免疫推荐方案　根据农业农村部《常见动物疫病免疫推荐方案（试行）》规定，肉牛应该免疫的病种有布鲁氏菌病和炭疽。免疫推荐方案如下：

① 布鲁氏菌病。区域划分：一类地区是指北京、天津、河北、内蒙古、山西、黑龙江、吉林、辽宁、山东、河南、陕西、新疆、宁夏、青海、甘肃 15 个省份和新疆生产建设兵团。以县为单位，连续 3 年对牛羊实行全面免疫。牛羊种公畜禁止免疫。奶畜原则上不免疫，个体病原阳性率超过 2% 的县，由县级兽医主管部门提出申请，报省级兽医主管部门批准后实施免疫。免疫前监测淘汰病原阳性畜。已达到或提前达到控制、稳定控制和净化标准的县，由县级兽医主管部门提出申请，报省级兽医主管部门批准后可不实施免疫。

连续免疫 3 年后，以县为单位，由省级兽医主管部门组织评估考核达到控制标准的，可停止免疫。

二类地区是指江苏、上海、浙江、江西、福建、安徽、湖南、湖北、广东、广西、四川、重庆、贵州、云南、西藏 15 个省份。原则上不实施免疫。未达到控制标准的县，需要免疫的由县级兽医主管部门提出申请，经省级兽医主管部门批准后实施免疫，报农业农村部备案。

净化区是指海南省。禁止免疫。

免疫程序：经批准对布鲁氏菌病实施免疫的区域，按疫苗使用说明书的推荐程序和方法，对易感家畜先行检测，对阴性家畜方可进行免疫。

使用疫苗：布鲁氏菌活疫苗（M5 株或 M5-90 株）用于预防牛、羊布鲁氏菌病；布鲁氏菌活疫苗（S2 株）用于预防山羊、绵羊、猪和牛的布鲁氏菌病；布鲁氏菌活疫苗（A19 株或 S19 株）用于预防牛的布鲁氏菌病。

② 炭疽。对近 3 年曾发生过疫情的乡镇易感家畜进行免疫。每年进行一次免疫。发生疫情时，要对疫区、受威胁区所有易感家畜进行一次紧急免疫。使用疫苗：无荚膜炭疽芽孢疫苗或Ⅱ号炭疽芽孢疫苗。

（3）当地疫病流行情况的确定　当前我国牛疫病控制现状仍十分严峻，如布鲁氏菌病、口蹄疫（A 型、O 型和亚洲Ⅰ型同时存在）、牛结核、牛病毒性腹泻、牛传染性鼻气管炎等疫病在很多地方仍呈流行态势，且流行情况日益复杂。确定当地疫病流行的种类和轻重程度时，要主动咨询牛场所在地畜牧兽医主管部门，当地农业院校和科研院所，及时准确地掌握本地牛疫病种类和疫情发生发展情况，为本场制定免疫计划提供可靠的依据。

由于绝大多数肉牛场是从外部购买架子牛或母牛，这样还需要在购买前及时了解引进牛所在地的疫情流行情况，同时，购牛时要取得出售牛当地畜牧兽医主管部门出具的检疫证明。

（4）进行免疫监测　利用血清学方法，对某些疫苗免疫动物在免疫接种前后的抗体跟踪监测，以确定接种时间和免疫效果。在免疫前，监测有无相应抗体及其水平，以便掌握合理的免疫时机，避免重复和失误；在免疫后，监测是为了了解免疫效果，如不理想可查找原因，进行重免；有时还可及时发现疫情，尽快采取扑灭措施。如定期开展牛口蹄疫等疫病的免疫抗体监测，及时修正免疫程序，提高疫苗保护率。可见，免疫检测是最直接、最可靠的疫病状况监测方法，规模化养牛场要对本场的牛进行免疫监测。

2. 参考免疫接种程序

参考免疫接种程序见表7-1。

表 7-1　某牧业公司肉牛免疫程序

牛类型	接种日龄	疫苗名称	接种方法	免疫期及备注
犊牛	5	牛大肠杆菌灭活菌	肌注	建议做自家苗
	80	气肿疽灭活苗	皮下	7个月
	120	2号炭疽芽孢苗	皮下	1年
	150	牛O型口蹄疫灭活苗	肌注	6个月
	180	气肿疽灭活苗	皮下	7个月
	200	布鲁氏菌病活疫苗（猪2号）	口服	2年，牛不得采用注射法
	240	牛巴氏杆菌病灭活苗	皮下或肌注	9个月，犊牛断奶前禁用
	270	牛羊厌气菌氢氧化铝灭活苗	皮下或肌注	6个月，或用羊产气荚膜梭菌多价浓缩苗，可能有反应
	330	牛焦虫细胞苗	肌注	6个月，最好每年3月接种
成年牛	每年3月	牛O型口蹄疫灭活苗	肌注	6个月，可能有反应
		牛巴氏杆菌病灭活苗	皮下或肌注	9个月
		牛羊厌气菌氢氧化铝灭活苗	皮下或肌注	6个月，或用羊产气荚膜梭菌多价浓缩苗，可能有反应
		气肿疽灭活苗	皮下	7个月
		牛焦虫细胞苗	肌注	6个月
		牛流行热灭活苗	肌注	6个月
	每年9月	牛O型口蹄疫灭活苗	肌注	6个月，可能有反应
		牛巴氏杆菌病灭活苗	皮下或肌注	9个月
		气肿疽灭活苗	皮下	7个月
		2号炭疽芽孢苗	皮下	1年
		牛羊厌气菌氢氧化铝灭活苗	皮下或肌注	6个月，或用羊产气荚膜梭菌多价浓缩苗，可能有反应

以上免疫程序供参考，具体免疫程序和计划应根据本场实际情况制定。

3. 注意事项

（1）各种疫苗具体免疫接种方法及剂量按相关产品说明操作，牛通常采取注射的接种方法。

（2）切实做好疫苗效果监测评价工作，免疫抗体水平达不到要求时，应立即实施加强免疫。

（3）对开展相关重点疫病净化工作的种畜禽场等养殖单位，可按净化方案实施，不采取免疫措施。

（4）必须使用经国家批准生产或已注册的疫苗，并加强疫苗管理，严格按照疫苗保存条件进行储存和运输。对布鲁氏菌病等常见动物疫病，如国家批准使用新的疫苗产品，也可纳入本方案投入使用。

（5）使用疫苗前应仔细检查疫苗外观，如是否在有效期内、疫苗瓶是否破损等。免疫接种时应按照疫苗产品说明书要求规范操作，并对废弃物进行无害化处理。

（6）要切实做好个人生物安全防护工作，避免通过皮肤伤口、呼吸道、消化道、可视黏膜等途径感染病原或引起不良反应。

（7）免疫过程中要做好消毒工作，要做到"一畜一针头"，防止交叉感染。

（8）要做好免疫记录工作，建立规范完整的免疫档案，确保免疫时间、使用疫苗种类等信息准确翔实、可追溯。

（二）紧急接种

紧急接种是指在发生传染病时，为了迅速控制和扑灭疫病的流行，而对疫区和受威胁区尚未发病的动物进行的应急性免疫接种。紧急接种以使用免疫血清较为安全有效，当牛群受到某些传染病威胁时，应及时采用有国家正规批准文号的生物制品如抗炭疽血清、抗气肿疽血清、抗出血性败血症血清等进行紧急接种，以治疗病牛及防止疫病进一步扩散。但因用量大、价格高、免疫期短且大批牛只接种时通常供不应求，在实践中使用这些免疫血清受到一定的限制。多年来的实践证明，在疫区内使用某些疫（菌）苗进行紧急接种是切实可行的。应用疫苗进行紧急接种时，必须先对动物群逐头逐只地进行详细的临床检查，只能对无任何临床症状的动物进行紧急接种，对患病动物和处于潜伏期的动物，不能接种疫苗，应立即隔离治疗或扑杀。

但应注意，在临床检查无症状而貌似健康的动物中，必然混有一部分潜伏期的动物，在接种疫苗后不仅得不到保护，反而促其发病，造成一定的损失，这是一种正常的不可避免的现象。但由于这些急性传染病潜伏期短，而疫苗接种后又能很快产生免疫力，因而发病数不久即可下降，疫情会得到控制，多数动物得到保护。

三、寄生虫病的防控

肉牛寄生虫病是一种常见的慢性、消耗性疾病。症状轻者发病不明显，生长、食欲正常。重度感染时，会造成牛生长缓慢、食欲减退、腹泻、血便、被毛混乱无光泽、抵抗力差、犊牛会不长或成僵牛。妊娠母牛会流产等。对育肥牛的危害主要是通过竞争性地争夺畜主营养物质，造成牛营养不良，并释放毒素、传播疾病等，造成牛机械性损伤，饲料的利用率下降，饲料报酬降低，牛贫血，最终瘦弱而死。有的寄生虫病还能降低牛肉和皮张品质，导致价值降低。另外，有些牛寄生虫病是人畜共患病，能传播人，危害人的身体健康。规模化养牛易暴发群体寄生虫病，而散养牛的危害更为严重。寄生虫病威胁着养牛业的发展，严重影响着肉牛养殖的经济效益。

（一）肉牛主要寄生虫病

肉牛的寄生虫主要包括肉牛的体外寄生虫和体内寄生虫两大类，肉牛的体外寄生虫病的病原主要是螨、蜱、蝇蛆及虱、蝇、蚊、虻等。肉牛的体内寄生虫病主要包括一些线虫类寄生虫病（如捻转血矛线虫病、牛新蛔虫病、仰口线虫病、食道口线虫病及毛首线虫病等）、吸虫类寄生虫病（如肝片吸虫病、胰阔盘吸虫病及血吸虫病等）、绦虫类寄生虫病（如莫尼茨绦虫病、曲子宫绦虫病等）及绦虫的幼虫病（如多头蚴病、囊尾蚴病等），还有一些在特殊环境下发生的原虫病（如牛环形泰勒焦虫病、牛球虫病和弓形体病等）。

（二）寄生虫病的主要传播途径

同其他传染病一样，寄生虫病传播也需要传染源、传播途径和易感动物三个方面，缺一不可。牛感染寄生虫的途径主要有：经口感染，如采食了被寄生虫卵或幼虫污染的饲料和饲草等而感染；经皮肤感染，如土壤中的钩虫丝状蚴以及疥螨、蠕形螨等直接侵入皮肤；经呼吸道感染，如阿米巴原虫经鼻腔黏膜感染导致患牛脑膜炎；经胎盘感染，如先天性弓形虫病；昆虫媒介传播，如蚊在吸血时能带入日本乙型脑炎病毒等，微小牛蜱传播牛巴贝斯虫病等。

（三）寄生虫病的防治

寄生虫病的防治必须坚持"预防为主，防治结合"的方针。

1. 预防措施

寄生虫病的预防必须采取综合性防治措施，主要应从三个方面着手。

一是控制消灭传染源。主要是指对带虫动物及保虫宿主进行彻底驱虫，病畜的粪便、排泄物应及时进行无害化处理；牛场的粪污中含有大量的寄生虫卵和幼虫，如弓首蛔虫卵、新蛔虫卵和隐孢子虫卵等，必须及时彻底地消灭，目前牛场粪污处理最好的办法是生物堆肥和建沼气池，利用生物热杀灭寄生虫卵。

二是彻底切断传播途径。对动物源性寄生虫，要采取措施尽量避免中间宿主与易感动物接触，消灭和控制中间宿主。对非动物源性寄生虫，则应加强环境卫生管理。牛场应建立全面系统的消毒制度，通过严格的消毒措施，控制和消灭各种可能的虫卵再感染。对使用的用具、场地、设施等要定期消毒，卫生管理要达到"四净"：即圈净，每天坚持清扫2次，保持舍内清洁，半个月进行一次大清扫和消毒，用2%～3%苛性钠溶液进行消毒，对育肥牛舍每批育肥牛出售后，进行舍内彻底消毒，消毒后空舍净化15天；槽净，饲槽建筑的内底呈圆弧形，便于肉牛摄入饲草和清理残物，每次饲喂后要冲洗干净，达到槽净；料和水净，保证牛用饲料及饮水的安全卫生，把住病从口入这一关，饲料加工调制的各个环节要尽可能防止被寄生虫污染，必要时要定期对饮用水进行虫卵检查，确认无寄生虫污染后方可使用。严禁收购肝片吸虫病流行疫区的水生饲料作为牛的粗饲料，严禁在疫区有蜱的小丛林放牧和有钉螺的河流中饮水，以免感染焦虫病和血吸虫病等。饲喂的草料不含泥土等杂质或异物，不发霉、变质；牛体净，定期对畜体进行体表清扫、消毒、刷拭，做到牛体干净。养牛场还要禁止养犬、猫等动物，消灭老鼠，严防这些动物及其排泄物与牛发生直接或间接接触。

三是保护易感动物。平时做好卫生管理，保持牛舍、牛床、运动场的清洁和干燥，粪便和污染水及时清理，垫草及时更换。牛体要经常刷拭。加强饲养管理，把环境温度、湿度、通风及采光等措施调整到最适宜牛生产性能发挥的状态。提高病牛的抗病能力，必要时对易感牛进行药物预防和免疫预防等，以抵抗寄生虫的侵害。

2. 肉牛寄生虫防治药物的选择

应选择广谱、安全、价格低廉的复合药物。常用药物有阿维菌素（虫克星、阿力佳等）、伊维菌素（伊力佳等）和多拉菌素（通灭等）。最新合成的柳胺类药物的特点是驱虫谱广、高效、安全，还有促生长作用，临床上可用于体内线虫、绦虫、吸虫及体外蜱、螨、蝇蛆等寄生虫的驱杀，常用制剂有氯氰碘柳胺钠等。广谱驱虫药物的复方制剂，将阿维菌素类药物、柳胺类药物分别与丙硫咪唑或丙硫苯咪唑制成混合制剂，其抗虫谱更广，几乎覆盖了除牛原虫以外的所有常见寄生虫，是肉牛体内外寄生虫病防治较为理想的药物。常用制剂有伊维菌素与丙硫苯咪唑制剂和氯氰碘柳胺钠与丙硫咪唑制剂等。

3. 药物驱虫程序

每年全场全群进行 2 次同步驱虫，时间是 2～3 月份和 10～11 月份，重点是防治肉牛常见的体内外寄生虫病。

种公牛每年要保证 3 次驱虫，其中 2 次与全群同步，1 次是在 6～7 月份；母牛要于产前 15～20 天和产后 21～28 天进行 2 次常规驱虫，药物应选择阿维菌素类，以保证安全可靠；犊牛于断奶前后进行 1 次保护性驱虫；育肥牛要于育肥开始前 1～2 周和育肥中期（育肥开始 2 个月左右）进行两次常规驱虫。如果针对螨病的防治，必须间隔 7～10 天再次用药。引进牛在隔离期间进行 1 次驱虫。在治疗中为防止寄生虫出现耐药性，应多种药物交替使用。

定期驱虫作为程序化防治，必须强调整体性，即全群、全场同时进行驱虫，不能只对生长不良、已表现寄生虫病临床症状的牛驱虫。

还要重点做好驱虫期间牛粪便的集中处理。为保证驱虫效果，防止环境中寄生虫卵的重复感染。驱虫时必须注意环境卫生，妥善处理畜群排泄物，若有可能，应对粪便中寄生虫卵定期监测。

四、传染性疾病的防治

（一）牛结核病

牛结核病主要是由牛型结核分枝杆菌引起的一种人兽共患的慢性传染病。其病理特征是多种组织器官形成肉芽肿、干酪样和钙化结节（图7-1、图7-2）；临床特征表现为贫血、渐进性消瘦、体虚乏力、精神萎靡不振和生产力下降。世界动物卫生组织（OIE）将其列为B类动物疫病，我国将其列为二类动物疫病。

图 7-1　肺干酪样结核结节

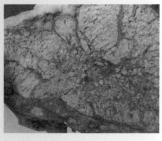
图 7-2　干酪样淋巴结炎

本病奶牛最易感，其次为水牛、黄牛、牦牛。人也可感染。结核病病牛是本病的主要传染源。牛型结核分枝杆菌随鼻汁、痰液、粪便和乳汁等排出体外，健康牛可通过被污染的空气、饲料、饮水等经呼吸道、消化道等途径感染。

【临床症状】潜伏期一般为 10 ～ 45 天，有的可长达数月或数年，通常呈慢性经过。临床以肺结核、乳房结核和肠结核最为常见。

肺结核：以长期顽固性干咳为特征，且以清晨最为明显。患畜容易疲劳，逐渐消瘦，病情严重者可见呼吸困难。

乳房结核：一般先是乳房淋巴结肿大，继而后方乳腺区发生局限性或弥漫性硬结，硬结无热无痛，表面凹凸不平。泌乳量下降，乳汁变稀，严重时乳腺萎缩，泌乳停止。

肠结核：消瘦，持续下痢与便秘交替出现，粪便常带血或脓汁。

【防治措施】由于本病无明显的季节性和地区性，多为散发。不良的环境条件，以及饲养管理不当，可促使结核病的发生，如饲料营养不足、厩舍阴暗潮湿、牛群密度过大、阳光不足、运动缺乏、环境卫生差、不消毒、不定期检疫等。因此，通常采取加强检疫，防止疾病传入，扑杀病牛，净化污染群，培育健康牛群，同时加强消毒等综合性防疫措施。

同时，由于牛结核病不能根治，加上治疗费用较大，一般患本病的牛不予治疗，应按照《牛结核病防治技术规范》的要求进行处理。

1. 健康牛群（无结核病牛群）

平时加强防疫、检疫和消毒措施，防止疾病传入。每年春秋各进行一次变态反应方法检查。引进牛时，应首先就地检疫，确认为阴性方可购买；运回后隔离观察一个月以上，再进行一次检疫，确认健康方可混群饲养。禁止结核病人饲养牛群。若检出阳性牛，则该牛群应按污染牛群对待。

2. 污染牛群

每年应进行四次检疫。对结核菌素阳性牛立即隔离，一般不予保留饲养，以根绝传染源；对临床检查为开放性结核病牛立即扑杀。凡判定为疑似反应牛，在 25 ～ 30 天进行复检，其结果仍为疑似时，可酌情处理。在健康牛群中检出阳性反应牛时，应在 30 ～ 45 天后复检，连续三次检疫不再发现阳性反应牛时，方可认为是健康牛群。

3. 培育健康犊牛

当牛群中病牛多于健康牛时，可通过培育健康犊牛的方法更新牛群。方法：设置分娩室，病牛分娩前，消毒乳房及后躯，犊牛出生后立即与母牛分开，用 2% ～ 5% 来苏儿消毒全身，擦干，送往犊牛预防室，喂初乳 5 天，然后饲喂健康牛乳或消毒乳。犊牛在隔离饲养的 6 个月中要连续检疫 3 次，在生后 20 ～ 30 天进行第一次检疫，100 ～ 120 天进行第二次检疫，6 月龄时进行第三次检疫。根据检疫结果分群隔离饲养，阳性反应者淘汰。

4. 消毒措施

每季度定期大消毒 1 次。牛舍、运动场每月消毒 2 ～ 3 次，饲养用具每周消毒 2 ～ 3 次，产房每周进行一次大消毒，分娩室在临产牛生产前及分娩后各进行一次消毒。养殖场以及牛舍入口设置消毒池。进出车辆与人员要严格消毒。消毒药要定期更换，以保证一定的药效。粪便生物热处理方可利用。检出病牛后进行临时消毒。常用消毒药有 10% 漂白粉、3% 福尔马林、3% 氢氧化钠溶液、5% 来苏儿。

5. 工作人员

牛场工作人员，每年要定期进行健康检查。发现有患结核病的应及时调离岗位，隔离治疗。工作人员的工作服、用具要保持清洁，不得带出牛场。

（二）牛布鲁氏杆菌病

布鲁氏杆菌病（也称布氏杆菌病，简称布病）是由布鲁氏菌属细菌引起的人兽共患的常见传染病。我国将其列为二类动物疫病。在家畜中牛、羊最易发生，而且极易使接触病牛、羊的人发生布氏杆菌病，遭受疾病的痛苦折磨。在临床上，虽然猪等其他家畜也可感染发病，但是与牛、羊相比却轻得多。

【临床症状】母牛较公牛易感，犊牛对本病具有抵抗力。随着年龄的增长，抵抗力逐渐减弱，性成熟后，对本病最为敏感。病畜可成为本病的主要传染源，尤其是受感染的母畜，它们在流产和分娩时，将大量布氏杆菌随着胎儿、胎水和胎衣排出体外，流产后的阴道分泌物以及乳汁中都含有布氏杆菌。易感牛主要是由于摄入了被布氏杆菌污染的饲料和饮水而感染。也可通过皮肤创伤感染。布氏杆菌进入牛体后，很快在所适应的组织或脏器中定居下来。病牛将终生带菌，不能治愈，并且不定期地随乳汁、精液、脓汁，特别是母畜流产的胎儿、胎衣、羊水、子宫和阴道分泌物等排出体外，扩大感染。人的感染主要是由于手部接触到病菌后再经口腔进入体内而发生感染。近年来，由于市场经济活跃，牛、羊买卖频繁，使牛、羊布氏杆菌病的发生出现了明显的上升趋势，而且人患此病的数量也在不断增加。人患此病称为懒汉病，病人全身软弱，乏力，食欲不振，失眠，咳嗽，有白色痰，可听到肺部干鸣，盗汗或大汗，一个或多个关节发生无红、肿、热的疼痛，肌肉酸痛，应用一般镇痛药不能缓解，由于关节和肌肉疼痛难忍，即使不发烧也不能劳动，成为只能吃饭不能干活的懒汉，故该病又被称作"懒汉病"。男性病人病灶发生在牛殖器官，睾丸肿大，影响生育，严重者可引起死亡。目前此病已成为最重要的人兽共患病。

牛感染布氏杆菌后，潜伏期通常为 2 周至 6 个月。主要临床症状为母牛流产，也能出现低烧，但常被忽视。妊娠母牛在任何时期都可能发生流产，但流产主要发生在妊娠后的第 6～8 个月。流产过的母牛，如果再次发生流产，其流产时间会向后推迟。流产前可表现出临产时的症状，如阴唇、乳房肿大等。但在阴道黏膜上可以见到粟粒大的红色结节，并且从阴道内流出灰白色或灰色黏性分泌物。流产时常见有胎衣不下。流产的胎儿有的产前已死亡；有的产出时虽然活着，但很衰弱，不久即死。公牛患本病后，主要发生睾丸炎和副睾炎。初期睾丸肿胀、疼痛，中度发热和食欲不振。3 周以后，疼痛逐渐减轻；表现为睾丸和附睾肿大，触之坚硬。此外，病牛还可出现关节炎，严重时关节肿胀疼痛，重病牛卧地不起。牛流产 1～2 次后，可以转为正常产，但仍然能传播本病。

本病从临床上不易诊断，但是根据母牛流产和表现出的相应临床变化，应该怀疑有本病的存在。本病必须通过试验室检查确诊。

在本病诊断中应用较广的是试管凝集试验和平板凝集试验，尤其是后者，由于其方法简便、需要设备少、敏感较强、易于操作，常被基层兽医站和饲养场兽医室广泛采用。但是凝集试验并不能检出所有患病牲畜，而且可能出现非特异性凝集反应，影响结果的判定。补体结合反应具有高度异性，但操作较为复杂，基层兽医站通常难以承担。所以，对本病的诊断程序应按如下进行：根据临床变化，疑似本病存在时，应立即采血，分离血清，进行血清凝集试验。阳性病牛血清和疑似病牛血清，迅速送至上级兽医部门作补体结合反应试验，进行最后确诊。

【防治措施】因本病在临床上，一方面难以治愈，另一方面原则上不允许治疗，所以发现病牛后，应采取严格的隔离、扑杀措施，彻底销毁病牛尸体及其污染物。所以，应从源头上控制本病的发生。

（1）引进牛时须先调查疫情，不从流行布氏杆菌病的单位引进牛只；还必须经过布氏杆菌病检疫，证明无病才能引进。新引进的牛进入肉牛养殖场时隔离检疫一个月，经结核菌素和布氏杆菌病血清凝集试验，都呈阴性反应后，才能转入健康牛群。

（2）认真管好牲畜、粪便和水源。发现流产母牛要立即隔离，对流产胎儿、胎衣及羊水等污物都要严密消毒。

（3）对种公牛每年进行两次定期检疫，检出的阳性牛要隔离饲养或交商业部门收购处理；阳性种公牛要淘汰，以便控制传染源，逐步净化。

（4）认真落实以免疫为主的综合防治措施，逐步控制和消灭布氏杆菌病。对健康牛的免疫按照农业部关于印发《常见动物疫病免疫推荐方案（试行）》的通知（2014 年 3 月 12 日）要求的布鲁氏菌病免疫方案执行。

全国区域划分：一类地区是指北京、天津、河北、内蒙古、山西、黑龙江、吉林、辽宁、山东、河南、陕西、新疆、宁夏、青海、甘肃 15 个省份和新疆生产建设兵团。以县为单位，连续 3 年对牛羊实行全面免疫。牛羊种公畜禁止免疫。奶畜原则上不免疫，个体病原阳性率超过 2% 的县，由县级兽医主管部门提出申请，报省级兽医主管部门批准后实施免疫。免疫前监测淘汰病原阳性畜。已达到或提前达到控制、稳定控制和净化标准的县，由县级兽医主管部门提出申请，报省级兽医主管部门批准后可不实施免疫。

连续免疫 3 年后，以县为单位，由省级兽医主管部门组织评估考核达到控制标准的，可停止免疫。

二类地区是指江苏、上海、浙江、江西、福建、安徽、湖南、湖北、广东、广西、四川、重庆、贵州、云南、西藏 15 个省份。原则上不实施免疫。未达到控制标准的县，需要免疫的由县级兽医主管部门提出申请，经省级兽医主管部门批准后实施免疫，报农业农村部备案。

净化区是指海南省。禁止免疫。

免疫程序是经批准对布鲁氏菌病实施免疫的区域，按疫苗使用说明书推荐的程序和方法，对易感家畜先行检测，阴性家畜方可进行免疫。

使用疫苗：布鲁氏菌活疫苗（M5株或M5-90株）用于预防牛、羊布鲁氏菌病；布鲁氏菌活疫苗（S2株）用于预防山羊、绵羊、猪和牛的布鲁氏菌病；布鲁氏菌活疫苗（A19株或S19株）用于预防牛的布鲁氏菌病。

【防治措施】

（1）任何单位和个人发现疑似疫情，应当及时向当地动物防疫监督机构报告。动物防疫监督机构接到疫情报告并确认后，按《动物疫情报告管理办法》及有关规定及时上报。

（2）发现疑似疫情，畜主应限制动物移动；对疑似患病动物应立即隔离。动物防疫监督机构要及时派员到现场进行调查核实，开展实验室诊断。确诊后，当地人民政府组织有关部门按下列要求处理：对患病动物全部扑杀；对受威胁的畜群（病畜的同群畜）实施隔离，可采用圈养和固定草场放牧两种方式隔离；隔离饲养用草场，不要靠近交通要道、居民点或人畜密集的地区。场地周围最好有自然屏障或人工栅栏。

（3）患病动物及其流产胎儿、胎衣、排泄物、乳、乳制品等按照《畜禽病害肉尸及其产品无害化处理规程》（GB 16548—1996）进行无害化处理。

（4）开展流行病学调查和疫源追踪，对同群动物进行检测。

（5）对患病动物污染的场所、用具、物品严格进行消毒。饲养场的金属设施、设备可采取火焰、熏蒸等方式消毒；养畜场的圈舍、场地、车辆等，可选用2%烧碱等有效消毒药消毒；饲养场的饲料、垫料等，可采取深埋发酵处理或焚烧处理；粪便消毒采取堆积密封发酵方式；皮毛消毒用环氧乙烷、福尔马林熏蒸等。

（6）发生重大布病疫情时，当地县级以上人民政府应按照《重大动物疫情应急条例》有关规定，采取相应的扑灭措施。

（三）牛口蹄疫病

口蹄疫俗名"口疮""蹄癀"，是由口蹄疫病毒引起的以偶蹄动物为主的急性、热性、高度传染性疫病，往往造成大流行，不易控制和消灭，世界动物卫生组织（OIE）将其列为必须报告的动物传染病，我国规定为一类动物疫病。

口蹄疫病毒可侵害多种动物，但主要为偶蹄兽。家畜以牛易感（奶牛、牦牛、犏牛最易感，水牛次之），其次是猪，再次是绵羊、山羊和骆驼。仔猪和犊牛不但易感而且死亡率也高。野生动物也可感染发病。隐性带毒者主要为牛、羊及野生偶蹄动物，猪不能长期带毒。

传染源主要为潜伏期感染及临床发病动物。感染动物呼出物、唾液、粪便、尿液、乳、精液及肉和副产品均可带毒。畜产品、饲料、草场、饮水和水源、交通运输工具、饲养管理用具，一旦污染病毒，均可成为传染源。康复期动物可带毒。

易感动物可通过呼吸道、消化道、生殖道和伤口感染病毒，通常以直接或间接接触（飞沫等）方式传播，或通过人或犬、蝇、蜱、鸟等动物媒介，或经车辆、器具等被污染物传播。如果环境气候适宜，病毒可随风远距离传播。

本病传播虽无明显的季节性，但冬、春两季较易发生大流行，夏季减缓或平息。

【临床症状】牛的潜伏期1～7天，平均2～4天。病牛精神沉郁，闭口，流涎，开口时有吸吮声，体温可升高到40～41℃。发病1～2天后，病牛齿龈、舌面、唇内面可见到蚕豆至核桃大的水疱，涎液增多，并呈白色泡沫状挂于嘴边（图7-3）。采食及反刍停止。水疱约经一昼夜破裂，形成溃疡，呈红色糜烂区（图7-4），边缘整体，底面浅平，这时体温会逐渐降至正常。在口腔发生水疱的同时或稍后，趾间及蹄冠的柔软皮肤上也发生水疱，也会很快破溃，然后逐渐愈合。有时在乳头皮肤上也可见到水疱。本病一般呈良性经过，经1周左右即可自愈；若蹄部有病变则可延至 2～3 周或更久；死亡率 1%～2%，该病型叫良性口蹄疫。

图 7-3 流涎

图 7-4 蹄部形成溃疡，呈红色糜烂区

有些病牛在水疱愈合过程中，病情突然恶化，全身衰弱、肌肉发抖，心跳加快、节律不齐，食欲废绝、反刍停止，行走摇摆、站立不稳，往往因心肌炎引起心脏停搏而突然死亡，这种病型叫恶性口蹄疫，病死率高达 25%～50%。

哺乳犊牛患病时，往往看不到特征性水疱，主要表现为出血性胃肠炎和心肌炎，死亡率很高。

【防治措施】因为本病具有流行快、传播广、发病急、危害大等流行特点，疫区发病率可达 50%～100%，犊牛死亡率较高。所以，必须高度重视本病的防治工作。由于目前还没有口蹄疫的有效治疗药物。国际动物卫生组织和各国都不主张、也不鼓励对口蹄疫患畜进行治疗，重在预防。

1. 发生疫情处理措施

发生口蹄疫后，应迅速报告疫情，划定疫点、疫区，按照

养肉牛家庭农场致富指南

"早、快、严、小"的原则，及时严格封锁，病畜及同群畜应隔离急宰，同时对病畜舍及污染的场所和用具等彻底消毒。对疫区和受威胁区内的健康易感畜进行紧急接种，所用疫苗必须与当地流行口蹄疫的病毒型、亚型相同。还应在受威胁区的周围建立免疫带以防疫情扩散。在最后一头病畜痊愈或屠宰后14天内，未再出现新的病例，经大消毒后可解除封锁。

2. 做好免疫

（1）疫苗的选择　免疫所用疫苗必须经农业农村部批准，由省级动物防疫部门统一供应，疫苗要在2～8℃下避光保存和运输，严防冻结，并要求包装完好，防止瓶体破裂，途中避免日光直射和高温，尽量减少途中的停留时间。

（2）免疫接种　免疫接种要求由兽医技术人员具体操作（包括饲养场的兽医）。接种前要了解被接种动物的品种、健康状况、病史及免疫史，并登记造册。免疫接种所使用的注射器、针头要进行灭菌处理，一畜一换针头，凡患病、瘦弱、临产母畜不应接种，待病畜康复或母畜分娩后，犊牛达到免疫日龄再按时补免。

（3）免疫程序　散养畜每年采取两次集中免疫（5、11月），坚持月月补针，免疫率必须达到100%。母牛分娩前2个月接种一次；犊牛4月龄首免，6个月后二免，以后每6个月免疫一次。如供港或调往外省的牛，出场前4周加强免疫一次。外购易感动物，48小时内必须免疫（20～30天后加强免疫）。

3. 坚持做好消毒

该病毒对外界环境的抵抗力很强，含病毒组织或被病毒污染的饲料、皮毛及土壤等可保持传染性数周至数月。在冰冻情况下，血液及粪便中的病毒可存活120～170天。对日光、热、酸、碱敏感。故2%～4%氢氧化钠、3%～5%福尔马林、

0.2%～0.5%过氧乙酸、5%氨水、5%次氯酸钠都是该病毒的良好消毒剂。饲养场必须建立严格的消毒制度。生产区门口要设置宽同大门、长为机动车轮一周半的消毒池，池内的消毒药为2%～3%的氢氧化钠，池内消毒药定期更换，保持有效浓度。畜舍地面，选择高效低毒次氯酸钠消毒药每周一次、周围环境每2周进行1次消毒。发生疫情时可选用2%～3%的氢氧化钠消毒，早晚各一次。

4. 严格执行卫生防疫制度

不从病区引购牛只，不把病牛引进入场。为防止疫病传播，严禁羊、猪、猫、犬混养。保持牛床、牛舍的清洁、卫生；粪便及时清除；定期用2%苛性钠对全场及用具进行消毒。

（四）牛病毒性腹泻－黏膜病

牛病毒性腹泻-黏膜病简称牛病毒性腹泻或牛黏膜病。该病是以发热、黏膜糜烂溃疡、白细胞减少、腹泻、免疫耐受与持续感染、免疫抑制、先天性缺陷、咳嗽、怀孕母牛流产、产死胎或畸形胎为主要特征的一种接触性传染病。

本病对各种牛易感，绵羊、山羊、猪、鹿次之，家兔可实验感染。患病动物和带毒动物通过分泌物和排泄物排毒。急性发热期病牛血中大量含毒，康复牛可带毒6个月。主要通过消化道和呼吸道感染，也可通过胎盘感染。本病常年发生，多发于冬季和春季。新疫区急性病例多，大小牛均可感染，发病率约为5%，病死率90%～100%，发病牛以6～18个月居多。老疫区急性病例少，发病率和病死率低，隐性感染在50%以上。

【临床症状】潜伏期7～10天。

1. 急性型

病牛突然发病，体温升高至40～42℃，持续4～7天，有的呈双相热。病牛精神沉郁、厌食、鼻腔流鼻液、流涎（图

7-5）、咳嗽、呼吸加快。白细胞减少（可减至 3000 个 / 米³）。鼻、口腔、齿龈及舌面黏膜出血、糜烂（图 7-6）。呼气恶臭。通常在口内有损害之后常发生严重腹泻，一开始水泻，以后带有黏液和血。有些病牛常引起蹄叶炎及趾间皮肤糜烂坏死，从而导致跛行。急性病牛恢复的少见，常于发病后 5～7 天内死亡。

2. 慢性型

发热不明显，最引人注意的是鼻镜上的糜烂。口内很少有糜烂。眼有浆液性分泌物。鬐甲、背部及耳后皮肤常出现局限性脱毛和表皮角质化，甚至破裂。慢性蹄叶炎和趾间坏死导致蹄冠周围皮肤潮红、肿胀、糜烂或溃疡，跛行。间歇性腹泻。多于发病后 2～6 个月死亡。

图 7-5　严重腹泻　　图 7-6　鼻镜与硬腭交界处黏膜糜烂

母牛在妊娠期感染本病时常发生流产，或产下有先天性缺陷的犊牛。最常见的缺陷是小脑发育不全。

应注意本病与牛瘟、口蹄疫、恶性卡他热、牛传染性鼻气管炎、水疱性口炎、蓝舌病等相区别。

【防治措施】由于牛病毒性腹泻-黏膜病毒普遍存在，而且致病机理复杂，给该病的防制带来很大困难，目前尚无有效的治疗方法，控制的最有效办法是对经鉴定为持续感染的动物立即屠杀及疫苗接种。

防制本病应加强检疫，防止引入带毒牛、羊造成本病的扩散。一旦发病，病牛隔离治疗或急宰；同群牛和有接触史的牛群应反复进行临床学和病毒学检查，及时发现病牛和带毒牛。持续感染牛应淘汰。

1.加强对牛群的饲养管理

保持牛舍干燥、清洁、卫生，通风保暖。定期消毒牛舍、场地及用具。

2.做好免疫接种

用弱毒疫苗对断奶前后数周内的牛只进行预防接种。对受威胁较大的牛群应每隔3～5年接种1次，对育成母牛和种公牛应于配种前再接种1次，多数牛可获得终生免疫。也有报道称，用猪瘟兔化弱毒疫苗给发生过病毒性腹泻的牛群接种，可获得较好的免疫效果。如果应用灭活疫苗，可在配种前给牛免疫接种2次。

3.治疗方法

本病目前尚无有效疗法。只能在加强监护、饲养以增强牛机体抵抗力的基础上，进行对症治疗。针对病牛脱水、电解质平衡紊乱的情况，除给病牛输液扩充血容量外，还可投服收敛止泻药（如药用炭、矽碳银），可缩短恢复期，减少损失。并配合应用广谱抗生素或磺胺类药物，可减少继发性细菌感染。

治疗时可用硫酸庆大霉素120万国际单位后海穴注射；或者用硫酸黄连素0.3～0.4克、10％葡萄糖注射液500毫升；也可用0.2％氧氟沙星葡萄糖注射液或诺氟沙星葡萄糖注射液

300 毫升；还可用新促反刍液（5％氯化钙 200 毫升、30％安乃近 30 毫升、10％盐水 300 毫升），分三步静脉点滴。也可采用中药疗法，饮 2％白矾水，灌牛痢方（白头翁、黄连、黄柏、秦皮、当归、白芍、大黄、茯苓各 30 克，滑石粉 200 克，地榆 50 克，二花 40 克）。

（五）牛流行热

牛流行热又称三日热或暂时热，是由牛流行热病毒引起的牛的一种急性热性传染病，其特征是高热、流泪、流涎、流鼻汁、呼吸促迫、后躯僵硬、跛行。一般为良性经过，经 2 ～ 3 天恢复。本病的传染力强，呈流行性或大流行性。

本病主要侵害奶牛和黄牛，水牛较少感染。以 3 ～ 5 岁牛多发，1 ～ 2 岁牛和 6 ～ 8 岁牛次之，犊牛和 9 岁以上牛少发。

病牛是本病的主要传染源。病毒主要存在于高热期病牛的血液中。吸血昆虫（蚊、蠓、蝇）叮咬病牛后再叮咬易感的健康牛而传播，故疫情的存在与吸血昆虫的出没相一致。实验证明，病毒能在蚊子和库蠓体内繁殖。本病的发生具有明显的周期性和季节性，通常每 3 ～ 5 年流行一次，北方多于 8 ～ 10 月流行，南方可提前发生。

【临床症状】潜伏期 3 ～ 7 天。发病突然，体温升高达 39.5 ～ 42.5℃，维持 2 ～ 3 天后，降至正常。在体温升高的同时，病牛流泪、畏光、眼结膜充血、眼睑水肿（视频7-1）。呼吸促迫达 80 次 / 分钟以上，听诊肺泡呼吸音高亢，支气管呼吸

视频 7-1　检查牛眼睑

音粗粝。食欲废绝，咽喉区疼痛，反刍停止。多数病牛鼻炎性分泌物呈线状，随后变为黏性鼻涕（图7-7）。口腔发炎、流涎，口角有泡沫。病牛呆立不动，强使行走，步态不稳，因四肢关节浮肿、僵硬、疼痛而出现跛行，最后因站立困难而倒卧。有的便秘或腹泻。尿少，暗褐色。妊娠母牛可发生流产、死胎，泌乳量下降或停止。多数病例为良性经过，病程 3 ～ 4 天；少

数严重者于 1～3 天内死亡，病死率一般不超过 1%。

根据大群发生，迅速传播，有明显的季节性，多发生于气候炎热、雨量较多的夏季，发病率高、病死率低的特点，结合临床上高热、呼吸迫促、眼鼻口腔分泌物增加、跛行等做出初步诊断。

注意和牛副流行性感冒、牛传染性鼻气管炎和茨城病等相区别。

牛副流行性感冒是由副流感病毒Ⅲ型引起，分布广泛，传播迅速，以急性呼吸道症状为主，类似牛流行热。但是本病无明显的季节性，多在运输之后发生，故又称运输热；有乳腺炎症状，无跛行。

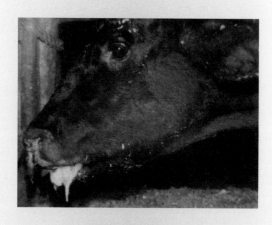

图7-7　黏性鼻涕

牛传染性鼻气管炎是由牛疱疹病毒Ⅰ型引起的一种急性热性接触性传染病。临床上主要表现流鼻汁、呼吸困难、咳嗽，特别是鼻黏膜高度充血、鼻镜发炎，有红鼻子病之称。伴发结膜炎、阴道炎、包皮炎、皮肤炎、脑膜炎等症状；发病无明显的季节性，但多发于寒冷季节。

茨城病在发病季节、症状和经过等方面与牛流行热相似。但是本病在体温降至正常后出现明显的咽喉、食道麻痹，在低头时瘤胃内容物可自口鼻返流出来，而且诱发咳嗽。

【防治措施】

1. 加强饲养管理

牛流行热病毒属弹状病毒科、狂犬病毒属的成员，成熟病毒粒子含单股 RNA，有囊膜。对酸碱敏感，不耐热，耐低温，常用消毒剂能迅速将其杀灭。所以，应坚持做好牛舍及周围环境经常性的消毒。搞好牛舍内外环境清洁卫生，对牛舍地面、饲槽要定期用 2% 氢氧化钠溶液消毒。依据流行热病毒由蚊蝇传播的特点，每周 2 次用杀虫剂喷洒牛舍和周围排粪沟，以杀灭蚊蝇、切断传染途径。

2. 治疗方法

早发现、早隔离、早治疗，合理用药，护理得当，是防治本病的重要原则。本病尚无特效治疗药物，只能进行对症治疗：退热、抗菌消炎、抗病毒、清热解毒。如用 10% 水杨酸钠注射液 100 ～ 200 毫升、40% 乌洛托品 50 毫升、5% 氯化钙 150 ～ 300 毫升，加入葡萄糖液或糖盐水内静脉注射（简称水乌钙疗法）和新促反刍液（见牛黏膜病）分两步静脉注射。肌内注射蛋清 20 ～ 40 毫升或安痛定注射液 20 毫升，喂青葱 500 ～ 1500 克等均有疗效。

（六）牛巴氏杆菌病

牛巴氏杆菌病是由多杀性巴氏杆菌引起的一种败血性传染病。急性经过主要以高热、肺炎或急性胃肠炎和内脏广泛出血为主要特征，呈败血症和出血性炎症，故称牛出血性败血病，简称牛出败。

本菌为条件病原菌，常存在于健康畜禽的呼吸道，与宿主呈共栖状态。当牛饲养管理不良时，如寒冷、闷热、潮湿、拥挤、通风不良、疲劳运输、饲料突变、营养缺乏、饥饿等因素使机体抵抗力降低，该菌乘虚侵入体内，经淋巴液入血液引起败血症，发生内源性传染。病畜由其排泄物、分泌物不断排出有毒力的病菌，污染饲料、饮水、用具和外界环境。主要经消化道感染，其次通过飞沫经呼吸道感染健康家畜，亦有经皮肤伤口或蚊蝇叮咬而感染的。该病常年可发生，在气温变化大、阴湿寒冷时更易发病；常呈散发性或地方流行性发生。

【临床症状】潜伏期2～5天。根据临床表现，本病常表现为急性败血型、浮肿型、肺炎型。

（1）急性败血型　病牛初期体温可高达41～42℃，精神沉郁，反应迟钝，肌肉震颤，呼吸、脉搏加快，眼结膜潮红，食欲废绝，反刍停止。病牛表现为腹痛，常回头观腹，粪便初为粥样，后呈液状，并混杂黏液或血液且具恶臭。一般病程为12～36小时。败血型牛出败主要呈全身性急性败血症变化，内脏器官出血，在浆膜与黏膜以及肺、舌、皮下组织和肌肉出血（图7-8）。

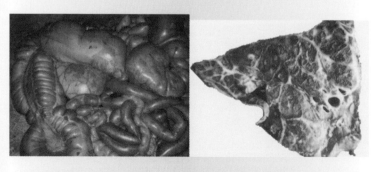

图7-8　肠及肠黏膜出血　　　图7-9　肺大理石状

（2）浮肿型　除表现全身症状外，特征症状是颌下、喉部肿胀，有时水肿蔓延到垂肉、胸腹部、四肢等处。眼红肿、流泪，有急性结膜炎。呼吸困难，皮肤和黏膜发绀、呈紫色至青紫色，常因窒息或下痢、虚脱而死。切开水肿部会流出微混浊的淡黄色液体。上呼吸道黏膜呈急性卡他性炎；胃肠呈急性卡他性或出血性炎；颌下、咽背与纵隔淋巴结呈急性浆液出血性炎。

（3）肺炎型　主要表现纤维素性胸膜肺炎症状。病牛体温升高，呼吸困难，痛苦干咳，有泡沫状鼻汁，后呈脓性。胸部叩诊呈浊音，有疼感。肺部听诊有支气管呼吸音及水泡性杂音。眼结膜潮红，流泪。有的病牛会出现带有黏液和血块的粪便。本病型最为常见，病程一般为 3～7 天。肺炎型牛出败主要表现为纤维素性肺炎和浆液纤维素性胸膜炎。肺组织颜色从暗红到灰白，切面呈大理石样病变（图 7-9）。胸腔积聚大量有絮状纤维素的渗出液。此外，还常伴有纤维素性心包炎和腹膜炎。

【防治措施】

1. 加强饲养管理

主要是加强饲养管理，消除发病诱因，增强抵抗力，避免各种应激，避免拥挤和受寒，为肉牛创造舒适的生长环境。

2. 加强牛场清洁卫生和定期消毒。

该菌抵抗力弱，在干燥和直射阳光下很快死亡，高温立即死亡，一般消毒液均能迅速杀死。牛场应坚持做好牛舍内外环境的清洁卫生和消毒工作。

3. 做好免疫接种

每年春秋两季定期预防注射牛出败氢氧化铝甲醛灭活苗，体重在 100 千克以下的牛皮下或肌内注射 4 毫升，100 千克以上者 6 毫升，免疫力可维持 9 个月。

4.治疗方法

发现病牛立即隔离治疗，并进行消毒。健康牛群立即接种疫苗，或用药物预防。感染病牛早期应用血清、抗生素或抗菌药治疗效果好。血清和抗生素或抗菌药同时应用效果更佳。血清可用牛出性败血症抗毒血清，作皮下、肌内或静脉注射，小牛 20 ～ 40 毫升，大牛 60 ～ 100 毫升，必要时重复 2 ～ 3 次；抗生素常用土霉素 8 ～ 15 克，溶解在 5% 葡萄糖 1000 ～ 2000 毫升中，静注，每日 2 次；10% 磺胺嘧啶钠注射液 200 ～ 300 毫升，40% 乌洛托品注射液 50 毫升，加入 10% 葡萄糖溶液内静脉注射，每日 2 次；普鲁卡因青霉素 300 万 ～ 600 万国际单位、链霉素 300 万 ～ 400 万国际单位，肌注，每日 1 ～ 2 次；环丙沙星每千克体重 2 毫克，加入葡萄糖内静脉注射，每日 2 次。对症治疗对疾病恢复很重要，强心用 10% 樟脑磺酸钠注射液 20 ～ 30 毫升或安钠咖注射液 20 毫升，每日肌注 2 次；如喉部狭窄，呼吸高度困难时，应迅速进行气管切开术。

五、普通病的防治

（一）牛前胃弛缓

前胃弛缓是由各种病因导致前胃神经兴奋性降低、肌肉收缩力减弱、瘤胃内容物运转缓慢、微生物区系失调、产生大量发酵和腐败的物质，引起消化障碍，食欲、反刍减退，乃至全身机能紊乱的一种疾病。本病是耕牛、奶牛的一种多发病。

本病的特征是食欲减退，前胃蠕动减弱，反刍、嗳气减少或废绝。

【病因】

1. 原发性前胃弛缓

（1）引起神经兴奋性降低的因素　①长期饲喂粉状饲料或精饲料等体积小的饲料使内容物对瘤胃刺激较小；②长期饲喂单一或不易消化的粗饲料，如麦糠、秕壳、半干的山芋藤、紫云英、豆秸等；③突然改变饲养方式，饲料突变，频繁更换饲养员和调换圈舍；④矿物质和维生素缺乏，特别是缺钙时，血钙水平低，致使神经 - 体液调节机能紊乱，引起单纯性消化不良；⑤天气突然变化；⑥长期重度使役或长时间使役、劳役与休闲不均等；⑦采食了有毒植物，如醉马草、毒芹等。

（2）引起纤毛虫活性和数量改变的因素　①长期大量服用抗菌药物；②长期饲喂营养价值不全的饲料等；③长期饲喂变质或冰冻饲料。

2. 应激因素

应激因素的影响在本病的发生上起重要作用，如严寒、酷暑、饥饿、疲劳、分娩、断乳、离群、恐惧等。

3. 继发性前胃弛缓

常继发于热性病、疼痛性疾病和多种传染病、寄生虫病及某些代谢病（骨软症、酮病）过程中及瓣胃与真胃阻塞、真胃炎、真胃溃疡、创伤性网胃炎 - 腹膜炎、胎衣不下、误食胎衣、中毒性疾病过程中。

【临床症状】

（1）急性型前胃阻塞　病畜食欲减退或废绝，反刍减少、短促、无力，嗳气增多并带酸臭味；奶牛和奶山羊泌乳量下降；体温、呼吸、脉搏一般无明显异常；瘤胃蠕动音减弱，蠕动次数减少，波长缩短（少于10秒）；触诊瘤胃，其内容物坚硬或呈粥状。病初粪便变化不大，随后变为干硬、色暗、被覆黏液；如果伴发前胃炎或酸中毒时，病情急剧恶化，呻吟、磨牙、食欲废绝，反刍停止，排棕褐色糊状恶臭粪便；精神沉郁，黏膜发绀，皮温不均，体温下降，脉搏加快，呼吸困难，鼻镜干燥，眼窝凹陷。

（2）慢性型前胃阻塞　多是继发性的。病畜食欲不定，发生异嗜；反刍不规则，短促、无力或停止，嗳气减少。病情时好时坏，日渐消瘦，被毛干枯、无光泽，皮肤干燥、弹性减退；精神不振，体质虚弱。瘤胃蠕动音减弱或消失，内容物黏硬或稀软，瘤胃轻度臌胀；还有原发病的症状。老牛病重时，呈现贫血与衰竭，并常有死亡发生。

【防治措施】预防本病主要是改善饲养管理，注意饲料的选择、保管，防止霉败变质；注意精、粗饲料的比例，钙、磷比例，以保证机体获得必要的营养物质，不可任意增加饲料用量或突然变更饲料种类；建立合理的使役制度，休闲时期应注意适当运动；避免不利因素刺激和干扰，尽量减少各种应激因素的影响。

本病的治疗原则是除去病因，加强护理，增强前胃机能，制止腐败发酵，改善瘤胃内环境，恢复正常微生物区系，对症治疗。

（1）除去病因，加强护理　病初绝食 1～2 天，保证充足的清洁饮水，以后给予适量的易消化的青草或优质干草。轻症病例可在 1～2 天内自愈。

（2）缓泻　可用硫酸钠（或硫酸镁）300～800 克、液状石蜡油 500～2000 毫升、植物油 500～1000 毫升。盐类泻剂于病初只用一次，以防引起脱水和前胃炎。

（3）止酵　大蒜头 200～300 克或大蒜酊 100 毫升、白酒 100～120 毫升、松节油 20～30 毫升、温水 3000～5000 毫升，一次内服。也可用苦味酊 50～100 毫升一次内服。

（4）促进前胃蠕动

① 食饵疗法：给病畜适口性好的草料，通过口腔的活动反射性地引起胃肠蠕动。

② 促反刍液：5％氯化钙 200 ～ 300 毫升，10％氯化钠注射液 300 ～ 500 毫升，10％安钠咖注射 20 ～ 30 毫升，1 次静脉注射，每日 1 次。如果将 10％安钠咖注射更换为 30％安乃近（新促反刍液）再加入糖液内静注则疗效更好。

③ 拟胆碱药物：新斯的明 20 ～ 30 毫克，1 次肌内注射。氨甲酰胆碱（比赛可灵）2 ～ 3 毫克，1 次皮下注射。0.25％比赛可灵 10 ～ 20 毫升，1 次肌内注射。毛果芸香碱 30 ～ 50 毫克，1 次皮下注射。0.2％硝酸士的宁 5 ～ 10 毫升，1 次皮下注射或脾俞穴注射。

④ 中药：槟榔 80 克、马钱子 8 克研末开水冲或水煎，加番木鳖酊 50 ～ 80 毫升灌服。

⑤ 刺激性兴奋剂：0.1％硫酸铜液 2000 ～ 4000 毫升内服。

（5）改善瘤胃内环境，恢复正常微生物区系　首先校正瘤胃内环境的 pH 值，若 pH>7 时以食用醋洗胃，若 pH<7 以碳酸氢钠洗胃，若渗透压较高时以清水洗胃，待瘤胃内环境接近中性，渗透压适宜时给病牛投服健康牛反刍食团或灌服健康牛瘤胃液 4 ～ 8 升。另外用酵母粉 300 克、红糖 250 克、95％酒精 50 毫升或龙胆酊 50 毫升、陈皮酊 50 ～ 100 毫升，混合加常水适量，1 次内服，也有助于恢复正常微生物区系，有效治疗该病。酵母粉 500 克、滑石粉 500 克，加温更有良效。

（6）对症疗法　继发性臌胀的病牛，清油 750 毫升、大蒜头 200 克（捣碎水调服）、食醋 500 毫升，加水适量灌服。当病畜呈现轻度脱水和自体中毒时，应用 25％葡萄糖注射液 500 ～ 1000 毫升、40％乌洛托品注射液 20 ～ 50 毫升、20％安钠咖注射液 10 ～ 20 毫升，静脉注射；或静注 5％碳酸氢钠 500 ～ 1000 毫升。重症病例应先强心、补液，再洗胃。

（7）止痛与调节神经机能疗法　对于一些病久的或重病的畜体来讲，可静脉注射安溴 50 ～ 150 毫升或 0.25％盐酸普鲁卡因 100 ～ 200 毫升，也可以肌内注射盐酸异丙嗪 250 ～ 500 毫克或 30％安乃近 30 ～ 50 毫升或安痛定 20 毫升。

（8）中药治疗

【处方1】当归（油炒）100～200克，番泻叶60～80克，茯苓30～40克，山楂、麦芽、神曲各60克，桔梗30克，杏仁30克，枳实30克，木香20～30克，厚朴30克，香附子30克，二丑30克，槟榔60克，大黄30克，炒马钱子5～8克，研末开水冲或水煎，加食用油250～500毫升或石蜡油500毫升，灌服。本方适用于粪少而干的牛，体质虚弱者加党参、黄芪等以扶正。

【处方2】椿皮散：椿皮、莱菔子、枳壳各60克，常山、柴胡各25克，甘草15克，研末开水冲服。如加苦参50克、三仙各50克，疗效更好。

【处方3】白术（炒）60～90克、茯苓30～45克、川木香30克、槟榔80克、山楂80克、神曲100克、半夏30克、枳实30克、连翘30克、莱菔子80、厚朴30克、马钱子8克，研末开水冲服或水煎服。本方适用于粪便稀软者。

（二）牛瘤胃臌气

瘤胃臌气又称瘤胃臌胀，主要是因采食了大量容易发酵的饲料，在瘤胃内微生物的作用下异常发酵，迅速产生大量气体，致使瘤胃急剧膨胀、膈与胸腔脏器受到压迫、呼吸与血液循环障碍，发生窒息现象的一种疾病。临床上以呼吸极度困难，反刍、嗳气障碍，腹围急剧增大等症状为特征。按病因分为原发性臌胀和继发性臌胀；按病的性质分为泡沫性臌胀和非泡沫性臌胀。按病的速度分为急性臌胀和慢性臌胀。

【病因】瘤胃臌胀主要是因采食大量水分含量较高的容易发酵的饲草、饲料，如幼嫩多汁的青草或者经雨、露、霜、雪侵蚀的饲草、饲料而引起；采食了霉败饲草和饲料，如品质不良的青贮饲料、发霉饲草和饲料引起；饲喂后立即使役或使役后马上喂饮；突然更换饲草和饲料或者改变饲养方式，特别是舍饲转为放牧时或由一牧场转移到另一牧场，更容易导致急性瘤胃臌胀的发生；采食了大量含蛋白质、皂苷、果胶等物质的豆科牧草，如新鲜的豌豆蔓叶、苜蓿、草木樨、红三叶、紫云英等，或者喂饲多量的谷物性饲料，如玉米粉、小麦粉等也能引起泡沫性臌气。继发性瘤胃臌胀，常继发于食管阻塞、前胃弛缓、创伤性网胃炎、瓣胃与真胃阻塞、发烧性疾病等。

【临床症状】瘤胃臌胀通常在采食易发酵饲料后不久发病，甚至在采食中发病。表现不安或呆立，食欲废绝，口吐白沫，回顾腹部；腹部迅速膨大，左肷窝明显突起，严重者高过背中线；腹壁紧张有弹性，叩诊呈鼓音；瘤胃蠕动音初期增强，常伴发金属音，后期减弱或消失；因腹压急剧增高，病畜呼吸困难，严重时伸颈张口呼吸，呼吸数增至每分钟 60 次以上；心跳加快，可达每分钟 100 次以上；病的后期，心力衰竭，静脉怒张，呼吸困难，黏膜发绀；目光恐惧，全身出汗，站立不稳，步态蹒跚，最后倒地抽搐，终因窒息和心脏停搏而死亡。

慢性瘤胃臌胀表现为瘤胃中度膨胀，时胀时消，常为间歇性反复发作，呈慢性消化不良症状，病畜逐渐消瘦。

【诊断要点】

（1）采食大量易发酵产气饲料。

（2）腹部迅速膨大，左肷窝明显突起，严重者高过背中线；腹壁紧张而有弹性，叩诊呈鼓音；病畜呼吸困难，严重时伸颈张口呼吸。

（3）瘤胃穿刺检查（视频 7-2），泡沫性臌胀，只能断断续续地从套管针内排出少量气体，针孔常被堵塞而排气困难；非泡沫性臌胀，则排气顺畅，臌胀明显减轻。

视频 7-2　瘤胃穿刺法

（4）胃管检查　非泡沫性臌胀时，从胃管内排出大量酸臭的气体，臌胀明显减轻；而泡沫性臌胀时，仅排出少量带泡沫气体，而不能解除臌胀。

【防治措施】加强饲喂管理是防止本病发生的关键。禁止饲喂发霉、腐败、冰冻、分解的块根植物及毒草，冰冻的饲料应经过蒸煮再予饲喂。尽量不喂或少喂堆积发酵或被雨露浸湿的青草。在饲喂易发酵的青绿饲料时，应先饲喂干草，然后再饲喂青绿饲料。由舍饲转为放牧时，最初几天要先喂一些干草后再出牧，并且还应限制放牧时间及采食量。不让牛进入苕子地、苜蓿地暴食幼嫩多汁豆科植物。舍饲育肥动物，应该在全价日粮中至少含有10%～15%的粗料。

本病的治疗原则是加强护理，排出气体，止酵消沫，恢复瘤胃蠕动和对症治疗。治疗上根据病情的缓急、轻重以及病性的不同，采取相应有效的措施进行排气减压。

防止过多饲喂易发酵的幼嫩多汁或沾有雨水的饲草。在喂时把含水分过多的青草给予晒晾，以便减少含水量。尽量不要堆积青草，以防青草发酵。

1. 排气减压

（1）口衔木棒法　对较轻的病例，可使病畜保持前高后低的体位，在小木棒上涂鱼石脂（对役畜也可涂煤油）后衔于病畜口内（图7-10），同时按摩瘤胃或踩压瘤胃，促进气体排出。

图 7-10　使用开口器排气减压　　图 7-11　严重瘤胃臌气的牛进行放气减压

（2）胃管排气法　严重病例，当有窒息危险时，应实行胃管排气法（图7-11），操作方法是：把牛保定在六柱栏内，畜主用手握住鼻环，无鼻环可用鼻钳使牛保持正常站立姿势，胃管头蘸少许液体石蜡润滑。术者用左手握住一侧鼻翼，右手握胃管从牛鼻孔慢慢插入，接近牛的咽部时要用管头轻轻触动咽喉部位，诱发牛吞咽，当牛有吞咽动作时顺势插入食管。术者应注意在牛吞咽后及时判定胃管是否真正插入食管内，千万不能将胃管错插到气管里。判定的方法是术者用耳朵接近胃管头，如果插入了食管里，则听不到呼吸音，也感觉不到胃管里呼出气体；如果将胃管插入牛的气管里，则可在胃管的另一头听到呼吸音和感觉到气体吹耳。确认插入食管后，把胃管继续推送到瘤胃内，此时会有大量酸臭气体排出，继续将胃管停留在瘤胃内放气，直到牛的腹围减小。操作过程中还要注意控制排气速度，以免排气速度太快导致牛颅压升高造成牛昏迷死亡。

（3）瘤胃穿刺排气法　严重病例，当有窒息危险且不便实施或不能实施胃管排气法时应瘤胃穿刺排气法，操作方法是用套管针、一个或数个20号针头插入瘤胃内放气即可（图7-12）。以上这些方法仅对非泡沫性臌胀有效。

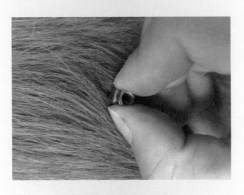

图7-12　进针放气的细节

（4）手术疗法　当药物治疗效果不显著时，特别是严重的泡沫性臌胀，应立即施行瘤胃切开术，排气与取出其内容物。病势危急时可用尖刀在左肷部插入瘤胃，放气后再设法缝合切口。

2. 止酵消沫

（1）泡沫性臌胀　可用二甲基硅油 25 ～ 50 克，加水 500 毫升一次灌服；滑石粉 500 克、丁香 30 克（研细）温水调服；植物油或石蜡油 100 毫升，一次灌服，如加食醋 500 毫升，大蒜头 250 克（捣烂）效果更好。

（2）止酵　可用甲醛 20 ～ 60 毫升，加常水 3000 毫升灌服；鱼石脂 15 ～ 30 克，一次灌服；松节油 30 毫升，一次灌服；95％酒精 100 毫升，一次灌服或瘤胃内注入。

注意：煤油、汽油、甲醛、松节油、来苏儿虽能消胀，但因有怪味，一旦病畜死亡，其内脏、肉均不能食用，故一般少用。

3. 排出胃内容物

可用盐类或油类泻剂（如硫酸镁）800 克，加常水 3000 毫升溶解后，一次灌服；增强瘤胃蠕动，促进反刍和嗳气，可使用瘤胃兴奋药、拟胆碱药等进行治疗。此外，调节瘤胃内容物 pH 值可用 3％碳酸氢钠溶液。

注意观察全身机能状态，及时强心补液，进行对症治疗。

慢性瘤胃臌胀多为继发性瘤胃臌胀。除应用急性瘤胃臌胀的疗法缓解臌胀症状外，还必须彻底治疗原发病。

（三）牛瘤胃积食

瘤胃积食又称急性瘤胃扩张，是反刍动物贪食大量粗纤维饲料或容易臌胀的饲料引起的瘤胃扩张、瘤胃容积增大、内容物停滞和阻塞以及整个前胃机能障碍，形成脱水和毒血症的一种严重疾病。临床上以瘤胃体积增大且较坚硬、呻吟、不吃为特征。

【病因】瘤胃积食主要是由于贪食大量粗纤维饲料或容易臌胀的饲料如小麦秸秆、山芋豆藤、老苜蓿、花生蔓、紫云英、谷草、稻草、甘薯蔓等再加之缺乏饮水，难以消化所致；过多采食容易膨胀的小麦、玉米、黄豆、麸皮、棉籽饼、酒糟、豆渣等精料。因误食大量塑料薄膜而造成积食。突然改变饲养方式以及饲料突变、饥饱无常、饱食后立即使役或使役后立即饲喂等因素可引起本病的发生。各种应激因素如过度紧张、运动不足、过于肥胖等也可引起本病的发生。

【临床症状】常在饱食后数小时或 1～2 天内发病。食欲废绝、反刍停止、空嚼、磨牙。腹部膨胀，左肷部充满，触诊瘤胃，内容物坚实或坚硬，有的病畜触诊敏感，有的不敏感；瘤胃蠕动音减弱或消失。有的病畜不安，目光凝视，拱背站立，回顾腹部或后肢踢腹，间或不断地起卧。病情严重时常有呻吟、流涎、嗳气，有时作呕吐状或呕吐。病畜发生腹泻，少数有便秘症状。

瘤胃积食也常常继发于前胃弛缓、创伤性网胃腹膜炎、瓣胃阻塞、皱胃阻塞、胎衣不下、药呛肺等疾病过程中。

【诊断要点】一是过食饲料特别是易膨胀的食物或精料；二是食欲废绝，反刍停止，瘤胃蠕动音减弱或消失，触诊瘤胃内容物坚实或有波动感；三是体温正常，呼吸、心跳加快；有酸中毒导致的蹄叶炎使病畜卧地不起的现象。

【防治措施】本病预防的关键是建立合理的饲养管理制度，防止牛过食。精饲料、糟粕类饲料应加工调制，按规定喂量供给，不突然变换饲料，充分饮水，适当运动；同时还要加强饲料保管和牛的管理，防止牛脱缰过食。避免外界各种不良因素的影响和刺激。

治疗原则是加强护理，增强瘤胃蠕动机能，排出瘤胃内容物，制止发酵，对抗组织胺和酸中毒，对症治疗。

治疗方法如下：

（1）按摩疗法　在牛的左肷部用手掌、拳、木棒与木板（二人抬）、布带（二人拉）按摩瘤胃，每次5～10分钟，每隔30分钟按摩一次。结合灌服大量的温水，则效果更好。

（2）腹泻疗法　硫酸镁或硫酸钠500～800克，加水1000毫升，液状石蜡油或植物油1000～1500毫升，给牛灌服，加速排出瘤胃内容物。

（3）促蠕动疗法　可用兴奋瘤胃蠕动的药物，如10%高渗氯化钠300～500毫升，静脉注射，同时用新斯的明20～60毫升肌注，能收到好的治疗效果。

（4）洗胃疗法　用直径4～5厘米、长250～300厘米的胶管或塑料管一条，经牛口腔导入瘤胃内，然后来回抽动，以刺激瘤胃收缩，使瘤胃内液状物经导管流出。若瘤胃内容物不能自动流出，可在导管另一端连接漏斗，向瘤胃内注温水3000～4000毫升，待漏斗内液体全部流入导管内时，取下漏斗并放低牛头和导管，用虹吸法将瘤胃内容物引出体外。如此反复，即可将精料洗出。

（5）病牛饮食欲废绝，脱水明显时，应静脉补液，同时补碱，如25%的葡萄糖500～1000毫升、复方氯化钠液或5%糖盐水3～4升、5%碳酸氢钠液500～1000毫升等，一次静脉注射。

（6）切开瘤胃疗法　重症而顽固的积食，应用药物不见效果时，或怀疑为食入塑料薄膜而造成，且病畜体况尚好时，应及早施行瘤胃切开术，取出瘤胃内容物。

（四）牛瘤胃酸中毒

瘤胃酸中毒又称急性碳水化合物过食，是因采食大量的谷类或其他富含碳水化合物的饲料后，导致瘤胃内产生大量乳酸而引起的一种急性代谢性酸中毒。其特征为消化障碍、瘤胃运动停滞、脱水、酸血症、运动失调甚至瘫痪、衰弱、休克，常导致死亡。

【病因】常见的病因主要有下列几种：

（1）饲养管理不当　牛闯进厨房或住宅、粮食或饲料仓库或晒谷场，在短时间内采食了大量人的食物，如面、米、豆腐、馍馍等。谷物如大麦、小麦、玉米、稻谷、高粱及甘薯干，特别是粉碎后的谷物，在瘤胃内高速发酵，产生大量乳酸而引起瘤胃酸中毒。

（2）舍饲肉牛若不按照由高粗饲料向高精饲料逐渐变换的方式，而是突然饲喂高精饲料而草不足时，易发生瘤胃酸中毒。

（3）现代化奶牛生产中常因饲料混合不匀，而使采入精料含量多的牛发病。

（4）在农忙季节，给耕牛突然补饲谷物精料、豆糊、玉米粥或其他谷物，因消化机能不相适应，瘤胃内微生物群系失调，迅速发酵形成大量酸性物质而发病。

（5）当牛采食发酵后的甜菜渣、淀粉渣、酒渣、醋渣也会发病。

（6）当牛采食苹果、青玉米、甘薯、马铃薯、甜菜时也可发病。

【临床症状】本病多数呈现急性经过，一般24小时内发生，有些特急性病例可在采食谷类饲料后3～5小时内无明显症状而突然死亡或仅见精神沉郁、昏迷，后很快死亡。本病的主要症状及发病速度与饲料的种类、性质及食入的量有关，以食入玉米、大米、大麦及小麦的发病较快而且严重，食入加工粉碎的饲料比饲喂未经粉碎的饲料发病快。

（1）急性型　步态不稳，呼吸急促，往往在发现症状后1～2小时死亡。临死前张口吐舌，高声哞叫，摔头蹬腿，卧地不起，从口内流出泡沫状含血液体。

（2）亚急性型　食欲废绝、精神沉郁、呆立、不愿行走、眼窝凹陷、肌肉震颤。病情较重者瘫痪卧地，头向背侧弯曲呈角弓反张样，四肢直伸，呻吟，磨牙，眼睑闭合，呈睡状。

【诊断要点】一是脱水，瘤胃胀满，大量出汗，卧地不起，多为躺卧，四肢伸直，心跳多在百次以上，呼吸加快，口流涎沫；二是有过食豆类、谷类或含丰富碳水化合物饲料的病史；三是瘤胃液 pH 值下降至 4.5～5.0，尿液 pH 值 5.0～5.6，血液 pH 值降至 6.9 以下，血液乳酸升高等。

【防治措施】应加强饲料管理，合理调制加工饲料，正确组合日粮，严格控制谷物精料的饲喂，防止偷食精料。日粮供应要合理，精粗饲料比例要平衡，肉牛由高粗饲料向高精饲料的变换要逐步进行，应有一个适应期。耕牛在农忙季节的补料亦应逐渐增加，不可突然一次补给较多的谷物或豆类。防止牛闯入饲料房、仓库、晒谷场，暴食谷物、豆类及配合饲料。特别需要注意的是此病犊牛发生率较高，原因是犊牛未上绳拴系、散放养、饲养管理疏忽或饲养员缺乏经验等，需要对犊牛进行重点看管。

治疗原则是加强护理，清除瘤胃内容物，纠正酸中毒，补充体液，恢复瘤胃蠕动。

1. 缓解体内酸中毒

（1）静脉注射 5%碳酸氢钠 1000～1500 毫升，每日 1～2 次；10%氯化钠 500 毫升，每日 1～2 次。

（2）补液，常用复方生理盐水或葡萄糖生理盐水，输液量根据脱水程度而定，输液时可加入安钠咖。心跳在百次以上者可加 654-2 100～200 毫克。

2. 消除瘤胃中的酸性产物

（1）导胃与洗胃　用大口径胃导管以 1%～3%碳酸氢钠或 5%氧化镁液、温水反复冲洗瘤胃，冲洗后瘤胃内可投服碳酸氢钠或氧化镁 300 ～ 500 克。轻症病例，可内服氢氧化镁、碳酸氢钠各 300 ～ 500 克，加水 4 ～ 8 升，灌服。

（2）调节瘤胃液 pH 值　投服碱性药物，如滑石粉 500 ～ 800 克、碳酸氢钠 300 ～ 500 克或氧化镁 300 ～ 500 克，以及碳酸钙 200 ～ 300 克等，每天 1 次。

（3）使用缓泻剂　如石蜡油 1000 ～ 1500 毫升，大黄苏打片 300 ～ 500 克。

（4）提高瘤胃兴奋性　可用比赛可灵或新斯的明、毛果芸香碱皮下注射。

（5）手术疗法　采食精料过多、产酸严重、无法经洗胃与泻下消除的，对生命构成威胁的宜及早行瘤胃切开术，排空内容物，用 3% 碳酸氢钠或温水洗涤瘤胃数次，尽可能彻底洗去乳酸，然后向瘤胃内放置适量轻泻剂和优质干草，条件允许时可给予正常瘤胃内容物。

3. 恢复瘤胃内容物的体积及瘤胃内微生物群活性

应喂以品质良好的干草，牛羊无食欲的应耐心地强行喂食。为了恢复瘤胃内微生物群活性，可投服健康牛瘤胃液 5 ～ 8 升。

4. 加强护理

在最初 18 ～ 24 小时要限制饮水量。在恢复阶段，应喂以品质良好的干草而不应投食谷物和配合精饲料，以后再逐渐加入谷物和配合饲料。

（五）牛食管阻塞

食管阻塞，俗称"草噎"，是食管被食团或异物突然阻塞的一种严重食管疾病。主要是由于饥饿导致吃草太多太急，吞咽过猛，使食团或块根、块茎类饲料未经咀嚼而下咽引起。另外，食管麻痹、痉挛、狭窄等也可引起本病。

【病因】

（1）容易引发食管阻塞的物质有甘薯、马铃薯、甜菜、苹果、玉米穗、豆饼块、花生饼等大块的饲料和破布、塑料薄膜、毛线球、木片或胎衣、煤块、小石子等异物。

（2）由于缺乏维生素、矿物质、微量元素引起异食癖的容易因吞食异物而发生。

（3）咀嚼不充分，引起咀嚼不充分的原因有：饥饿状态下采食过急；在采食中，突然受到惊吓；抢食或偷食；采食习惯，牛羊采食时速度快，咀嚼极少，所以很容易阻塞。

（4）吞咽过程受阻，这种情况主要继发于食管狭窄、食管麻痹、食管炎等疾病。

【临床症状】 采食过程中突然停止采食，惊恐不安，摇头缩颈，张口伸舌，大量流涎，频繁呈现吞咽动作。颈部食管阻塞时，外部触诊可感阻塞物；胸部食管阻塞时，在阻塞部位上方的食管内积满唾液，触诊能感到波动并引起噫嗳运动。胃管探诊，当触及阻塞物时，感到阻力，不能推进送入瘤胃中。由于嗳气障碍而易发生瘤胃臌胀，经瘤胃穿刺，病情缓解后，不久又发生急性瘤胃臌气。

【诊断要点】 一是大量流涎、吞咽障碍、瘤胃臌气，多突然发病；二是触诊，颈部食管阻塞时可感阻塞物；胸部食管阻塞时，在阻塞部位上方的食管内积满唾液，触诊能感到波动；三是导管探诊，当触及阻塞物时，感到阻力，不能推进送入瘤胃中；四是 X 射线检查，在食管被完全性阻塞或阻塞物的质地致密时，阻塞部呈块状密影。

【防治措施】 加强饲养管理，定时饲喂，防止饥饿后抢食；合理加工调制饲料，块根、块茎及粗硬饲料要切碎或泡软后喂饲；秋收时当牛羊路过种有马铃薯和萝卜地时应格外小心；妥善管理饲料堆放间，防止偷食或骤然采食；要积极治疗有异食癖的病畜。

治疗原则是解除阻塞，疏通食管，消除臌气，防止窒息死亡，加强护理和预防并发症的发生。

（1）瘤胃臌气严重有窒息死亡危险的应首先穿刺放气。

（2）除噎法

① 挤压法：当采食块根、块茎饲料而阻塞于颈部食管时，将病畜横卧保定，用平板或砖垫在食管阻塞部位；然后以手掌抵于阻塞物下端，朝咽部方向挤压，将阻塞物挤压到口腔，即可排出。若为谷物与糠麸，病畜站立保定，双手从左右两侧挤压阻塞物，促进阻塞物软化，使其自行咽下。

② 推送法：将胃管插入食管内抵住阻塞物，徐徐把阻塞物推入胃中。此法主要用于胸部、腹部食管阻塞。在下送时先灌一定量的植物油或液体石蜡效果更好。

③ 打气法：把打气管接在胃管上（犊牛、羊用口吹），然后适量打气，并趁势推动胃管，将阻塞物推入胃内。但要注意，不能打气过多和推送过猛，以免食管破裂。

④ 打水法：一般方便的方法是将胃管的一端连接在自来水龙头上，另一端送入食道内，待确定胃管与阻塞物接触之后，迅速打开自来水并顺势将阻塞物送入瘤胃内。

⑤ 虹吸法：当阻塞物为颗粒状或粉状饲料时，除"挤压法"外，还可使用清水反复泵吸或虹吸，把阻塞物洗出，或者将阻塞物冲下。

⑥ 药物疗法：在食管润滑状态下，皮下注射3%盐酸毛果芸香碱3毫升，促进食管肌肉收缩和分泌，经3～4小时奏效。

⑦ 掏噎法：近咽部食管阻塞，在装上开口器后，可徒手或借助器械取出阻塞物；也可以用长柄钳（长50厘米以上）夹出或用8号铁丝拧成套环送入食道套出阻塞物。

⑧ 碎噎法：对容易碎的阻塞物如甘薯、马铃薯、苹果、嫩玉米穗、豆饼块、花生饼引起的噎症，可用两块砖头对准阻塞物将其砸碎；或将病牛右侧卧保定，在阻塞物的下方垫一块砖头，用另一块砖头对准阻塞物将其砸碎并送入瘤

胃中。

⑨ 民间疗法：先灌入少量植物油，稍待片刻后，将缰绳拴在左前肢凹部，使牛头尽量低下，然后驱赶前进，借助颈部肌肉收缩，使阻塞物咽入胃内。

⑩ 手术疗法：当采取上述方法不见效时，应施行手术疗法。采用食管切开术，或开腹按压法治疗。也可施行瘤胃切开术，通过贲门将阻塞物排出。近咽部食管阻塞：在装上开口器后，可徒手或借助器械取出阻塞物。

（六）牛创伤性网胃腹膜炎

创伤性网胃腹膜炎又称金属器具病或创伤性消化不良。是由于金属异物混杂在饲料内，被误食后进入网胃，导致网胃和腹膜损伤及炎症的一种疾病。本病主要发生于牛，间或发生于羊。

【病因】因为牛在采食时，不能用唇辨别混于饲料中的金属异物，而且食物又不能在口腔中咀嚼完全便迅速囫囵吞下，所以只要草料中有金属异物就可能将其吞下。容易混入异物的情况是：对金属管理不完善；在建筑工地附近、路边或工厂周围等金属多的地方放牧；饲料加工、堆放、运输、包装、管理不善；没有消除金属异物的装备；工作人员携带别针、注射针头、发卡、大头钉等保管不善；用具的金属部分松动掉落。常见金属异物包括铁钉、碎铁丝、缝针、别针、注射针头、发卡及钢笔尖、回形针、牙签、大头钉、指甲剪、铅笔刀和碎铁片等。各种因素如妊娠、分娩、爬跨、跳跃、瘤胃臌气等造成腹内压升高是本病的发生的诱因。

【临床症状】病牛采食时随同饲料吞咽下的金属异物，在未刺入胃壁前，没有任何临床症状。通常存留在网胃内的异物，在瘤胃积食以及其它致使腹腔内压增高的因素影响下，突然呈现临床症状。病初，一般多呈现前胃弛缓，食欲减退，有时有异食癖，瘤胃收缩力减弱，不断嗳气，常常呈现间歇性瘤胃臌胀。肠蠕动音减弱，有时发生顽固性便秘，后期下痢，粪有恶臭，奶牛的泌乳量减少。由于网胃疼痛，病牛有时突然骚动不安。病情逐渐增剧并因网胃和腹膜或胸膜受到金属异物损伤，呈现各种异常临床症状。

（1）姿势异常　站立时，常采取前高后低的姿势，头颈伸展，两眼半闭，肘关节向外展、拱背，不愿移动。

（2）运动异常　牵病牛行走时，怕上下坡，在砖石或水泥路面上行走时止步不前。

（3）起卧异常　当卧地、起立时，因感疼痛，极为谨慎，肘部肌肉颤动，甚至呻吟和磨牙。

（4）叩诊异常　叩诊网胃区，即剑状软骨左后部腹壁，病牛感疼痛，呈现不安、呻吟、躲避或退让。

（5）反刍吞咽异常　有些病例反刍缓慢，间或见到吃力地将网胃中食团逆呕到口腔，并且吞咽动作常有特殊表现，颜貌忧苦，吞咽时缩头伸颈、停顿，很不自然。

（6）全身机能状态　体温、呼吸、脉搏在一般病例无明显变化，但在网胃穿孔后，最初几天体温可能升高至40℃以上，其后将至常温，转为慢性过程，无神无力，消化不良，病情时而好转，时而恶化，逐渐消瘦。

单纯性创伤性网胃炎是极其少见的，其往往伴有创伤性心包炎、创伤性腹膜炎、创伤性肺炎、创伤性胃穿孔、创伤性真胃阻塞等，需要注意判断。

【诊断要点】

一是呈现顽固性前胃弛缓，久治不愈。

二是实验室检查：病的初期，白细胞总数升高，中性粒细胞增至45%～70%，淋巴细胞减少至30%～45%，核左移。

三是X射线检查：根据X射线影像，可确定金属异物损伤网胃壁的部位和性质。

四是金属异物探测器检查，可查明网胃内金属异物存在的情况。

由于本病临床特征不突出，一般病例都具有顽固性消化机能不良现象，容易与胃肠道其它疾病混淆。唯有反复临床检查，结合病史进行论证分析予以综合判定，才能确诊。本病的诊断应根据饲料管理情况，结合病情发展过程进行。姿态与运动异常、顽固性前胃弛缓、逐渐消瘦、网胃区触诊有痛感，以及长期治疗不见效果，也是本病的基本症状。

注意本病与急性局限性网胃腹膜炎、弥漫性网胃腹膜炎、创伤性网胃心包炎和创伤性真胃阻塞的鉴别诊断。

急性局限性网胃腹膜炎：病畜食欲减退或废绝，肘部外展，不安，拱背站立，不愿活动，起卧时极为谨慎，不愿走下坡路、跨沟或急转弯；瘤胃蠕动减弱，轻度嗳气，排粪减少；网胃区触诊，病牛呈敏感反应，且发病初期表现明显。泌乳量急剧下降；体温升高，但部分病例几天后降至常温。有的病例金属刺到腹壁时，皮下形成脓肿。

弥漫性网胃腹膜炎：全身症状明显，体温升高至40～41℃，脉率、呼吸数增加，食欲废绝，泌乳停止；胃肠蠕动音消失，粪便稀软而少；病畜不愿起立或走动，时常发出呻吟声，在起卧和强迫运动时更加明显。由于腹部广泛性疼痛，难以用触诊的方法检查到网胃局部的腹痛。疾病后期，反应迟钝，体温升高至40℃，多数病畜出现休克症状。

创伤性网胃心包炎：除创伤性网胃炎的症状之外，病牛颌下、胸前水肿，心音浑浊并伴有击水音或金属音。

创伤性真胃阻塞：右侧真胃处突出，触诊呈面袋状，消瘦，泌乳量少，间歇性厌食，瘤胃蠕动减弱，间歇性轻度嗳气，久治不愈。

【防治措施】预防上，加强日常性饲养管理工作，注意饲料选择和调理，防止饲料中混杂金属异物。采取预防牛食入金属异物的措施：一是给牛戴磁铁笼；二是饲料自动输送线或青贮塔卸料机上安装大块电磁板；三是加强饲养管理，修理牛舍及有关工具时，要及时把在地上的铁钉及铁线残段等金属异物拾起，不在饲养区乱丢乱放各种金属异物，不在房前屋后、铁工厂、垃圾堆附近放牧和收割饲草；四是喂牛羊时用磁性搅拌工具反复搅拌；五是对野干草收购要严格把关，如一些野干草中有较多杂质，如小竹片、铁丝、金属异物等要拒收，现在牧场中奶牛吃野干草较多，因此这方面要更加注意；六是定时检查，及时治疗。定期应用金属探测器检查牛群，并应用金属异物摘除器从瘤胃和网胃中摘除异物。如用取铁器不能将铁器全部取出，可在牛胃中放置磁管，以吸附牛胃中残存的铁。

（1）保守疗法　将病牛立于斜坡上或斜台上，保持前躯高后躯低的姿势，减轻腹腔脏器对网胃的压力，促使异物退出网胃壁。

（2）为使异物被结缔组织包围，减轻炎症、疼痛，改善症状，可用"水乌钙疗法"（10%水杨酸钠100～200毫升，40%乌洛托品50毫升，5%氯化钙100～300毫升，加入葡萄糖内静注）、新促反刍液（5%氯化钙200～300毫升，10%氯化钠注射液300～500毫升，30%安乃近注射20～30毫升，1次静脉注射，每日1次）和抗生素三步疗法。抗生素常用庆大霉素100万～150万国际单位或丁胺卡那霉素5克或青霉素500万～1500万国际单位，均加在葡萄糖液内静脉注射，连用2～3次，疗效十分显著。

（3）用特别的磁铁经口投入网胃中，吸取胃中金属异物，同时青链霉素肌内注射，效果更好。

（4）手术取出金属异物　施行瘤胃切开术，从网胃壁上摘除金属异物。对于患创伤性网胃炎的奶牛要及时手术取铁，造成创伤性心包炎的奶牛要及时淘汰，以免造成更大的损失。

（七）日射病及热射病

日射病和热射病是由于急性热应激引起的体温调节机能障碍的一种急性中枢神经系统疾病。日射病是牛羊在炎热的季节中，头部持续受到强烈的日光照射而引起脑及脑膜充血和脑实质的急性病变，导致中枢神经系统机能障碍性疾病。热射病是牛所处的外界环境气温高、湿度大、产热多、散热少、体内积热而引起的严重中枢神经系统机能紊乱的疾病。临床上日射病和热射病统称为中暑。牛中暑是夏、秋季的常发病，特别是役用牛和犊牛易发。牛中暑若防治不及时，往往造成死亡或严重影响农事的进行，应引起高度重视。

【病因】在高温天气和强烈阳光下使役、驱赶、奔跑、运输等常常可发病。集约化养殖场饲养密度过大、潮湿闷热、通风不良、牛羊体质衰弱或过肥、出汗过多、饮水不足、缺乏食盐等是引起本病的常见原因。

【临床症状】在临床实践中，日射病和热射病常同时存在，因而很难精确区分。

日射病，突然发生，病初精神沉郁，四肢无力，步态不稳，共济失调，突然倒地，四肢作游泳样运动。病情发展急剧，呼吸中枢、血管运动中枢、体温调节中枢机能紊乱甚至麻痹。心力衰竭，静脉怒张，脉微弱，呼吸急促而节律失调，结膜发绀，瞳孔初散大、后缩小。皮肤、角膜、肛门反射减退或消失，腱反射亢进，常发生剧烈的痉挛或抽搐而迅速死亡。

热射病，突然发病，体温急剧上升，高达41℃以上，皮温增高，出现大汗或剧烈喘息。病畜站立不动或倒地张口喘气，两鼻孔流出粉红色、带小泡沫的鼻液。心悸亢进，脉搏疾速，达每分钟100次以上。眼结膜充血。后期病畜呈昏迷状态，意识丧失，四肢划动，呼吸浅而疾速，节律不齐，脉不感手，第一心音微弱，第二心音消失，血压下降。

日射病和热射病，病情发展急剧，常常因来不及治疗而发生死亡。早期采取急救措施可望痊愈，若伴发肺水肿（视频7-3），多预后不良。

视频7-3 患肺水肿的牛

根据发病季节、病史资料和体温急剧升高、心肺机能障碍和倒地昏迷等临床特征，可以确诊。

【防治措施】加强高温季节的饲养管理是防止牛发生本病的关键。牛舍建造要较宽敞、凉爽和通风，禁止用油毛毡和塑膜盖牛舍屋顶。防止日光直射头部。役用牛在炎热季节应早晚干活、中午休息，使用中也应不时休息并适当多饮水。夏秋季牛要拴在阴凉处休息，要常洗刷牛体，保持清洁凉爽。炎热季节车船运输牛应在早、晚进行并防止过于拥挤；不可较长时间在水泥、沙（石）地上行走。高温时役牛干活前应灌饮 3 ～ 4 小瓶"十滴水"（兑入 500 ～ 1000 毫升凉水）。

治疗原则是加强护理、促进降温、减轻心肺负荷、镇静安神、纠正水盐代谢和酸碱平衡紊乱。

（1）消除病因和加强护理　应立即停止一切应激，将病畜移至阴凉通风处，若病畜卧地不起，可就地搭起荫棚，保持安静。

（2）降温疗法　不断用冷水浇洒全身，或用冷水灌肠，口服 1% 冷盐水，或于头部放置冰袋，亦可用酒精擦拭体表。

（3）泻血　体质较好者可泻血适量（牛 1000 ～ 2000 毫升，羊 100 ～ 300 毫升），同时静脉注射等量生理盐水，以促进机体散热。

（4）缓解心肺机能障碍　对心功能不全者，可注射安钠咖等强心剂。为防止肺水肿，静脉注射地塞米松。

（5）静脉注射 20% 甘露醇或 25% 山梨醇 500 ～ 1000 毫升或 50% 葡萄糖液 300 ～ 500 毫升，可降低颅内压。

（6）镇静　当病畜烦躁不安和出现痉挛时，可口服或直肠灌注水合氯醛黏浆剂或肌内注射氯丙嗪或少量静松灵。

（7）缓解酸中毒　当确诊病畜已出现酸中毒，可静脉注射 5% 碳酸氢钠注射液 300 ～ 600 毫升。

（八）胎衣不下

胎衣不下，又称为胎膜停滞，是指母畜分娩后不能在正常时间内将胎膜完全排出。一般正常排出胎衣的时间大约在分娩后 12 小时。出现胎衣不下的一般病牛没有全身症状，但食欲和产奶量下降。当子宫出现弛缓或外伤时，可出现全身症状。胎膜排出前子宫颈闭锁，可造成严重的子宫炎并伴有全身症状。本病多发生于具有结缔组织绒毛膜胎盘类型的反刍动物，尤以不直接哺乳或饲养不良的乳牛多见。初产牛对胎衣不下耐受力较差，尤其是胎衣部分不下、子宫颈口闭锁时，初产牛会发生极其严重的全身症状。

【病因】牛发生胎衣不下的原因很多，主要有以下几个方面：

（1）产后子宫收缩无力　日粮中钙、镁、磷比例不当，运动不足，消瘦或肥胖，致使母畜虚弱和子宫弛缓；胎水过多，双胎及胎儿过大，使子宫过度扩张而继发产后子宫收缩微弱；难产后的子宫肌过度疲劳，以及雌激素不足等，都可导致产后子宫收缩无力。

（2）胎儿胎盘与母体胎盘粘连　由于子宫或胎膜的炎症，都可引起胎儿胎盘与母体胎盘粘连而难以分离，造成胎衣滞留。其中最常见的是感染某些微生物，如布氏杆菌、胎儿弧菌等；维生素 A 缺乏能降低胎盘上皮的抵抗力而易感染。

（3）与胎盘结构有关　牛的胎盘是结缔组织绒毛膜型胎盘，胎儿胎盘与母体胎盘结合紧密，故易发生。

（4）环境应激反应　分娩时，受到外界环境的干扰而引起应激反应，可抑制子宫肌的正常收缩。

【诊断要点】胎衣不下有全部不下和部分不下两种。

（1）全部胎衣不下　停滞的胎衣悬垂于阴门之外，呈红色→灰红色→灰褐色的绳索状，且常被粪土、草渣污染。如悬垂于阴门外的是尿膜羊膜部分，则呈灰白色膜状，其上无血管。但当子宫高度弛缓及脐带断裂过短时，也可见到胎衣全部滞留于子宫或阴道内。牛全部胎衣不下时，悬垂于阴门外的胎膜表面有大小不等的稍突起的朱红色胎儿胎盘，随胎衣腐败分解（1～2 天）发出特殊的腐败臭味，并有红褐色的恶臭黏液和胎衣碎块从子宫排出，且牛卧下时排出量显著增多，子宫颈口不完全闭锁。部分胎衣不下时，其腐败分解较迟（4～5天），牛耐受性较强，故常无严重的全身症状，初期仅见拱背、举尾及努责；当腐败产物被吸收后，可见体温升高、脉搏增数、反刍及食欲减退或停止、前胃弛缓、腹泻、泌乳减少或停止等。

（2）部分胎衣不下　将脱落不久的胎衣摊开，仔细观察胎衣破裂处的边缘及其血管断端能否吻合以及子叶有无缺失，可以查出是否发生胎衣部分不下。残存在母体胎盘上的胎儿胎盘仍存留于子宫内。胎衣不下能伴发子宫炎和子宫颈延迟封闭，且其腐败分解产物可被机体吸收而引起全身性反应。胎衣部分不下通常仅在恶露排出时间延长时才被发现，所排恶露性质与胎衣完全不下时相同，仅排出量较少。

【防治措施】加强饲养管理，增加母畜的运动，注意日粮中钙、磷和维生素 A 及维生素 D 的补充，做好布氏杆菌病、沙门氏菌病和结核病等的防治工作，分娩时保持环境的卫生和安静，以防止和减少胎衣不下的发生。产后灌服所收集的羊水，按摩乳房；让仔畜吸吮乳汁，均有助于子宫收缩而促进胎衣排出。

注意对于阴门悬吊有胎衣者，既不能在胎衣上悬吊重物，又不能将胎衣从阴门处剪断。采取前一种方法，胎衣血管可能勒伤阴道底壁黏膜，也可能引起子宫内翻及脱出，还会引起努责以及重物将胎衣撕破，使部分胎衣留在子宫内；采取后一种方法处理，遗留的胎衣会缩回子宫，以后脱落也不易排出体外，还会使子宫颈提前关闭。如果悬吊的胎衣较重，可在距阴门约 30 厘米处剪断，以免造成子宫脱出。

胎衣不下的治疗方法很多，概括起来可分为药物疗法和手术剥离两类。

（1）药物疗法　原则上是尽早采取全身性抗生素疗法，防止胎衣腐败吸收，并促进子宫收缩。当出现体温升高、产道有外伤或坏死时，应用抗生素做全身治疗。在胎衣不下的早期阶段，常常采用肌内注射抗生素的方法；当出现体温升高、产道创伤或坏死情况时，还应根据临床症状的轻重缓急，增大药量，或改为静脉注射，并配合支持疗法。因分娩后1周内的牛施行导管灌注易造成阴道穿窿和子宫壁穿孔，应慎重使用。

① 垂体后叶注射液或催产素注射液，皮下或肌内注射50万～100万国际单位。也可用马来酸麦角新碱注射液，肌内注射5～15毫克。

② 己烯雌酚注射液，肌内注射10～30毫克，每日或隔日一次。

③ 10％氯化钠溶液，静脉注射300～500毫升。

④ 为预防胎衣腐败及子宫感染，可向子宫内投放四环素或其它抗生素，起到防止腐败、延缓溶解的作用，等待胎衣自行排出。药物应投放到子宫黏膜和胎衣之间。一次投药0.5～1克。

⑤ 茯苓50～200克，加水约5000毫升，煎10～60分钟，加食盐20～100克、红糖（或白糖）100～500克，候温一次灌服。一般一次有效，灌服后30～60分钟即见胎衣排出。单用茶水或糖水或盐水对轻型病也有效，但组方疗效高，也可预防生产瘫痪、缺乳、虚弱等病症。

（2）手术剥离　手术剥离是用手指将胎儿胎盘与母体胎盘分离的一种方法，牛的手术剥离法宜在产后10～36小时内进行。术前保定患畜，阴门及其周围、手臂和长臂手套等均应消毒。剥离时，以既不残存胎儿胎盘，又不损伤母体胎盘为原则。术后应送入适量抗菌防腐药。

六、牛中毒的防治

（一）牛氢氰酸中毒

氢氰酸中毒，是由于家畜采食富含氰苷配糖体类的植物，在氰糖酶作用下生成氢氰酸，使呼吸酶受到抑制，组织呼吸发生窒息的一种急剧性中毒病。以突然发病、极度呼吸困难、肌肉震颤、全身抽搐和为期数十分钟的闪电型病程为临床特征。

【病因】牛采食富含氰苷配糖体的植物是导致氢氰酸中毒的主要原因。富含氰苷配糖体的植物有高粱和玉米的幼苗，特别是受灾后或收割后的再生苗；木薯，特别是木薯嫩叶和根皮部分；亚麻，主要是亚麻叶、亚麻籽及亚麻籽饼；各种豆类，如豌豆、蚕豆、海南刀豆等；许多野生或种植的青草，如苏丹草、三叶草，水麦冬等；其他植物，如桃、杏、枇杷、樱桃等的叶和种子。

动物长期少量采食当地含氰苷配糖体类的植物，往往能产生耐受性，因而中毒多发生在家畜饥饿后大量采食或新接触、采食含氰苷配糖体类的植物时。

此外，误食或吸入氰化物农药，或误饮化工厂（如冶金、电镀）的废水，也可引起氰化物中毒。

【临床症状】通常于采食含氰苷配糖体类植物的过程中或采食后一小时左右突然发病。病畜站立不稳，呻吟苦闷，表现不安。可视黏膜潮红，呈玫瑰样鲜红色，静脉血液亦呈鲜红色。呼吸极度困难，肌肉痉挛，全身或局部出汗，伴发瘤胃臌气，有时出现呕吐。以后则精神沉郁，全身衰弱，卧地不起，皮肤反射减弱或消失，结膜发绀，血液暗红，瞳孔散大，眼球震颤，脉搏细弱疾速，抽搐窒息而死。病程一般不超过2小时。中毒严重的，仅数分钟即可死亡。

根据采食含氰苷配糖体类植物的病史、发病的突然性、呼吸极度困难、神经机能紊乱以及特急的闪电式病程，不难作出诊断。

需要鉴别的是急性亚硝酸盐中毒。除调查病史和毒物快速检验外，主要应着眼于静脉血色的改变。亚硝酸盐中毒时，血液因含高铁血红蛋白而褐变，采血于试管中加以震荡，血液褐色不退；氢氰酸中毒时，病初静脉血液鲜红，末期虽因窒息而变为暗红，但属还原型血红蛋白，置试管中加以震荡，即与空气中的氧结合，生成氧合血红蛋白，而使血色转为鲜红，大体可以区分。

【防治措施】对含氰苷配糖体的饲料，应严格限制饲喂量，饲喂前应经去毒处理。饲草可放于流水中浸泡 24 小时，或漂洗后再加工利用，亚麻籽饼可高温或经盐酸处理后利用。不要在含有氰苷配糖体植物的地区放牧。应用含氰苷配糖体的药物时，严格掌握用量，以防中毒。

本病病情危重，病程短急，且有特效解毒药。因此，应刻不容缓地首先实施特效解毒疗法。

氢氰酸中毒的特效解毒药是亚硝酸钠、美蓝和硫代硫酸钠。这三种特效解毒药都可静脉注射。每千克体重的用量为 1% 亚硝酸钠注射液 1 毫升、2% 美蓝注射液 1 毫升、10% 硫代硫酸钠注射液 1 毫升。亚硝酸钠的解毒效果比美蓝确实。因此，通常将亚硝酸钠与硫代硫酸钠配伍应用。如亚硝酸钠 3 克、硫代硫酸钠 30 克、蒸馏水 300 毫升，制成注射液，成年牛一次静脉注射；亚硝酸钠 1 克、硫代硫酸钠 5 克、蒸馏水 50 毫升，制成注射液，成年绵羊一次静脉注射。

为阻止胃肠道内的氢氰酸被吸收，可用硫代硫酸钠内服或瘤胃内注入（牛用 30 克），一小时后可再次给药。

（二）牛酒糟中毒

酒糟是酿酒原料的残渣，除含有蛋白质和脂肪外，还有促进食欲、利于消化等作用。常作为家畜的辅助饲料而被广泛利用。引起酒糟中毒的毒物一般认为是与下列一些因素有关。

【病因】来自制酒原料，如发芽马铃薯中的龙葵素、黑斑病甘薯中的翁家酮、谷类中的麦角毒素和麦角胺、发霉原料中的霉菌毒素等。这些物质若存在于用该原料酿酒的酒糟中，都会引起相应的中毒；酒糟在空气中放置一定时间后，由于醋酸菌的氧化作用，将残存的乙醇氧化成醋酸，则发生酸中毒；存于酒糟中的乙醇，引起酒精中毒；酒糟保管不当，发霉腐败，产生霉菌毒素，引起中毒。

急性酒糟中毒，首先表现兴奋不安，后出现胃肠炎症状，食欲减退或废绝，腹痛，腹泻。心动过速，呼吸促迫。运步时共济失调，以后四肢麻痹，倒地不起。最后呼吸中枢麻痹而死亡。

慢性酒糟中毒多发生皮疹或皮炎，尤其系部皮肤明显。病变部位皮肤先湿疹样变化，后肿胀甚至坏死。病畜消化不良，结膜潮红、黄染。有时发生血尿，妊娠家畜可能流产。有的牙齿松动脱落，而且骨质变脆，容易骨折。

【防治措施】用酒糟饲喂家畜时，要搭配其他饲料，不能超过日粮的30％。用前应加热，使残存于其中的酒精挥发，并且可消灭其中的细菌和霉菌。贮存酒糟时要盖严踩实，防止空气进入，以防酸坏。充分晒干保存亦可。已发酵变酸的酒糟，可加入适量石灰水澄清液，以中和酸性物质，降低毒性。

发生酒糟中毒后，应立即停止饲喂酒糟，然后采取以下办法：

（1）为中和胃肠道内的酸性物质和排出毒物，可用硫酸钠400克、碳酸氢钠30克，加水4000毫升给牛内服。

（2）为增强肝的解毒机能和稀释毒物，可用10％葡萄糖注射液1000毫升、氢化可的松注射液250毫克、10％苯甲酸钠咖啡因注射液20毫升、5％维生素C注射液50毫升，一次静脉注射。

（3）为中和血中酸性物质，可用5％碳酸氢钠注射液300～500毫升，给牛一次静脉注射。

（4）皮肤的局部病变，按湿疹的治疗方法进行处理。

（三）牛亚硝酸盐中毒

亚硝酸盐中毒，是由于饲料富含硝酸盐，在饲喂前的调制中或采食后在瘤胃内产生大量亚硝酸盐，吸收入血后造成高铁血红蛋白血症，导致组织缺氧而引起的中毒。临床上以发病突然、黏膜发绀、血液褐变、呼吸困难、神经功能紊乱、经过短急为特征。

亚硝酸盐是饲料中的硝酸盐在硝酸盐还原菌的作用下，经还原而生成。因此，亚硝酸盐的产生，主要取决于饲料中硝酸盐的含量和硝酸盐还原菌的活力。

饲料中硝酸盐的含量，因植物种类而异。富含硝酸盐的饲料包括甜菜、萝卜、马铃薯等块茎、块根类；白菜、油菜等叶菜类；各种牧草、野菜、农作物的秧苗和秸秆（特别是燕麦秆）等。这些饲料调制不当，如蒸煮不透，或小火焖煮时间过长，或在 40 ～ 60℃ 闷放 5 小时以上，或腐烂发酵，均有利于硝酸盐还原菌迅速繁殖，使饲料中所含的硝酸盐还原为剧毒的亚硝酸盐。

【临床症状】当家畜食入已形成的亚硝酸盐后发病急速。一般是 20 ～ 150 分钟发病，呈现呼吸困难，有时发生呕吐，四肢无力，共济失调，皮肤、可视黏膜发绀，血液变为褐色，四肢末端及耳、角发凉。若能耐过，很快恢复正常，否则很快倒地死亡。

但如果是在瘤胃内转化为亚硝酸盐，通常在采食后 5 小时内突然发病，除有上述亚硝酸盐中毒的基本症状外，还伴有流涎、呕吐、腹痛、腹泻等硝酸盐的刺激症状。再者，其呼吸困难和循环衰竭的临床表现更为突出。整个病程可持续 12 ～ 24 小时。最后因中枢神经麻痹和窒息死亡。

可根据黏膜发绀、血液褐色、呼吸困难等主要临床症状，特别短急的疾病经过，以及发病的突然性、发生的群体性、采食饲料的种类以及饲料调制失误的相关性，果断地做出初步诊断，并立即组织抢救，通过特效解毒药——美蓝的疗效，验证初步诊断的准确性。为了确立诊断，亦可在现场作变性血红蛋白检查和亚硝酸盐简易检验。

【防治措施】在饲喂含硝酸盐多的饲料时，最好鲜喂，且需限制饲喂量。如需蒸煮，应加火迅速烧开，开盖、不断搅拌，不要焖在锅内过夜。青绿饲料贮存时，应摊开存放，不要堆积一处，以免产生亚硝酸盐。

特效解毒剂为亚甲蓝（美蓝）和甲苯胺蓝，同时配合使用维生素 C 和高渗葡萄糖注射液。

亚甲蓝为一种氧化还原剂，在小剂量、低浓度时，经辅酶Ⅰ脱氢酶的作用变成还原型亚甲蓝，而还原型亚甲蓝可把变性血红蛋白还原为还原型血红蛋白。但大剂量、高浓度时，体内的辅酶Ⅰ脱氢酶不足以使之变成还原型亚甲蓝，过多的亚甲蓝便发挥氧化作用，使氧合血红蛋白变为变性血红蛋白，则使病情加重。

临床上应用 1%亚甲蓝注射液（亚甲蓝 1 克、酒精 10 毫升、生理盐水 90 毫升），牛按每千克体重 0.4～0.8 毫升静脉注射。也可用 5%甲苯胺蓝注射液，牛按每千克体重 0.1 毫升静脉注射、肌内注射或腹腔注射。

维生素 C 也可使高铁血红蛋白还原成还原型血红蛋白，大剂量的维生素 C（牛 3～5 克，配成 5%注射液，肌内或静脉注射）用于亚硝酸盐中毒，疗效也很确实，只是奏效速度不及美蓝。

高渗葡萄糖能促进高铁血红蛋白的转化过程，故能增强治疗效果。

此外，可根据病情进行输液、使用强心剂和呼吸中枢兴奋剂等。

（四）牛菜籽渣中毒

菜籽渣中毒是由于菜籽或菜籽渣不经过处理或处理不当引起的一种中毒性疾病。菜籽渣含蛋白质 32%～39%，是家畜蛋白质含量高、营养丰富的饲料，可作为蛋白质饲料的重要来源。

菜籽或菜籽渣中主要有毒成分是芥籽苷（也称硫葡萄糖苷），其本身无毒，但在处理过程中，细胞遭到破坏，芥籽苷与芥籽酶经催化水解作用后，产生有毒的异硫氰酸丙烯酯或丙烯基芥子油和噁唑烷硫酮，此外还含有芥籽酸、单宁、毒蛋白等有毒成分。菜籽渣的毒性，随油菜的品系不同而有较大的差异，芥菜型品种含异硫氰酸丙烯酯较高，甘蓝型品种含噁唑烷硫酮较高，白菜型品种两种毒素的含量均较低。

发生菜籽渣中毒后病牛表现为精神沉郁、可视黏膜发绀、肢蹄末端发凉、站立不稳、食欲减退、流涎、瘤胃蠕动减弱和腹痛、便秘或腹泻、粪便中混有血液。呼吸困难，常呈腹式呼吸，痉挛性咳嗽，鼻孔流出粉红色泡沫状液体。尿频，血红蛋白尿，尿落地时可溅起多量泡沫。有时呈现神经症状，出现狂躁不安和长期视觉障碍。中毒严重的病例，全身衰弱，体温降低，心脏衰弱，最后虚脱而死。

犊牛在采食后 3 小时即可出现中毒症状，表现兴奋不安，继而四肢痉挛、麻痹，经 6 小时后站立不稳，体温由 39℃升至 40℃，心率加快，可达 110 次/分钟，一般经 10 小时左右死亡。

依饲喂菜籽渣的发病史、临床症状及病理变化，可获得初步诊断。确切的诊断可根据动物饲喂试验结果判定。

【防治措施】用菜籽渣作饲料时，一定要选择新鲜的，在饲喂前要经过无毒处理，并限制用量，一般不应超过饲料总量的 20%。为了安全利用菜籽渣，目前国内推广试用下列去毒法。

（1）坑埋法　在向阳干燥地方，挖一宽 0.8 米、深 0.7 米，长度视菜籽渣的数量而定的长方形沟，下铺稻草，将菜籽渣倒入沟内，上盖干草，再盖一尺厚的土，放置两个月后即可饲喂家畜。去毒效果达 70%～98%。

（2）发酵中和法　将菜籽渣经发酵处理，以中和其有毒成分，本法约可去毒 90% 以上，且可用于工厂化方式处理。

（3）蒸煮法　将菜籽渣用温水浸泡一昼夜，再充分蒸或煮一小时以上，芥籽苷、芥籽酶可被高温破坏，芥籽油可随蒸汽蒸发。

由于本病无特效解毒剂，发现中毒后立即停喂菜籽渣，可用滑石粉 500 克、人工盐 150 克加水服。

中毒的初期可用 2％鞣酸溶液洗胃或内服，为防止虚脱，可注射 654-2 或 10％安钠咖注射液以及葡萄糖注射液等制剂。

为减少毒物的吸收与缓解刺激，可内服适量牛奶、蛋清、豆浆、淀粉浆等。

（五）牛马铃薯中毒的防治

马铃薯也叫土豆、山药蛋。

【病因】马铃薯中毒主要是由于马铃薯中一种有毒的生物碱——马铃薯素（又名龙葵素）所引起。马铃薯素主要含于马铃薯的花、块根幼芽及其茎叶中。块根贮存过久，马铃薯素含量明显增多，特别是因保存不当，引起发芽、变质或腐烂时，含量更高。使用上述发芽、腐败的马铃薯饲喂家畜，即可引起中毒。

【临床症状】发生马铃薯重度中毒后，表现明显的神经症状。病初兴奋不安、狂躁、前冲后退、不顾周围障碍，后期转为沉郁、四肢麻痹、后躯无力、步态不稳、呼吸困难、黏膜发绀、心脏衰弱，一般经 2～3 日死亡。轻度的中毒，病程较慢，呈现明显的胃肠炎症状，食欲减退或废绝，流涎、呕吐、便秘，随后剧烈腹泻，粪中混有血液，精神沉郁，体力衰弱，体温升高，妊娠家畜往往发生流产。牛、羊多于口唇周围、肛门、尾根、四肢系凹部及母畜的阴道和乳房部发生湿疹。

本病临床特征为神经症状、胃肠炎症状和皮肤湿疹，可结合对饲料情况的了解以及病料检验，进行分析确诊。送检病料可采取呕吐物、剩余饲料或瘤胃内容物等。

【防治措施】预防工作应从下列几个方面做起。一是不要用发芽、变绿、腐烂、发霉的马铃薯喂家畜。必须饲喂时，应去芽，切除发霉、腐烂、变绿部分，洗净，充分煮熟后再用，但也应限制饲喂量；二是用马铃薯茎叶饲喂家畜时，用量不要太多，并应和其他青绿饲料配合饲喂，发霉腐烂的马铃薯不能用作饲料。也不要用马铃薯的花、果实饲喂家畜；三是应用马铃薯作饲料时要逐渐增量。

发现中毒立即停喂马铃薯，为排出胃内容物可用浓茶水或 0.1％高锰酸钾溶液或 0.5％鞣酸溶液进行洗胃；用 5％葡萄糖氯化钠注射液 1000～1500 毫升，5％碳酸氢钠注射液 300～800 毫升，或加硫代硫酸钠 5～15 克或氯化钙 5～15 克静脉注射，肌内注射强力解毒敏 20 毫升，也可使用缓泻剂。

对症治疗，当出现胃肠炎时，可应用 1％鞣酸溶液 500～2000 毫升，并加入淀粉或木炭末等内服，以保护胃肠黏膜，其他治疗措施可参看胃肠炎的治疗。狂躁不安的病畜，可应用镇静剂，如 10％溴化钠注射液 50～100 毫升，静脉注射。为增强机体的解毒机能，可注射浓葡萄糖注射液和维生素 C 注射液，心脏衰弱时可给予樟脑制剂、安钠咖等强心药。

中毒引起的皮疹，先剪去患部被毛，用 30％硼酸洗涤，再涂以龙胆紫，有防腐、收敛作用。据报道，发病早期灌服食醋 1000 毫升以上，并配合其他治疗，效果也较好。

（六）牛尿素中毒

尿素可以作为反刍动物蛋白质饲料的补充来源，尿素的饲喂量一般为成年牛每日 150～200 克。由于过量的尿素在胃肠道内释放大量的氨，引起高氨血症而使动物中毒。

【病因】当饲喂量过大或误食过量尿素，以及饲料中的尿素混合不均匀，或将尿素拌入饲料后长时间堆放，牛食入后都可以引起尿素中毒。

【临床症状】牛发生尿素中毒一般为急性中毒。发病急，死亡也快，表现流涎、磨牙、腹痛、踢腹、尿频呕吐、鸣叫、抽搐、肌肉震颤、运动失调、强直性痉挛、呻吟、心率加快、呼吸困难、全身出汗、瘤胃臌胀并有明显的静脉搏动。死前体温升高。慢性中毒时，病牛后躯不全麻痹，四肢发僵，以后卧地不起。

【防治措施】严格按照尿素的使用量添加，添加量不超过总日粮的1%，或谷类日粮的3%。利用秸秆喂牛时，尿素可按0.3%～0.5%。或者按照牛的体重确定，每日每头牛每100千克体重喂量20～30克，一般成年牛每头日供给量不得超过100克。添加尿素时要先将尿素混入牛精料中充分搅拌后，加在草料中拌匀喂给，现喂现拌。尿素喂牛要由少到多，循序渐进，由过渡期到适应期，一般经10～15日预饲后逐步增加到规定量。每日应分2～3次供给日定量，不能图省事1次性喂给。需坚持常喂不间断。如因故间断，必须从头开始过渡、适应。尿素不能加入水中饮用。喂尿素前要让牛多采食粗饲料或青贮饲料，不能空腹时喂给；临喂前将尿素与饲料混合均匀后喂给，不可单纯配合秸秆饲料喂给；也不能溶于水中直接饮用，一般在喂后2小时再饮水。犊牛不宜喂尿素，必须待犊牛能大量吃粗饲料后，方可开始喂给。严禁与含尿酶的饲料混喂，如生大豆、豆饼、豆科类草、瓜类等，以免降低尿素的饲喂效果。

【发生尿素中毒的救治】

（1）急性瘤胃臌气时要及时进行瘤胃穿刺放气（放气速度不能太快）。

（2）灌入食醋10千克以上。

（3）灌服冷水20千克以上，以稀释胃内容物，减少氨的吸收。

（4）10%葡萄糖酸钙300毫升，25%葡萄糖500毫升，静脉注射。

七、犊牛五大疾病的防治

（一）新生犊牛窒息

新生犊牛窒息是指新生犊牛在刚出生时，呼吸发生障碍或无呼吸，但有心跳，即为新生犊牛窒息或假死。如不及时采取抢救措施，新生犊牛往往死亡。

【临床症状】 轻度窒息时，犊牛软弱无力，呼吸微弱而急促，间隔时间长。可视黏膜发绀，舌脱出于口角外，口、鼻内充满羊水和黏液。脉弱，肺部听诊有湿啰音。

严重窒息时，犊牛呈假死状态，呼吸停止，仅有微弱心跳，摸不到脉搏。全身松软，卧地不起，反射消失。

【防治措施】

（1）应正确助产，以防本病的发生。

（2）首先用布擦净鼻孔及口腔内的羊水，如仍无呼吸，可施行人工呼吸或输氧。将犊牛头部放低，后躯抬高，由一人握住两前肢，前后来回拉动，交替扩展和压迫胸腔，另一人用纱布或毛巾擦净鼻孔及口腔中的黏液和羊水。在做人工呼吸时，必须耐心，直至犊牛出现正常呼吸才可停止。做人工呼吸的同时，可使用刺激呼吸中枢的药物，如山梗茶碱 5 ~ 10 毫克、25% 尼可刹米油溶液 1.5 毫升等，皮下注射效果较好。

（3）为了纠正酸中毒，可静脉注射 5% 碳酸氢钠 50 ~ 100毫升。为防止继发肺炎，可肌内注射抗生素。

（二）犊牛脐带炎

脐带感染是一种多见疾病，由于脐带断端有细菌繁殖的良好条件，在断脐中环境卫生差、助产人员的手和器械消毒不严，之后犊舍拥挤，褥草肮脏、潮湿不常换，犊牛彼此吸吮脐带等都可导致脐带感染，引起脐炎、脐静脉炎、脐动脉炎、脐尿管炎和脐尿管瘘。引起感染的病原主要为大肠杆菌、变形杆菌、葡萄球菌、化脓棒状杆菌及破伤风梭菌等，且多呈混合感染。脐带感染进一步发展，可出现菌血症以及全身各器官的感染，多见的是四肢、关节及其他器官慢性化脓性感染，破伤风梭菌感染引起犊牛破伤风。

【临床症状】脐周围湿润、肿胀、发热，脐带中央可挤出恶臭的脓汁，脐带溃烂（图7-13）。

图7-13 脐带溃烂

【防治措施】在母牛产前，要搞好产房卫生和消毒工作，产后断脐时，应严格消毒，防止犊牛互相吮脐带。如发生炎症时，在脐周围皮下注射青霉素或卡那霉素等。如有脓肿和坏死，应排出脓汁，清除坏死组织，然后消毒清洗，并撒上磺胺粉等消炎药，并给予包扎。脐部肿胀发硬时，用100万单位青霉素溶于 30 毫升注射用水作脐周围封闭，有体温升高者必须作全身抗感染治疗。

（三）犊牛消化不良

犊牛消化不良为犊牛常见病之一。病因较多，主要是饲养管理不当或细菌感染引起。如母牛营养不足，使初生犊牛体弱，抵抗力低，过迟喂给初乳或喂奶，不定时、不定量，饲料奶质不佳，犊牛舔污物等，均可为引发本病的因素。

【临床症状】患牛腹泻，粪便稀且带恶臭。

【防治措施】

（1）合理饲养怀孕母牛，确保初生犊牛体壮少病。

（2）及时给初生犊牛喂初乳，且要定时、定温、定量，保持清洁卫生。

（3）增加运动和光照，提高犊牛的抵抗力。

（4）内服土霉素、四环素或金霉素，每千克体重 75 ～ 100 毫克，每日 3 次，连服 5 ～ 7 天。

（5）内服磺胺脒或磺胺二甲基嘧啶，每千克体重每日 0.3 ～ 0.4 克，分 2 ～ 3 次服用，次日减半，连用 5 ～ 7 天，同时服等量或半量碳酸氢钠。

（四）犊牛肺炎

肺炎是附带有严重呼吸障碍的肺部炎症性疾患。初生至 2 月龄的犊牛较多发生。主要原因是管理不当，导致病菌感染所致，危害较大。其特征是患牛不吃食，喜卧，鼻镜干，体温高，精神沉郁，咳嗽，鼻孔有分泌物流出，体温升高，呼吸困难和肺部听诊有异常呼吸音。剖检可见肺部炎症、干酪样渗出物和坏死等（图 7-14）。

【临床症状】根据临床症状可分为支气管肺炎和异物性肺炎。

（1）支气管肺炎　病初先有弥漫性支气管炎或细支气管炎的症状，如精神沉郁，食欲减退或废绝，体温升高达40～41℃，脉搏80～100次/分钟，呼吸浅而快，咳嗽，站立不动，头颈伸直，有痛苦感。听诊可听到肺泡音粗哑，症状加重后气管内渗出物增加则出现啰音，并排出脓样鼻汁。症状进一步加重后，患病肺叶的一部分变硬，以致空气不能进出，肺泡音就会消失。让病牛运动则呈腹式呼吸，眼结膜发绀而呈严重的呼吸困难状态。

图7-14　肺部坏死，化脓，有干酪样分泌物

（2）异物性（吸入性）肺炎　因误咽而将异物吸入气管和肺部后，不久就出现精神沉郁、呼吸急速、咳嗽。听诊肺部可听到泡沫性啰音。当大量误咽时，在很短时间内就发生呼吸困难，流出泡沫样鼻汁，因窒息而死亡。如吸入腐蚀性药物或饲料中腐败化脓细菌侵入肺部，可继发化脓性肺炎，病牛出现发

高烧、呼吸困难、咳嗽，排出多量的脓样鼻汁。听诊可听到湿性啰音，在呼吸时可嗅到强烈的恶臭气味。

【防治措施】

（1）合理饲养怀孕母牛，使母牛得到必需的营养，以便产出身体健壮的犊牛。犊牛出生后，及时吃上初乳，增强体质。喂奶要做到定时、定量、定温。喂奶器具、水桶、料桶严格消毒，严禁将患病犊牛喝剩的奶喂给健康犊牛。防止犊牛在断奶过渡时期有断奶、换料、换圈三种应激叠加。每天清理粪道、饲喂道。舍内保持清洁干燥，垫料整洁松软。犊牛分群饲养，降低饲养密度，定期带牛消毒。

（2）加强兽医巡栏，做到早发现、早诊断、早治疗。病牛及时隔离治疗。对病牛要置于通风换气良好、安静的环境中进行治疗。在发生感冒等呼吸器官疾病时，应尽快隔离病牛；最重要的是，在没达到肺炎程度以前，要进行适当的治疗，但必须达到完全治愈才能终止；对因病衰弱的牛灌服药物时，不要强行灌服，最好经鼻或口用胃导管准确地投药（视频7-4）。

视频7-4　给牛灌药的方法

（3）对于患病牛的治疗原则主要是加强护理、抗菌消炎、止咳祛痰以及对症治疗。主要采用抗生素或磺胺类药物治疗。在治疗中，要用全身给药法。临床实践证明，以青霉素和链霉素联合应用效果较好。青霉素按每千克体重1.3万～1.4万单位、链霉素3万～3.5万单位，加适量注射水，每日肌内注射2～3次，连用5～7天。病重者可静脉注磺胺二甲基嘧啶、维生素C、维生素B_1、5%葡萄糖盐水500～1500毫升，每日2～3次。土霉素对本病亦有效，一般用盐酸土霉素注射液2.5～5.0毫克/千克（按体重计），每天两次肌内注射或静脉注射。随后配合应用磺胺类药物，可有较好效果。同时，还可用一种抗组胺剂和祛痰剂作为补充治疗。另外，应配合强心、补液等对症疗法。对重症病例，可直接向气管内注入抗生素或消炎剂，或者用喷雾器将抗生素或消炎剂以超微粒子状态与氧气一同让牛吸入，可取得显著的治疗效果。

对于真菌性肺炎，要给予抗真菌抗生素，用喷雾器吸入法可收到显著效果。轻度异物性肺炎，可用大量抗生素，配合使用毛果芸香碱，疗效更好。

（五）犊牛腹泻

犊牛腹泻是临床上常见病之一，本病一年四季均可发生，尤其以初春及夏末秋初多发，出生后 3 周龄以内的新生犊牛多发生，特征是拉稀便、软便或水样便，呕吐，脱水和体重减轻。它是造成犊牛生长发育不良和死亡的主要疾病之一，以出生一个月内发病率和死亡率最高，被称为新生犊牛的杀手。致命的腹泻多侵害出生后 2 周内的犊牛，约占犊牛发病的 80%。本病给养牛业造成了较大的经济损失。腹泻分为营养性（如牛奶饲喂过量、牛奶突然改变成分、低质代乳品、奶温过低等引起）和传染性（如细菌、病毒、寄生虫等引起）腹泻两种。大肠杆菌是引起新生犊牛腹泻的主要病源菌。

【临床症状】发病初期体温 39.2～40.0℃，随病情恶化，升高至 40.1～40.5℃，脉搏 115 次/分钟以上，病牛精神沉郁，食欲减退或废绝，渴欲增进或废绝，反刍停止。眼结膜先潮红后黄染，舌苔重、口干臭，四肢、鼻端末梢多冷凉，脉搏增数，呼吸加快。瘤胃蠕动或弱或消失，有轻度膨胀。肠音初期增强，以后减弱。腹部触诊较敏感。腹泻粪便稀薄（图 7-15）、腥臭、水样、棕色、混有黏液，血液及黏膜组织。病的后期，肠音减弱，肛门松弛，排便失禁。营养良好的犊牛治疗及时，护理得好，多数可康复。重剧患牛病程持续 1 周以上，预后不良。临死前的病危症状是高度沉郁、心衰、脱水死亡。潜伏期7～14 天，临床上一般分为急、慢性两种类型，但即使是同型病例，其症状往往差别很大。

（1）急性型　常见于幼犊，病死率较高。病初呈上呼吸道感染症状，表现体温升高（40～42℃），持续 4～7 天，有的经 3～5 天又有第二次升高；随体温升高，白细胞减少；精神沉郁，厌食，鼻、眼有浆液性分泌物。2～3 天内可能有鼻镜及口腔黏膜表面糜烂，舌面上皮坏死，流涎增多，呼气恶臭。通常在口内发生损害之后发生严重腹泻，一开始水泻，以后带有黏液和血液，恶臭。有些病牛常有蹄叶炎及趾间皮肤糜烂坏死，导致跛行。急性病例恢复的少见，通常多于发病后 1～2 周死亡，少数病程可拖延 1 个月。孕牛可发生流产，或产下先天性缺陷的犊牛，主要是小脑发育不全，患犊可能只呈现轻度共济失调或完全缺乏协调和站立能力，有的可能盲目转圈。

图7-15 粪便稀薄

（2）慢性型　发热不明显，但体温可能有高于正常的波动。鼻镜糜烂，此种糜烂可在全鼻镜上连成一片。眼常有浆液分泌物。口腔内很少有糜烂，但门齿齿龈通常发红。蹄叶发炎及趾间皮肤糜烂、坏死，引起明显的跛行。鬐甲、颈部及耳后的皮肤皲裂，出现局部性脱毛和皮肤角化，呈皮屑状。病牛通常呈持续感染，发育不良，终归死亡或被淘汰。

【**防治措施**】犊牛腹泻是一种犊牛常发的临床疾病。哺乳期犊牛的饲养管理是肉牛生产中的一个重要阶段，如果此时由于营养缺乏或管理不善，造成发病率和死亡率高，则不仅直接给肉牛场造成巨大的经济损失，而且也影响到犊牛的生长发育和成年后的泌乳性能。可以说，犊牛腹泻是影响犊牛健康生长的最主要的疾病之一。因此，如何预防犊牛腹泻就成了"重中之重"。

1. 加强母牛的饲养管理

怀孕母牛，特别是妊娠后期母牛饲养管理得好坏，不仅直接影响到胎儿的生长发育，同时也直接影响到初乳的质量及初乳中免疫球蛋白的含量。因此，对妊娠母牛要合理供应饲料，饲料配比要适当，给予足够的蛋白质、矿物质和维生素饲料，勿使饥饿或过饱，确保母牛有良好的营养水平，使其产后能分泌充足的乳汁，以满足新生犊牛的生理需要。母牛乳房要保持清洁。有条件的肉牛场或养牛专业户，可于产前给母牛接种大肠杆菌疫苗、冠状病毒疫苗等，以使犊牛产生主动免疫；要保证干草喂量，严格控制精料喂量，防止母牛过肥和产后酮病的发生，以减少犊牛中毒性腹泻出现的可能；牛舍要保持清洁、干燥，母牛要适当运动；产房要宽敞、通风、干燥、阳光充足，消毒工作应经常持久；产圈、运动场要及时清扫，定期消毒，特别是对母牛产犊过程中的排出物和产后母牛排出的污物要及时清除；牛舍地面每日用清水冲洗，每隔 7 ~ 10 天用碱水冲洗食槽和地面；凡进入产房的牛，每日刷拭躯体 1 ~ 2 次，用消毒药对母牛后躯进行喷洒消毒，使牛体清洁。

2. 犊牛的饲养

新生犊牛在出生 30 分钟内一定要吃到初乳，因初乳中含有多种抗体，能增强犊牛的免疫能力。同时饲喂犊牛要做到

"三定"，即"定时、定量、定温"，防止消化道疾病的发生。犊牛在30～40日龄，饲喂量可按初生体重的1/10～1/15计算，1个月后可逐渐使全乳的喂量减少一半，用等量的脱脂乳代替。2月龄后，停止饲喂全乳，每日供给一次脱脂乳，同时补充维生素 A、维生素 D 及其他脂溶性维生素。饲喂发酵初乳能有效预防犊牛腹泻。初乳发酵和保存的最适温度为 10 ～ 12℃。每天可加入初乳重量的 1％的丙酸或 0.7％的醋酸作为防腐剂。保证饮乳卫生和饮乳质量，严禁饲喂劣质牛乳和发酵、变质、腐败的牛乳。应将初乳和牛奶加热到 36 ～ 38℃后饲喂。

3. 治疗

发病后要及时医治，可喂服磺胺脒、苏打粉各4～6克，乳酶生2～3克，一次内服，每天2～3次，连服3～5天；新霉素、链霉素等1.5～3克，苏打粉3～6克，一次内服，每天2次，连用3～5天。病情重者要肌注抗生素，静注复方生理盐水、葡萄糖等。对脱水严重的要大量补充液体，可用5％葡萄糖盐水3000毫升、20％葡萄糖液300毫升、5％碳酸氢钠液250毫升、20％安钠咖液10毫升一次静脉注射。体温升高的病牛肌注安痛定、地塞米松、利巴韦林。

对于新生犊牛病毒性腹泻，目前尚无特效的治疗方法，对症治疗和加强护理可以减轻症状，增强机体抵抗力，促使病牛康复。目前，对预防新生犊牛病毒性腹泻，我国已生产一种弱毒冻干苗，可接种于不同年龄和品种的牛。接种后表现安全，接种后14天可产生抗体，并维持1年以上的免疫力。

第八章

家庭农场的经营管理

一、采用种养结合的养殖模式是养肉牛家庭农场的首选

种养结合是一种结合种植业和养殖业的生态农业模式。种植业是指植物栽培业，通过栽培各种农业产物以取得粮食、副食品、饲料和工业原料等植物性产品。养殖业是利用畜禽等已经被人类驯化的动物，或者野生动物的生理机能，通过人工饲养、繁殖，使其将牧草和饲料等植物能转变为动物能，以取得肉、蛋、奶、皮、毛和药材等畜产品。种养结合模式是将畜禽养殖产生的粪便、有机物作为有机肥的基础，为养殖业提供有机肥来源；同时，种植业生产的作物又能够给畜禽养殖提供食源。该模式能够充分将物质和能量在动植物之间进行转换及良好的循环（图8-1）。

国内外的研究和实践证明，土壤结构破坏、地力下降与水资源、肥源、能源的短缺和失调密切相关，成为"高产、高效、优质"农业发展的制约因素。种养结合模式建立以规模集约化

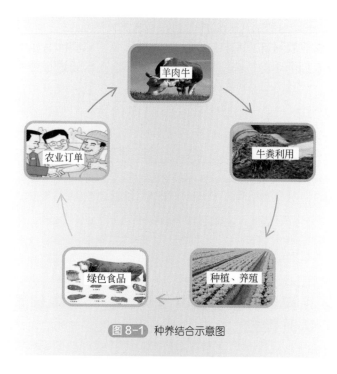

图 8-1 种养结合示意图

养殖场为单元的生态农业产业体系（即"种植、养殖、加工、沼气、肥料"循环模式），是以粮食作物生产为基础、养殖业为龙头、沼气能源开发为纽带、有机肥料生产为驱动，形成饲料、肥料、能源、生态环境的良性循环，带动加工业及相关产业发展，合理安排经济作物生产，从而发展高效农业（主要为设施农业），提高整个体系的综合效益（即经济、社会和生态环保效益的高度统一）。实现了农业规模化生产和粪尿资源化利用，改善了农牧业生产环境，提高了畜禽成活率和养殖水平，降低了农田化肥使用量和农业生产成本，提高了农牧产品产量和质量，确保农牧业收入稳定增加。并通过种植业和养殖业的直接良性循环，改变了传统农业生产方式，拓展了生态循环农业发展空间。

那么，养肉牛家庭农场如何做好种养结合呢？我们可以参照农业农村部重点推广的十大类型生态模式和配套技术，并结合本场的实际，因地制宜、科学合理地在本场进行种养结合工作。

为进一步促进生态农业的发展，2002年，农业农村部向全国征集到了370种生态农业模式或技术体系，通过专家反复研讨，遴选出经过一定实践检验、具有代表性的十大类型生态模式，并正式将这十大类型生态模式作为今后一个时期农业农村部的重点任务加以推广。十大典型模式和配套技术包括：北方"四位一体"生态模式及配套技术；南方"猪-沼-果"生态模式及配套技术；平原农林牧复合生态模式及配套技术；草地生态恢复与持续利用生态模式及配套技术；生态种植模式及配套技术；生态畜牧业生产模式及配套技术；生态渔业模式及配套技术；丘陵山区小流域综合治理模式及配套技术；设施生态农业模式及配套技术；观光生态农业模式及配套技术。下面主要介绍草地生态恢复与持续利用模式、农林牧复合生态模式、生态种植模式及配套技术、生态畜牧业生产模式、丘陵山区小流域综合治理利用型生态农业模式和观光生态农业模式及配套技术。

二、肉牛场风险控制要点

肉牛场经营风险是指肉牛场在经营管理过程中可能发生的风险。而风险控制是指风险管理者采取各种措施和方法，消灭或减少风险事件发生的各种可能性，或风险控制者减少风险事件发生时造成的损失。但总会有些事情是不能控制的，风险总是存在的。作为管理者必须采取各种措施减小风险事件发生的可能性，或者把可能的损失控制在一定的范围内，以避免在风险事件发生时带来难以承担的损失。

（一）肉牛场的经营风险

肉牛场的经营风险通常主要包括以下八种：

1.肉牛疾病风险

这种因疾病因素对肉牛场产生的影响有两类：一是肉牛在养殖过程中或运输途中发生疾病造成的影响，主要包括大规模的疫情导致大量肉牛的死亡，带来直接的经济损失。疫情会给肉牛场的生产带来持续性的影响，导致生产成本增加，进而降低养殖效益。内部疫情发生将使肉牛场的出栏减少，造成收入减少、效益下降。二是肉牛养殖行业暴发大规模疫病或出现疫病事件造成的影响，如英国疯牛病事件。

2.市场风险

养牛也和其他养殖项目一样，受品种是否优良、数量多少（主要是能繁母牛存栏的多少）、疫病防控的难度、饲养条件和环境保护，以及经济发展快慢等多种因素影响，但受社会发展大环境的影响最大。通常人口增长，经济发展快，牛肉的消费量增加也快，而此时牛的数量少，不能满足消费需求，牛的价格就高，养牛的效益也好。相反，则牛的价格就低，养牛的效益也不好。

由于肉牛养殖受饲养时间的限制，不是短时间见效的养殖项目。架子牛购买以后，至少要经过4个月的育肥期，而饲养母牛则需要较长的时间。在饲养的这段时间，会受到市场价格变化、人工和饲料成本上升、疫情、食品安全事件、进口牛肉、走私牛肉等一系列不利因素，以及不确定因素的影响。牛场经营者如果不重视提高预见能力，"视力"偏弱，目光短浅，只看到眼前，没有考虑未来的变化，对肉牛养殖的发展方向、变化心中无数，就会陷入困境。

3. 肉牛来源风险

肉牛的来源影响肉牛机体健康状况和肥育效果，也是决定养殖成功与否的关键因素。如果引进健康状况较差的肉牛进行饲养，不仅会降低生产性能，也会增加疫病传播的危险。

4. 经营管理风险

经营管理风险即由于肉牛场内部管理混乱、内控制度不健全、财务状况恶化、资产沉淀等造成重大损失的可能性。肉牛场内部管理混乱、内控制度不健全会导致防疫措施不能落实，暴发疫病造成肉牛死亡的风险；饲养管理不到位，造成饲料浪费、肉牛生长缓慢、犊牛死亡率增长的风险；原材料、兽药及低值易耗品采购价格不合理，库存超额，使用浪费，造成肉牛场生产成本增加的风险；对差旅、用车、招待、办公、产品销售费用等非生产性费用不能有效控制，造成肉牛场管理费用、营业费用增加的风险。肉牛场的应收款较多，资产结构不合理，资产负债率过高，会导致肉牛场资金周转困难、财务状况恶化的风险。

5. 投资及决策风险

投资风险即因投资不当或决策失误等原因造成肉牛场经济效益下降。决策风险即由于决策不民主、不科学等原因造成决策失误，导致肉牛场重大损失的可能性。如果在肉牛行情高潮期盲目投资办新场，扩大生产规模，会产生因市场饱和、肉牛价大幅下跌的风险；投资选址不当，肉牛养殖受自然条件及周边卫生环境的影响较大，也存在一定的风险。对肉牛品种是否更新换代、扩大或缩小生产规模等决策不当，会对肉牛场效益产生直接影响。

6. 人力资源风险

人力资源风险即肉牛场对管理人员任用不当，无充分授权或精英人才流失，无合格员工或员工集体辞职造成损失的可能性。有丰富管理经验的管理人才和熟练操作水平的工人对肉牛场的发展至关重要。如果肉牛场地处不发达地区，交通、环境不理想难以吸引人才。饲养员的文化水平低，对新技术的理解、接受和应用能力差，会削弱肉牛场经济效益的发挥。长时间的封闭管理、信息闭塞，会导致员工情绪不稳，影响工作效率。肉牛场缺乏有效的激励机制，员工的工资待遇水平不高，制约了员工生产积极性的发挥。

7. 安全风险

安全风险即有自然灾害风险，也有因肉牛场安全意识淡漠、缺乏安全保障措施等造成肉牛场重大人员或财产损失的可能性。自然灾害风险即因自然环境恶化如地震、洪水、火灾、风灾等造成肉牛场损失的可能性。肉牛场安全意识淡漠、缺乏安全保障措施等造成的风险较为普遍，如用电或用火不慎引起的火灾，不遵守安全生产规定造成人员伤亡，购买了有质量问题疫苗、兽药等，导致肉牛死亡等。

8. 政策风险

政策风险即因政府法律、法规、政策、管理体制、规划的变动，税收、利率的变化或行业专项整治，造成损害的可能性。其中最主要的是环保政策给肉牛场带来的风险。

（二）控制风险对策

在肉牛场经营过程中，经营管理者要牢固树立风险意识，既要有敢于担当的勇气，在风险中抢抓机会，在风险中创造利润，化风险为利润。又要有防范风险的意识、管理风险的智慧、驾驭风险的能力，把风险降到最低程度。

1. 加强疫病防治工作，保障肉牛安全

首先要树立"防疫至上"的理念，将防疫工作始终作为肉牛场生产管理的生命线；其次要健全管理制度，防患于未然，制订内部疾病的净化流程，同时，建立饲料采购供应制度和疾病检测制度及危机处理制度，尽最大可能减少疫病发生的概率并杜绝病肉牛流入市场；再次要加大硬件投入，高标准做好卫生防疫工作；最后要加强技术研究，为防范疫病风险提供保障，在加强有效管理的同时加强与国内外牲畜疫病研究机构的合作，为肉牛场疫病控制和防范提供强有力的技术支撑，大幅度降低疾病发生所带来的风险。

2. 及时关注和了解市场动态

及时掌握市场动态，适时调整肉牛群结构和生产规模，同时做好成品饲料及饲料原料的储备供应。

3. 调整产品结构，树立品牌意识，提高产品附加值

以战略的眼光对产品结构进行调整，饲养适应市场需要的优良品种肉牛，采用安全饲料生产优质牛肉，并拓展牛肉食品深加工，实现产品的多元化。树立肉牛产品的品牌，提高肉牛产品的市场占有率和盈利能力。

4. 健全内控制度，提高管理水平

根据国家相关法律、法规的规定，制订完备的企业内部管理标准、财务内部管理制度、会计核算制度和审计制度，通过各项制度的制定、职责的明确及其良好的执行，使肉牛场的内部控制得到进一步的完善。重点要抓好防疫管理、饲养管理，搞好生产统计工作。加强对饲料原料、兽药等采购，饲料加工

及出库环节的控制，节约生产成本。加强财务管理工作，降低非生产性费用，做到增收节支；加强肉牛销售管理，减少应收款的发生；调整资产结构，降低资产负债率，保障资金良性循环。

5. 加强民主、科学决策，谨防投资失误

经营者要有风险管理的概念和意识，肉牛场的重大投资或决策要有专家论证，要采用民主、科学决策手段，条件成熟了才能实施，防止决策失误。现在和将来投资肉牛场，应将环保作为第一限制因素考虑，从当前的发展趋势看，如何处理牛粪水使其达标排放的思维方式已落伍，必须考虑走循环农业的路子，充分考虑土地的承载能力，达到生态和谐，生态和谐是解决问题的根本所在。

三、做好家庭农场的成本核算

家庭农场的成本核算是指将在一定时期内家庭农场生产经营过程中所发生的费用，按其性质和发生地点，分类归集、汇总、核算，计算出该时期内生产经营费用发生的总额和分别计算出每种产品的实际成本和单位成本的管理活动。其基本任务是正确、及时地核算产品实际总成本和单位成本，提供正确的成本数据，为企业经营决策提供科学依据，并借以考核成本计划执行情况，综合反映企业的生产经营管理水平。

（一）成本核算对象

养牛业生物资产核算的对象主要指牛的种类（奶牛和肉牛）和群别。养牛业生产成本核算的对象主要指承担发生各项生产成本的母牛、犊牛、幼牛等。为便于管理和核算，要划分

养牛业的群别。

基本牛群：包括经产母牛和种公牛，以及待产的成龄母牛。

犊牛群：指出生后到 6 个月断乳的牛群，又称"6 月以内犊牛"。

幼牛群：指 6 个月以上断乳的牛群，又称"6 月以上幼牛"，包括育肥牛等。

划分养牛业的群别，要根据生产管理的需要，也可以按生产周期、批次划分养牛业的群别。

（二）科目设置

为了核算养牛业生物资产有关业务，应设置主要科目。主要科目名称和核算内容如下：

1. "生产性生物资产"科目

本科目核算养牛企业持有的生产性生物资产的原价，即"基本牛群"，包括经产母牛和种公牛，以及待产的成龄牛的原价。

本科目可按"未成熟生产性生物资产——待产的成龄母牛群"和"成熟生产性生物资产——经产母牛和种公牛群"，分别对牛的生物资产的种类（奶牛和肉牛等）进行明细核算。也可以根据责任制管理的要求，按所属责任单位（人）等进行明细核算。

2. "消耗性生物资产"科目

本科目核算养牛企业持有的消耗性生物资产的实际成本，即"犊牛群""幼牛群"的实际成本。

本科目可按牛的消耗性生物资产的种类（奶牛和肉牛等）和群别等进行明细核算。也可以根据责任制管理的要求，按所属责任单位（人）等进行明细核算。

3."养牛业生产成本"科目

本科目核算养牛企业进行养牛生产发生的各项生产成本，包括：①为生产"牛奶"的经产母牛和种公牛、待产的成龄母牛的饲养费用，由"牛奶"承担的各项生产成本；②为生产肉用"犊牛"的经产母牛和种公牛、待产的成龄母牛的饲养费用，肉用"犊牛"承担的各项生产成本；③"幼牛群"的饲养费用，"幼牛群"承担的各项生产成本。

4.其他相关科目

相关科目有：①经产母牛和种公牛、待产的成龄母牛需要折旧摊销的，可以单独设置"生产性生物资产累计折旧"科目，比照"固定资产累计折旧"科目进行处理；②生产性生物资产发生减值的，可以单独设置"生产性生物资产减值准备"科目，比照"固定资产减值准备"科目进行处理；③消耗性生物资产发生减值的，可以单独设置"消耗性生物资产跌价准备"科目，比照"存货跌价准备"科目进行处理；④制造费用（共同费用）和辅助生产成本的核算，这些要按企业生产管理情况确定，比照"制造费用"和"辅助生产成本"科目进行处理。上述涉及生物资产相关科目的核算，不再过多叙述。

（三）账务处理方法

以养母牛为例，将生产流程中发生的正常典型业务的账务处理，归纳为如下4大类18项业务事例分别叙述。这里不包括房屋和设备等建筑工程业务的核算。

1.母牛的饲养准备阶段的核算

包括发生购买饲料、防疫药品、经产母牛和种公牛、待产的成龄母牛等业务的核算。

【例1】银行和现金支付购入饲料款，包括饲料的购买价款、相关税费、运输费、装卸费、保险费以及其他可归属于饲料采购成本的费用。会计分录如下：

借：原材料——××饲料

贷：银行存款

贷：库存现金

【例2】现金支付药品款，包括药品购买价款和其他可归属于药品采购成本的费用。会计分录如下：

借：原材料——××药品

贷：库存现金

【例3】银行和部分现金支付购入幼牛款，按应计入消耗性生物资产成本的金额，包括购买价款、相关税费、运输费、保险费以及可直接归属于购买幼牛的其他支出。会计分录如下：

借：消耗性生物资产——幼牛群

贷：银行存款

贷：库存现金

【例4】银行和部分现金支付购入产母牛和种公牛、待产的成龄母牛款，按应计入生产性生物资产成本的金额，包括购买价款、相关税费、运输费、保险费以及可直接归属于购买产母牛和种公牛、待产的成龄母牛的其他支出。会计分录如下：

借：生产性生物资产——基本牛群

贷：银行存款

贷：库存现金

2.幼牛饲养的核算

包括直接使用的人工、直接消耗的饲料和直接消耗的药品等业务的核算。属于养牛共用的水、电、气（由于只有一个表计量）和有关共同用人工以及其他共同开支，应在"养牛业生产成本——共同费用"科目核算，借记"养牛业生产成本——共同费用"科目，贷记"银行存款"等科目，而后分摊。属于公司管理方面的人工和有关费用，应在"管理费用"科目核算，借记"管理费用"科目，贷记"库存现金""银行存款"等科目。

【例5】养幼牛直接使用的人工，按工资表分配数额计算。会计分录如下：

借：养牛业生产成本——幼牛群

贷：应付职工薪酬

【例6】养幼牛直接消耗的饲料，按报表饲料投入数额或者按盘点饲料投入数额计算。会计分录如下：

借：养牛业生产成本——幼牛群

贷：原材料——××饲料

【例7】养幼牛直接消耗的药品，按报表药品投入数额或者按盘点药品投入数额计算。会计分录如下：

借：养牛业生产成本——幼牛群

贷：原材料——××药品

3. 牛转群的核算

指牛群达到预定生产经营目的，进入又一正常生产期，包括"犊牛群"成本的结转、"犊牛群"转为"幼牛群""幼牛群"转为"基本牛群"、淘汰的"基本牛群"转为育肥牛（幼牛群）的核算。

【例8】"幼牛群"转为基本牛群，先结转"幼牛群"的全部成本，包括"幼牛群"转前发生的通过"养牛业生产成本——幼牛群"科目核算的饲料费、人工费和应分摊的间接费用等必要支出。会计分录如下。

借：消耗性生物资产——幼牛群

贷：养牛业生产成本——幼牛群

【例9】"幼牛群"转为基本牛群，按"幼牛群"的账面价值结转，包括原全部购买价值和结转的饲养过程的全部成本。会计分录如下。

借：生产性生物资产——基本牛群

贷：消耗性生物资产——幼牛群

【**例 10**】淘汰的产母牛（基本牛群）转为育肥牛，按淘汰的基本牛群的账面价值结转。会计分录如下。

借：消耗性生物资产——幼牛群（包括育肥牛）

贷：生产性生物资产——基本牛群

【**例 11**】"犊牛群"转为"幼牛群"，先结转"犊牛群"的全部成本，包括"犊牛群"转前发生的通过"养牛业生产成本——基本牛群"科目核算的饲料费、人工费和应分摊的间接费用等必要支出。会计分录如下。

借：消耗性生物资产——犊牛群

贷：养牛业生产成本——基本牛群

【**例 12**】"犊牛群"转为"幼牛群"，按"犊牛群"的账面价值结转。会计分录如下。

借：消耗性生物资产——幼牛群

贷：消耗性生物资产——犊牛群

4.牛（生物资产）出售的核算

包括犊牛和幼牛出售的核算和淘汰产母牛（基本牛群）出售的核算。幼牛出售前在账上作为消耗性生物资产，淘汰产母牛（基本牛群）出售前在账上作为生产性生物资产，这两种因出售交易而可视同成品出售对待。

【**例 13**】幼牛和育肥牛出售的核算，按银行实际收到的金额结算。会计分录如下。

借：银行存款

贷：主营业务收入——幼牛（育肥牛）

【**例 14**】同时，按幼牛（育肥牛）账面价值结转成本。会计分录如下。

借：主营业务成本——幼牛（育肥牛）

贷：消耗性生物资产——幼牛（育肥牛）

【**例 15**】淘汰产母牛（基本牛群）正常出售的核算，按银行实际收到的金额结算。会计分录如下。

借：银行存款

贷：主营业务收入——产母牛（基本牛群）

【例 16】同时，按产母牛（基本牛群）账面价值结转成本。会计分录如下。

借：主营业务成本——产母牛（基本牛群）

贷：生产性生物资产——基本牛群

（四）家庭农场账务处理

家庭农场在做好成本核算的同时，也要将整个农场的整个收支过程做好归集和登记，以全面反映家庭农场经营过程中发生的实际收支和最终得到的收益，使农场主了解和掌握本农场当年的经营状况，达到改善管理、提高效益的目的。

家庭农场记账可以参考山西省农业厅《山西省家庭农场记账台账（试行）》（晋农办经发〔2015〕228 号）。

山西省家庭农场记账台账（试行）的具体规定如下：

1. 记账对象

记账单位为各级示范家庭农场及有记账意愿的家庭农场。记账内容为家庭农场生产、管理、销售、服务全过程。

2. 记账目的

家庭农场以一个会计年度为记账期间，对生产、销售、加工、服务等环节的收支情况进行登记，计算生产和服务过程中发生的实际收支和最终得到的收益，使农场主了解和掌握本农场当年的经营状况，达到改善管理、提高效益的目的。

3. 记账流程

家庭农场记账包括登记、归集和效益分析三个环节。

（1）登记　家庭农场应当将主营产业及其他经营项目所发生的收支情况，全部登记在《山西省家庭农场记账台账》上。要做到登记及时、内容完整、数字准确、摘要清晰。

（2）归集　在一个会计年度结束后将台账数据整理归集，得到收入、支出、收益等各项数据。归集时家庭农场可以根据自身需要增加、减少或合并项目指标。

（3）效益分析　家庭农场应当根据台账编制收益表，掌握收支情况、资金用途、项目收益等，分析家庭农场经营效益，从而加强成本控制，挖掘增收潜力；明晰经营方向，实现科学决策；规范经营管理，提高经济效益。

（4）计价原则

① 收入以本年度实际实现的收入或确认的债权为准。

② 购入的各种物资和服务按实际购买价格加运杂费等计算。

③ 固定资产是指单位价值在 500 元以上，使用年限在 1 年以上的生产或生产管理使用的房屋、建筑物、机器、机械、运输工具、役畜、经济林木、堤坝、水渠、机井、晒场、大棚骨架和墙体以及其他与生产有关的设备、器具、工具等。

购入的固定资产按购买价加运杂费及税金等费用合计扣除补贴资金后的金额计价；自行营建的固定资产按实际发生的全部费用扣除补贴资金后的金额计价。

固定资产采用综合折旧率为 10%。享受国家补贴购置的固定资产按扣除补贴金额后的价值计提折旧。

④ 未达到固定资产标准的劳动资料按产品物资核算。

（5）台账运用

① 作为评选示范家庭农场的必要条件。

② 作为家庭农场承担涉农建设项目、享受财政补贴等相关政策的必要条件。

③ 作为认定和审核家庭农场的必要条件。

附件：山西省家庭农场台账样本。

台账样本见表 8-1～表 8-4 年家庭农场经营收益表

表8-1 山西省家庭农场台账——固定资产明细账 单位：元

记账日期	业务内容摘要	固定资产原值增加	固定资产原值减少	固定资产原值余额	折旧费	净值	补贴资金
上年结转							
	合计						
	结转下年						

说明：1. 上年结转——登记上年结转的固定资产原值余额、折旧费、净值、补贴资金合计数；

2. 业务内容摘要——登记购置或减少的固定资产名称、型号等；

3. 固定资产原值增加——登记现有和新购置的固定资产原值；

4. 固定资产原值减少——登记报废、减少的固定资产原值；

5. 固定资产原值余额——为固定资产原值增加合计数减去固定资产原值减少合计数；

6. 折旧费——登记按年（月）计提的固定资产折旧额；

7. 净值——为固定资产原值扣减折旧费合计后的金额；

8. 补贴资金——登记购置固定资产享受的国家补贴资金；

9. 合计——为上年转来的金额与各指标本年度发生额合计之和；

10. 结转下年——登记结转下年的固定资产原值余额、折旧费、净值、补贴资金合计数。

表 8-2　山西省家庭农场台账——各项收入　　单位：元

记账日期	业务内容摘要	经营收入		服务收入	补贴收入	其他收入
		出售数量	金额			
合计						

说明：1.业务内容摘要——登记收入事项的具体内容；

2.经营收入——指家庭农场出售种植养殖主副产品收入；

3.服务收入——指家庭农场对外提供农机服务、技术服务等各种服务取得的收入；

4.补贴收入——指家庭农场从各级财政、保险机构、集体、社会各界等取得的各种扶持资金、贴息、补贴补助等收入；

5.其他收入——指家庭农场在经营服务活动中取得的不属于上述收入的其他收入。

表 8-3 山西省家庭农场台账——各项支出

单位：元

记账日期	业务内容摘要	经营支出	固定资产折旧	土地流转（承包）费	雇工费用	其他支出
合计						

说明：1.业务内容摘要——登记支出事项的具体内容或用途；

2.经营支出——指家庭农场为从事农牧业生产而支付的各项物质费用和服务费用；

3.固定资产折旧——指家庭农场按固定资产原值计提的折旧费；

4.土地流转（承包）费——指家庭农场流转其他农户耕地或承包集体经济组织的机动地（包括沟渠、机井等土地附着物）、"四荒"地等的使用权而实际支付的土地流转费、承包费等土地租赁费用。一次性支付多年费用的，应当按照流转（承包、租赁）合同约定的年限平均计算年流转（承包、租赁）费计入当年成本费用；

5.雇工费用——指因雇佣他人（包括临时雇佣工和合同工）劳动（不包括发生租赁作业时由被租赁方提供的劳动）而实际支付的所有费用，包括支付给雇工的工资和合理的饮食费、招待费等；

6.其他费用——指家庭农场在经营、服务活动中发生的不属于上述费用的其他支出。

表 8-4 （   ）年家庭农场经营收益表

代码	项目	单位	指标关系	数值
1	一、各项收入	元	1=2+3+4+5	
2	1. 经营收入	元		
3	2. 服务收入	元		
4	3. 补贴收入	元		
5	4. 其他收入	元		
6	二、各项支出	元	6=7+8+9+10+11	
7	1. 经营支出	元		
8	2. 固定资产折旧	元		
9	3. 土地流转（承包）费	元		
10	4. 雇工费用	元		
11	5. 其他费用	元		
12	三、收益	元	12=1-6	

四、做好家庭农场的产品销售

家庭农场必须重视产品销售，实现养殖效益的最大化。

（一）销售渠道

销售渠道的分类有多种方法，一般按照有无中间商进行分类，家庭农场的销售渠道可分为直接渠道和间接渠道。

1. 直接渠道

直接渠道是指生产者不通过中间商环节，直接将产品销售给消费者。如家庭农场直接设立门市部进行现货销售、农场派出推销人员上门销售、接受顾客订货、按合同销售、参加各种展销会、农博会、在网络上销售等。直接销售以现货交易为主要的交易方式。根据本地区销售情况和周边地区市场行情，自行组织销售。可以控制某些产品的价格，掌握价格调整的主动权，同时避免了经纪人、中间商、零售商等赚取中间差价，使家庭农场获得更多的利益。此外通过直接与消费者接触，可随时听取消费者反馈意见，促使家庭农场提高产品质量和改善经营管理。

但是，开始实行直接销售的时候要经过一段时间的客户积累才能形成规模。

2．间接渠道

间接渠道是指家庭农场通过若干中间环节将产品间接地出售给消费者的一种产品流通渠道。这种渠道的主要形态有家庭农场—零售商—消费者、家庭农场—批发商—零售商—消费者、家庭农场—代理商—批发商—零售商—消费者等三种。

这类渠道的优点在于接触的市场面广，可以扩大用户群，增加消费量；缺点在于中间环节多，会引起销售费用上升。由于受信息不对称的影响，销售价格很难及时与市场同步，议价能力低。

（二）渠道选择

一般来说，能以最低的费用把产品保质保量地送到消费者手中的渠道是最佳营销渠道。家庭农场实力不同，适宜的销售渠道会有所不同，生产者规模的大小、财务状况的好坏直接影响着生产者在渠道上的投资能力和设计的领域。家庭农场只有通过高效率的渠道，才能将产品有效地送到消费者手中，从而刺激家庭农场提高生产效率，促进生产的发展。

渠道应该便于消费者购买、服务周到、购买环境良好、销售稳定和满足消费者欲望。并在保证产品销量的前提下，最大限度地降低运输费、装卸费、保管费、进店费及销售人员工资等费用。因此，在选择营销渠道时应坚持销售的高效率、销售费用少和保证产品信誉的原则。

家庭农场采取直接销售的办法，有利于及时销售产品，减少损耗、变质等损失。对于市场相对集中、顾客购买量大的产品，直接销售还可以减少中转费用，扩大产品的销售。由于农场主既要组织好生产，又要进行产品销售，精力分散，对农场主的经营管理能力要求较高。

在现代商品经济不断发展的过程中，间接销售已逐渐成为生产单位采用的主要渠道之一。同时，家庭农场将主要精力放在生产上，更有利于生产水平的提高。

家庭农场的产品销售具体采取直接销售模式还是间接销售模式，应全面分析产品、市场和家庭农场的自身条件，权衡利弊，然后做出选择。

（三）营销方法介绍

1. 饥饿营销

数量有限，如果明天不早点来排队，你仍然是买不到！

饥饿营销是指商品提供者有意调低产量，以期达到调控供求关系、制造供不应求"假象"、以维护产品形象并维持商品较高售价和利润率的营销策略。

饥饿营销其实质就是商家吸引消费者、吊着消费者的一种手段，通过定量来营造商品稀缺的感觉，以达到热销甚至加价的意图。

饥饿营销的四大适用原则：

（1）前提　产品。

（2）基础　强大品牌。

（3）关键　消费者心理因素。

（4）保障　有效的宣传造势。

任何事物都有两个方面，家庭农场在进行饥饿营销时，要注意把握好营销的度，否则，营销过度会适得其反，若过度实施饥饿营销，可能会将客户"送"给竞争对手。

2. 体验式营销

体验一词有亲身经历、实地领会、通过亲身实践获得经验、查核、考察等意思。而体验式营销，按照营销学专家伯恩德·H·施密特在其著作《体验式营销》中说明：体验式营销就是通过消费者亲身看、听、用、参与的手段，充分刺激和调动消费者的感官、情感、思考、行动、关联等感性因素和理性因素，重新定义、设计的一种思考方式的营销方法。

对于地方优良肉牛品种，或者采用生态放养的方法，或者使用有机饲料、牧草、生物饲料喂肉牛等方式饲养的，由于生产周期比普通饲养方法长，资金投入要高于常规养殖方法。这种养殖方法"酒香也怕巷子深"。体验式营销方式消费者看得见、吃得着、买得放心、宣传效果好。如经常性地组织消费者参观肉牛的养殖全过程、亲身体验养牛的乐趣、组织特色牛肉品鉴、免费试吃、提供牛肉赞助大型活动等体验式营销方式，提高消费者对牛肉产品的认知，扩大知名度（图8-2）。只有让消费者充分了解了饲养的过程，知道特色究竟"特"在哪里，才能做到优质优价。如果再与休闲农业充分地融合，会给投资者带来丰厚的回报。

图 8-2　参观体验

3. 微信和小视频营销

微信和小视频营销就是利用微信和抖音、快手、火山等时下热门的小视频，通过语音短信、视频、图片、文字和群聊等方式，以及利用移动支付，进行产品点对点营销的一种营销模式。

4．网络营销

网络营销是基于互联网络及社会关系网络连接企业、用户及公众，向用户传递有价值的信息和服务，实现顾客价值及企业营销目标所进行的规划、实施及运营管理活动。

网络营销以互联网为技术基础，以顾客为核心，以为顾客创造价值作为出发点和目标，连接的不仅仅是电脑和其他智能设备，更重要的是建立了企业与用户及公众的连接，构建一个价值关系网，成为网络营销的基础。可见，网络营销不仅是"网络＋营销"，既是一种手段，同时也是一种思想，具有传播范围广、速度快、无时间地域限制、无时间约束、内容详尽、多媒体传送、形象生动、双向交流、反馈迅速等特点，可以有效地降低企业营销信息传播的成本。

如今，网络经济迅猛发展，数字技术快速进步。企业自行运营的官方网站、官方博客、官方APP以及关联网站、微博、微信公众号、搜索引擎等，都是非常好的营销工具（图8-3）。

图8-3 网络营销

家庭农场可根据自身畜禽产品的品种特点和养殖特色，结合这些网络营销形式进行本企业的营销。

小贴士：

目前我国家庭农场的畜禽产品普遍存在出售的农产品多为初级农产品。产品大多为同质产品、普通产品，原料型产品多，而特色产品少、优质产品少。多数家庭农场主不懂市场营销理念，不能对市场进行细分，不能对产品进行准确的市场定位，产品等级划分不确切，大多以统一价格销售；很少有经营者懂得为自己的产品进行包装，特色农产品品牌少，知名品牌更少。在产品销售过程中存在流通渠道环节多、产品流通不畅、交易成本高等问题，也不能及时反馈市场信息。

所以，家庭农场要做好产品销售，不仅要研究人们的现实需求，更要研究消费者对农产品的潜在需求，并创造需求。同时要选择一个合适的销售渠道，实现卖得好、挣得多的目的。否则，产品再好，销售不出去，一切前期的努力都是徒劳的。

参 考 文 献

［1］肖冠华，等. 投资养肉牛你准备好了吗. 北京：化学工业出版社，2014.

［2］王加启，等. 肉牛高效益饲养技术（修订版）. 北京：金盾出版社，2009.

［3］肖冠华. 养肉牛高手谈经验. 北京：化学工业出版社，2015.

［4］肖冠华. 这样养肉牛才赚钱. 北京：化学工业出版社，2018.

［5］全国畜牧总站体系建设与推广处. 肉牛养殖主推技术中国畜牧业，2014（10）.

［6］张玉茹，等. 肉牛舍的标准化设计及环境控制. 云南畜牧兽医，2007（3）.

［7］杜海燕，等. 肉牛寄生虫病的综合防治. 河南畜牧兽医，2014，35（8）.

［8］菲利普·科特勒，加里·阿姆斯特朗. 市场营销原理与实践. 第16版. 北京：中国人民大学出版社，2015.

［9］王晶. 略谈畜牧养殖业的成本核算方法. 中国农业会计，2011（3）：8-9.

［10］单守峰，等. 牛蹄病的防治. 安徽农学通报，2009，15（9）.

［11］程高峰，等. 我国农产品营销渠道的分析及建议. 江苏农业科学，2013，41（10）：408-411.

［12］吴小玲，等. 规模化养猪场粪便处理技术研究进展. 现代农业科技，2008（21）.